高等教育计算机学科"应用型"规划教材

U0819174

C/C++程序设计教程——面向过程分册（第2版）

郑秋生　主　编

夏敏捷　罗　菁　潘惠勇　副主编

王黎明　主　审

電子工業出版社

Publishing House of Electronics Industry

北京·BEIJING

内 容 简 介

《C/C++程序设计教程》系列教材分为面向过程和面向对象两个分册。

面向过程分册系统阐述了 C++语言中过程化程序设计的思想、语法、方法。主要内容包括 C++程序设计的基础知识、基本数据类型和表达式、C++的程序控制语句、数组与函数、指针和引用、用户定义数据类型、文件等内容。书中内容讲解清晰，实例丰富，力避代码复杂冗长，注重算法设计和程序设计思想。简短的实例特别有助于初学者更好理解、把握解决问题的精髓，帮助读者快速掌握程序设计的基本方法。

本书的特点是实例丰富，重点突出，叙述深入浅出，分析问题透彻，既有完整的语法，又有大量的实例，突出程序设计的算法、方法，将 C 语言程序设计和 C++语言程序设计有机地进行统一。特别适合作为计算机学科各应用型本科、专科的 C 语言程序设计和 C++语言程序设计教材，也可作为其他理工科各专业的教材及相关技术人员的自学参考书。

本书配有免费课件资源，有需要的读者可到华信教育资源网（www.hxedu.com.cn）下载使用。

图书在版编目（CIP）数据

C/C++程序设计教程——面向过程分册/郑秋生主编. —2 版. —北京：电子工业出版社，2011.9
高等教育计算机学科“应用型”规划教材
ISBN 978-7-121-14551-3

I. ①C… Ⅱ. ①郑… Ⅲ. ①C 语言－程序设计－高等学校－教材 Ⅳ. ①TP312

中国版本图书馆 CIP 数据核字（2011）第 182090 号

策划编辑：何　况
责任编辑：李　蕊
印　　刷：涿州市京南印刷厂
装　　订：涿州市京南印刷厂
出版发行：电子工业出版社
　　　　　北京市海淀区万寿路 173 信箱　邮编　100036
开　　本：787×1 092　1/16　印张：18.5　字数：473.6 千字
版　　次：2007 年 9 月第 1 版
　　　　　2011 年 9 月第 2 版
印　　次：2016 年 12 月第 5 次印刷
定　　价：29.80 元

凡所购买电子工业出版社图书有缺损问题，请向购买书店调换。若书店售缺，请与本社发行部联系，联系及邮购电话：（010）88254888，88258888。

质量投诉请发邮件至 zlts@phei.com.cn，盗版侵权举报请发邮件至 dbqq@phei.com.cn。
本书咨询联系方式：monkey-sun@phei.com.cn。

前　言

本书的主要作者都是有着丰富教学经验的一线教师，从事 C/C++程序设计课程教学多年，深知学生在学习 C++程序设计这门课程后，对程序设计方法、算法设计、调试程序、习题解答的茫然和问题，因此本书在介绍理论知识、相关概念和语言语法时，始终强调其在程序设计中的作用，使语言语法与程序设计相结合。同类书籍大部分偏重于对语言语法和概念的介绍，虽然在书中有针对一个语法和知识点的程序实例，但学生对每章内容在实际程序设计中的作用缺乏了解，而本书每章后都附有针对性较强的应用实例分析，尽可能使初学者在学习每章的内容后拿到题目，即能够独立程序设计、解决实际问题，而不至于无从下手。本书有以下五个鲜明特点：

第一，改变了传统的教学模式。先讲 C 语言程序设计，再讲 C++对 C 语言的扩展、面向对象的程序设计。本教材将 C/C++语言的学习很好地融合在一起，让读者把面向过程和面向对象的程序设计方法有机地结合在一起，面向过程和面向对象两分册都统一使用 Visual C++ 6.0 编译器。

第二，改变了传统教材以语言、语法学习为重点的缺陷，本教材从基本的语言、语法学习上升到程序的"设计、算法、编程、调试"层次。为了让学生更好地掌握程序开发思想、方法和算法，书中提供了大量简短精辟的代码，有助于初学者学习解决问题的精髓。在每章后都有一节关于程序综合设计的内容，有一个或多个较大的程序，以帮助学生更好地掌握程序设计方法和解决实际问题的能力。

第三，教材强调程序的设计方法，大量例题有流程图、N-S 图和 UML 图，并且每章都有上机调试的内容。教材突出程序的算法和设计，而不仅是语法和编程，培养学生程序设计能力和程序调试技能，养成好的编程习惯，为专业程序员的培养打下良好的基础。

第四，培养学生面向对象程序设计的能力，引导学生建立程序设计的大局观，帮助学生掌握从客观事物中抽象出 C++类的方法。通过系统的学习，使学生的编程能力上一个台阶，具备解决复杂问题的程序设计能力。

第五，根据当前实际大型软件项目开发的需要，加大了异常处理、模板等内容，新增 STL 标准模板库，并通过流行的 UML 工具设计 C++类。

本教材的编写充分考虑了目前应用型本科 C/C++语言程序设计课程教学的实际情况和存在的问题。第一，学生在大一阶段的基础课程较多，不可能投入过多的精力来学习本门课程；第二，大学生对这门课学习的期望值很高，但对学习时可能遇到的困难估计不足；第三，大学生现有的上机实践条件大大改善，特别有利于贯彻先进的精讲多练的教学思想；第四，学生学会了语言的语法，仍不具备解决实际问题的能力，学生的程序设计、算法设计、编程、调试的能力相对较差。本教材作者正是考虑了学生的这些实际问题，从而精心编写了这一套面向应用型本科的 C/C++程序设计教程，特别适合于分两个学期系统讲授 C/C++程序设计。第 1 学期讲授面向过程分册，第 2 学期讲授面向对象分册。

本面向过程分册共分 9 章，第 1 章主要讨论 C++语言的特点和编辑环境，第 2 章到第 8

章主要介绍用 C/C++进行过程化程序设计的基本方法，内容包括表达式及运算符、数据类型、函数、数组、指针等，第 9 章主要介绍了文件处理方法。

为了方便使用本教材的教师备课，我们还提供了配套的电子教案，公开放在网站上，供任课教师自由下载使用。相信我们多年的教学经验会对广大师生的教和学有所帮助。建议本分册的教学学时为 60 学时，其中理论教学为 44 学时，课内上机实践为 16 学时，课外上机不少于 32 学时。

本教材的编写得到了河南省计算机学会的大力支持，组织了河南多所高校编写了高等教育计算机学科“应用型”系列教材。参编本教材的高校有中原工学院、郑州大学、河南科技大学。

本分册第 1 章和第 7 章由郑秋生编写，第 2 章由刘凤华编写，第 3 章和附录由夏敏捷编写，第 4 章和第 5 章由罗菁编写，第 6 章和第 8 章由潘惠勇和刘安战编写，第 9 章由郭永锋编写。全书最终由郑秋生修改并统稿，并由王黎明主审。为本书提出改进意见和建议的老师有郑州大学的钱晓捷和卢红星教授，在此谨向他们表示衷心的感谢。

由于编者水平有限，时间仓促，书中难免有错，敬请广大读者批评指正，在此表示感谢。

E-mail：zqs@zzti.edu.cn。

编　者

2011 年 6 月

第 2 版改版说明

本书第 1 版由河南省计算机学会和电子工业出版社组织教学一线教师，共同组织编写的一套面向应用型本科教学的教材，属于高等教育计算机学科应用型规划教材。教材充分体现了教师多年的教学研究成果和教学经验，具有较好的质量和社会影响力。2007 年出版后，在郑州大学、中原工学院、河南科技大学、郑州轻工业学院和河南工程学院等河南省高校推广使用，得到任课教师和读者的普遍欢迎。通过电子工业出版社和新华书店的努力，被国内的许多高校广泛使用。

为了更好地推进高等学校本科教学质量与教学改革工程，结合重点专业建设、精品课程和精品教材建设目标，以及培养学生的工程能力和创新能力的需要，对教材进行修订再版。第 2 版根据教学中发现的问题和读者的建议反馈，以及为了达到提升学生的程序设计能力、调试能力的目的再次进行了编写。第 2 版的主要变化表现在：

1、增加了程序调试的内容。大多数学生在学习过程中的上机环节，将课本的源代码直接输入计算机，如果程序运行正确就完成任务，而不去理解算法、思考更多的问题，对程序的理解和编程能力的提高作用不大；如果程序不能够运行或运行不正确，由于缺乏程序调试、解决问题能力的训练，学生往往放弃该程序的调试，不仅丢掉了一次思考、学习和提高的机会，也使实际的程序设计能力培养受到影响，致使学生在后续教学环节——课程实验、课程设计、毕业设计和项目开发中仍然不会编程，始终缺乏程序调试和解决问题的实践能力。针对以上问题和现象，需要进行教学内容和教学方法的改革，切实在教学的过程中，重视学生程序调试能力和技巧的培养和锻炼，所以第 2 版中每章都增加了一节上机调试的内容，让学生循序渐进地学习和掌握程序调试的基本技巧和知识，逐渐具备程序调试和实际项目开发的能力，具体安排如下。

第 1 章介绍 Visual C++ 6.0 集成环境及上机调试步骤。

第 2 章介绍编译过程常遇到的错误原因。

第 3 章学会单步调试、查看变量和表达式。

第 4 章介绍 Step Into (Out)两种调试方式。学会参数传递时，查看实参和形参的值，并通过 Call Stack 窗口参看函数的调用关系。

第 5 章如何在集成环境中建立多文件，学会查看不同存储类型变量的值、变量内存地址。

第 6 章举例介绍位置断点、条件断点、数据断点三种类型断点的调试方法。

第 7 章查看结构体成员内存分配，引出共用体内存分配问题。

第 8 章查看指针变量的值，并通过 Memory 窗口看该地址的内容，以及介绍如何查看函数的地址。

第 9 章用 UltraEdit 软件抓图演示文本文件和二进制文件存储时的区别，读取文件时数据在内存的表现。

2、教材中的语法和程序代码遵循 C99 国际标准，以适应 C/C++语言的发展。例如，按照 C99 标准的要求，main 函数的返回类型一律指定为 int 型，并在 main 函数的末尾加一个 “return 0;”。

3、修订了第 1 版的一些印刷错误和不准确的表述方法。

4、修改、增加了一些例题、习题和章节内容，希望本版能更加适合教师的教学。

通过三年的使用，该教材的任课教师、学生和读者都给予了许多的肯定、鼓励，也提出了许多有意义的建议、意见和再版的意愿，在此代表所有作者感谢读者对教材的厚爱和关心。

编　者

2011 年 6 月

目　录

第 1 章　C++概述　1

1.1　计算机程序设计语言的发展……2
1.1.1　机器语言阶段……2
1.1.2　汇编语言阶段……2
1.1.3　高级语言阶段……3
1.1.4　从 C 到 C++……4
1.2　过程化程序设计……4
1.3　面向对象的程序设计……5
1.3.1　基本概念……5
1.3.2　面向对象程序设计的特点……6
1.4　简单的 C++程序介绍……6
1.5　程序开发的过程……9
1.6　C++上机实践……10
1.6.1　Visual C++ 6.0 集成开发环境……10
1.6.2　开发 C++程序过程……12
习题一……13

第 2 章　数据类型、运算符和表达式　14

2.1　保留字和标识符……15
2.1.1　保留字……15
2.1.2　标识符……15
2.2　C++的基本数据类型……15
2.3　常量与变量……17
2.3.1　常量……17
2.3.2　变量……18
2.4　基本运算符和表达式……19
2.4.1　基本运算符和表达式的简介……20
2.4.2　算术运算符和算术表达式……20
2.4.3　赋值运算符和赋值表达式……21
2.4.4　关系运算符和关系表达式……23
2.4.5　逻辑运算符和逻辑表达式……23
2.4.6　位运算符和位运算表达式……24
2.4.7　条件运算符和条件表达式……25
2.4.8　逗号运算符和逗号表达式……26
2.4.9　sizeof 运算符和 sizeof 表达式……26
2.5　数据类型转换……26
2.5.1　隐式转换……26
2.5.2　显式转换……27
2.6　简单的输入/输出实现方法……27
2.6.1　格式化输入/输出——scanf()
和 printf()……27
2.6.2　I/O 流……29
2.6.3　cin……30
2.6.4　cout……30
2.6.5　输出控制符……31
2.7　认识上机过程中的错误……33
习题二……34

第 3 章　C++流程控制　35

3.1　算法与流程图……36
3.1.1　算法的概念……36
3.1.2　算法的描述……36
3.2　C++语句和程序的三种基本结构……37
3.2.1　C++语句……37
3.2.2　C++程序的三种基本结构……38
3.2.3　结构化算法……38
3.3　顺序结构程序……38
3.4　选择结构程序……39
3.4.1　if 语句……40
3.4.2　嵌套 if 语句……41
3.4.3　switch 语句……44
3.5　循环结构程序设计……46
3.5.1　while 语句……46
3.5.2　do-while 语句……48
3.5.3　for 循环语句……50

3.5.4　循环的嵌套 52
3.5.5　转向语句 55
3.5.6　三种循环的比较 56
3.6　常用算法及应用实例 57
3.6.1　累加与累乘 57
3.6.2　求最大数、最小数 58
3.6.3　求素数 59
3.6.4　枚举法 60
3.6.5　递推与迭代 61
3.7　程序的调试 64
3.7.1　进入调试 65
3.7.2　单步调试 66
3.7.3　查看变量、表达式的值 66
3.7.4　停止调试 66
习题三 67
第 4 章　函数 71
4.1　函数的定义 72
4.1.1　函数定义 72
4.1.2　函数的返回值 73
4.2　函数的调用 74
4.2.1　函数调用形式及过程 74
4.2.2　函数的声明 75
4.2.3　函数调用的参数传递方式 77
4.3　函数的嵌套调用和递归调用 79
4.3.1　函数的嵌套调用 79
4.3.2　函数的递归调用 80
4.4　内联函数和函数重载 84
4.4.1　内联函数 84
4.4.2　函数重载 86
4.5　函数的参数 90
4.5.1　函数参数的求值顺序 90
4.5.2　具有默认参数值的函数 90
4.6　应用实例 91
4.7　函数的调试 95
习题四 96
第 5 章　作用域和存储类型 99
5.1　作用域 100
5.1.1　作用域分类 100
5.1.2　局部变量与全局变量 101
5.1.3　动态存储方式与静态存储方式 104
5.2　变量的存储类型 105
5.2.1　自动类型（auto） 105
5.2.2　寄存器类型（register） 106
5.2.3　静态类型（static） 106
5.2.4　外部类型（extern） 109
5.3　编译预处理 110
5.3.1　宏定义 110
5.3.2　文件包含命令 113
5.3.3　条件编译命令 114
5.4　程序的多文件组织 115
5.4.1　头文件 115
5.4.2　多文件结构 115
5.4.3　多文件结构程序示例 116
5.5　多文件程序的创建与调试 118
5.5.1　多文件程序的创建 118
5.5.2　多文件程序的调试 119
习题五 121
第 6 章　数组 123
6.1　数组的概念 124
6.1.1　数组与数组元素 124
6.1.2　数组的维数 124
6.2　一维数组的定义及应用 124
6.2.1　一维数组的定义和初始化 124
6.2.2　一维数组的操作 126
6.2.3　数组的越界问题 127
6.2.4　一维数组的应用 127
6.3　字符数组的定义及应用 131
6.3.1　字符数组和字符串 131
6.3.2　字符串处理函数 133
6.3.3　字符数组应用举例 135
6.4　二维数组 136
6.4.1　二维数组的定义 137
6.4.2　二维数组的初始化 138
6.4.3　二维字符数组 139
6.4.4　二维数组应用 140

6.5 数组作为函数参数……145
6.5.1 向函数传递一维数组……145
6.5.2 向函数传递二维数组或多维数组……147
6.6 数组应用实例……148
6.7 断点调试的方法……150
习题六……154

第 7 章 结构体、共用体和枚举类型 160

7.1 结构体的定义及使用……161
7.1.1 结构体的定义……161
7.1.2 定义结构体变量的方法……161
7.1.3 结构体变量的使用……163
7.1.4 结构体变量的初始化……164
7.1.5 结构体数组……164
7.1.6 结构体和函数……169
7.2 共用体的定义与使用……170
7.2.1 共用体的概念……170
7.2.2 定义共用体类型变量……170
7.2.3 共用体变量的使用……171
7.3 枚举类型……173
7.4 typedef 定义类型……175
7.5 应用实例……176
7.6 程序调试……178
7.6.1 结构体变量各成员变量内存分配情况……178
7.6.2 共用体变量各数据成员内存分配情况……179
习题七……180

第 8 章 指针和引用 183

8.1 指针与指针变量……184
8.1.1 地址与指针的概念……184
8.1.2 指针变量……185
8.1.3 指针变量的运算……189
8.1.4 void 指针……191
8.2 指针与数组……191
8.2.1 一维数组与指针……192
8.2.2 二维数组与指针……193
8.2.3 指向数组的指针……195
8.2.4 指针数组……196
8.2.5 指向指针的指针……197
8.3 字符指针与字符串……198
8.3.1 字符数组与字符指针……198
8.3.2 字符指针数组……200
8.4 动态内存分配和释放……200
8.4.1 C++中堆的使用……201
8.4.2 C 语言中动态分配空间的函数……203
8.5 指针与函数……204
8.5.1 指针变量与数组名作函数参数……204
8.5.2 返回值为指针类型的函数……208
8.5.3 函数指针……210
8.6 const 指针……211
8.6.1 指向常量的指针变量的定义与使用……211
8.6.2 指针常量……212
8.6.3 指向常量的指针常量……213
8.7 结构体指针……213
8.7.1 结构体指针的概念……213
8.7.2 指向结构体数组元素的指针……214
8.7.3 结构体指针作为函数参数……215
8.8 链表……217
8.8.1 链表概述……217
8.8.2 链表的基本操作……218
8.9 引用……225
8.9.1 引用及声明方法……225
8.9.2 用引用作为函数的参数……227
8.9.3 如何使一个被调函数同时返回多个值……228
8.9.4 用 const 限定引用……229
8.9.5 用引用作为函数返回值……230
8.9.6 引用总结……231
8.10 综合应用实例……231
8.11 上机调试……235
8.11.1 指针变量值的调试查看……235
8.11.2 函数地址的调试查看……237
8.11.3 引用的调试查看……238
小结……238
习题八……239

第9章　文件 243
9.1　C语言文件概述……244
9.2　文件结构体与文件指针……245
9.3　文件的打开与关闭……246
9.3.1　文件的打开（fopen函数）……246
9.3.2　文件的关闭（fclose函数）……247
9.4　文件的读写……248
9.4.1　字符的读写（fgetc函数和fputc函数）……248
9.4.2　字符串的读写（fgets函数和fputs函数）……253
9.4.3　数据块的读写（fread函数和fwrite函数）……255
9.4.4　格式化的读写（fscanf函数和fprintf函数）……257
9.5　文件的定位……258
9.5.1　位置指针复位（rewind函数）……259
9.5.2　位置指针随机定位（fseek函数）……260
9.5.3　检测当前位置指针的位置（ftell函数）……263
9.6　文件的检测……263
9.6.1　文件读写错误检测（ferror函数）……263
9.6.2　清除文件错误标志（clearerr函数）……263
9.6.3　文件结束检测（feof函数）……264
9.7　常用的文件操作函数小结……264
9.8　程序设计举例……265
9.9　上机调试……271
习题九……276
附录A　ASCII码表……278
附录B　C++的库函数……280

第 1 章

C++概述

C++语言是一种高效率实用的程序设计语言，使用它既可进行过程化程序设计，也可进行面向对象程序设计。本章主要介绍计算机语言的发展过程、过程化程序设计和面向对象的程序设计方法、C++程序的基本结构及程序开发的步骤。

通过本章学习，应该重点掌握以下内容：

- 计算机语言发展的历程
- 过程化程序设计和面向对象的程序设计的基本思想和主要特点
- 简单的C++程序结构
- C++开发程序的步骤

1.1 计算机程序设计语言的发展

计算机语言通常是能完整、准确和规则地表达人们的意图，并用以指挥或控制计算机工作的“符号系统”。当使用计算机解决问题时，首先将解决问题的方法和步骤按照一定的顺序和规则用计算机语言描述出来，形成指令序列，然后由计算机执行指令，完成所需的功能。

计算机程序设计语言的发展，经历了从机器语言、汇编语言到高级语言的历程。

1.1.1 机器语言阶段

众所周知，在计算机内部采用二进制表示信息。机器语言（Machine Language）是用二进制代码表示的、计算机能直接识别和执行的一种机器指令的集合。它是面向机器的语言，是计算机唯一可直接识别的语言。用机器语言编写的程序称为机器语言程序（又称目标程序）。每一条机器指令的格式和含义都是由设计者规定的，并按照这个规定设计制造硬件。一个计算机系统全部机器指令的总和，称为指令系统。不同类型的计算机的指令系统不同。

例如，某种计算机的指令如下：

```
10110110 00000000        //表示进行一次加法操作
10110101 00000000        //表示进行一次减法操作
```

它们的前 8 位表示操作码，而后 8 位表示地址码。从上面两条指令可以看出，它们只是在操作码中从左边第 0 位算起的第 6 和第 7 位不同。这种机型可包含 256（即 2^8）个不同的指令。

用机器语言编写的程序能直接在计算机上运行，运行的速度快，效率高。但机器语言难于记忆，也难于操作，代码编程烦琐、易出错；而且编写的程序紧密依赖计算机硬件，程序的可移植性差。

机器语言是第一代计算机语言。

1.1.2 汇编语言阶段

为了克服机器语言的缺点，使语言便于记忆和理解，人们采用能反映指令功能的助记符来表达计算机语言，称为汇编语言（Assembly Language）。汇编语言采用的助记符比机器语言直观、容易记忆和理解。汇编语言也是面向机器的程序设计语言，每条汇编语言的指令对应了一条机器语言的指令，不同类型的计算机系统一般有不同的汇编语言。

例如，用汇编语言编写的程序如下：

```
MOV    AL   10D      //将十进制数 10 送往累加器
SUB    AL   12D      //从累加器中减去十进制数 12
……
```

用汇编语言编写程序比用机器语言要容易得多，但计算机不能直接执行汇编语言程序，必须把它翻译成相应的机器语言程序才能运行。将汇编语言程序翻译成机器语言程序的过程叫做汇编，汇编过程是由计算机运行汇编程序自动完成的，如图 1-1 所示。

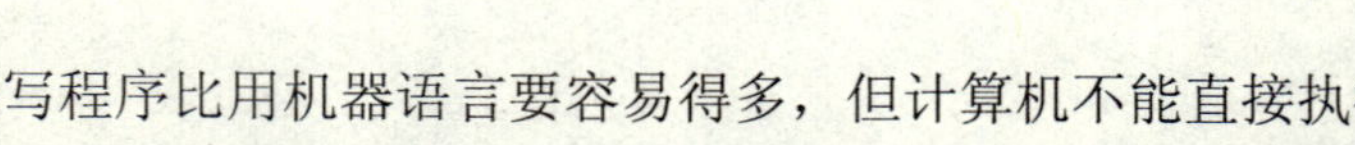

图 1-1 汇编过程

在计算机语言系统中，汇编语言仍然列入“低级语言”的范畴，它也依赖于计算机的硬件，移植性差。但汇编语言比起机器语言在很多方面都有优越性，如编写容易、修改方便、阅读简单、程序清楚等。针对计算机硬件而编制的汇编语言程序，能准确地发挥计算机硬件的功能和特长，程序精炼而且质量高，所以至今仍是一种常用的程序设计语言。

汇编语言是第二代计算机语言。

1.1.3 高级语言阶段

机器语言和汇编语言都是面向机器（计算机硬件）的语言（低级语言），受机器硬件的限制，通用性差，也不容易学习，一般只适用于专业人员。人们意识到，应该设计一种语言：它接近于数学语言或自然语言，同时又不依赖于计算机的硬件，编出的程序能在所有计算机上通用。高级语言（High-Level Language）是这样的语言。例如，用 C++语言编写的程序片断如下：

```
int i , j , k ;           // 定义变量 i , j , k
cin >> i >> j ;           // 输入 i , j 的值
k=i*j ;                   // 将变量 i , j 的值相乘，结果赋给变量 k
cout << k ;               // 输出求积结果
```

如上例，使用高级语言编写程序时，不需要了解计算机的内部结构，只要告诉计算机“做什么”即可。至于计算机用什么机器指令去完成（即“怎么做”），编程者不需要关心。高级语言是面向用户的。

用高级语言编写的程序叫做高级语言源程序，计算机无法直接执行，必须翻译或解释成机器语言目标程序才能被计算机执行。翻译过程分为两步，即编译和连接，翻译过程如图 1-2 所示。

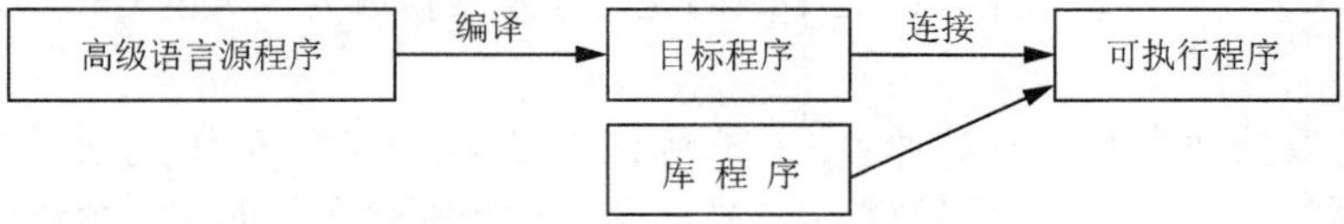

图 1-2　翻译过程

在图 1-2 中，高级语言经过编译后，得到目标程序（.obj），再与库程序连接生成可执行程序（.exe）。

程序设计语言从机器语言到高级语言的抽象，带来的主要好处如下所述。

（1）高级语言接近自然语言，易学、易掌握，一般工程技术人员只要几周时间的培训就可以胜任程序员的工作。

（2）高级语言为程序员提供了结构化程序设计的语法，使设计出来的程序可读性好、可维护性强、可靠性高。

（3）高级语言远离机器语言，与具体的计算机硬件关系不大，因而所写出来的程序可移植性好，代码重用率高。

（4）由于把繁杂琐碎的事务交给了编译程序去做，所以自动化程度高，开发周期短，并且程序员得到解脱，可以集中时间和精力去设计算法和从事更为重要的创造性劳动，以提高程序的质量。

高级语言是第三代计算机语言。目前广泛应用的高级语言有多种，如 BASIC、FORTRAN、PASCAL、C、C++、JAVA 及 C#等。

1.1.4 从 C 到 C++

C 语言是 AT&T 贝尔实验室的 Dennis Ritchie 在 B 语言的基础上开发出来的，1972 年在一台 DEC PDP-11 计算机上实现了最初的 C 语言。C 语言最初用做 UNIX 操作系统的开发语言，UNIX 操作系统 90%的代码由 C 语言编写，10%的代码由汇编语言编写。由于 UNIX 的成功和广泛使用，也使 C 语言成为一种普遍使用的程序设计语言。

C 语言具有如下优点：

（1）语言简洁、紧凑、使用方便、灵活。C 语言只有 32 个关键字，程序书写形式自由。

（2）运算符丰富，数据结构丰富，具有现代化语言的各种数据结构。

（3）具有结构化的控制语句（如 if…else 语句、while 语句、for 语句）。

（4）语法限制不大严格，程序设计自由度大。

（5）C 语言允许直接访问物理地址。

（6）生成目标代码质量高，程序执行效率高。

（7）用 C 语言写的程序可移植性好。

但是，C 语言也有它的局限性：

（1）C 语言数据类型检查机制较弱，这使程序中的一些错误不能在编译时被自动发现。

（2）当程序的规模大到一定程度时，复杂性很难控制。

为了解决这些问题，研制 C++语言的一个首要目标就是使 C++语言突破 C 语言的局限性。同时，在 C++中引入了类等机制来支持面向对象的程序设计。所研制的这个语言最初被称为“带类的 C”，1983 年取名为 C++（C Plus Plus）。C++的喻义是对 C 语言进行“增值”。1994 年制定了 ANSI C++ 草案。后来又经过不断的完善和发展，成为今天的 C++，而且 C++仍在不断的发展中。

C++是由 C 发展而来的，与 C 兼容。C++包含了 C 的全部特征、属性和优点，是 C 的超集，同时 C++添加了面向对象编程的完全支持，是一种功能强大的面向对象程序设计语言。

1.2 过程化程序设计

程序设计的基本目标是用算法对问题的原始数据进行处理，从而获得所期望的效果。但这仅仅是程序设计的基本要求，要全面提高程序的质量，提高编程效率，使程序具有良好的可读性、可靠性、可维护性及良好的结构，就必须掌握正确的程序设计方法和技术。

在面向对象的方法出现以前，人们都采用面向过程的程序设计方法。例如，计算炮弹的飞行轨迹。为了完成计算，就必须设计一个计算方法或解决问题的过程。由于处理的问题日益复杂，程序也就越来越复杂和庞大。20 世纪 60 年代产生的结构化程序设计方法，为使用面向过程方法解决复杂问题提供了有力的手段。结构化程序设计的基本程序结构为顺序结构、选择结构和循环结构。

过程化程序设计方法的主要思想：将任务按功能进行分解，自顶向下、逐步求精。当一个任务十分复杂以至无法描述时，可按功能划分为若干个基本模块，各模块之间的关系尽可能简单，在功能上相对独立，如果每个模块的功能实现了，则复杂任务也就得以解决。

例如，一个简单的学生成绩管理系统是一个较为复杂的任务，可以采用过程化设计思想完成，如图 1-3 所示。

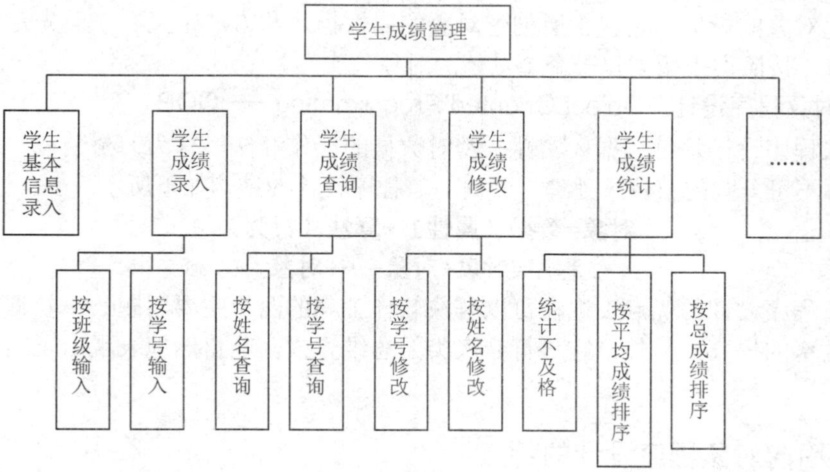

图 1-3　学生成绩管理系统设计

过程化程序设计方法中，数据与处理数据的算法是分离的，重用性差。编程的主要技巧在于追踪过程调用及哪些数据发生了变化。过程化编程思想是设计数据结构和算法，即

程序=数据结构+算法

过程化程序设计能够较好地解决一些复杂的问题，但也有很多缺点。例如，当需要处理的数据量较复杂时，数据与处理这些数据的方法之间的分离使程序变得越来越难以理解和维护。当数据结构发生变化时，必须对程序进行修改，代码的重用性差。而面向对象的程序设计方法能较好地解决这些问题。

1.3　面向对象的程序设计

面向对象的程序设计不仅吸取了结构化程序设计的优点，还考虑了现实世界与面向对象的映射关系，从而提出一种新思想。它所追求的目标是将现实世界的问题求解尽可能简化，使程序设计更加贴近实现世界，用于开发较大规模的程序，以提高程序开发的效率。面向对象的程序设计的实现需要数据封装、继承和多态技术。

1.3.1　基本概念

1. 对象

对象又称实例，是客观世界中一个实际存在的事物。它既具有静态的属性（或称状态），又具有动态的行为（或称操作）。所以，现实世界中的对象一般可以表示为：属性+行为。例如，一个盒子就是一个对象，它具有的属性为该盒子的长、宽和高等；具有的操作为求盒子的容量等。

2. 类

在面向对象的程序设计中，类是具有相同属性数据和操作的对象的集合，它是对一类对象的抽象描述。例如，将所有盒子的共同属性抽象出来就是盒子类。

类是创建对象的模板，它包含所创建对象的属性描述和方法定义。一般先定义类，再由类创建其对象，按照类模板创建一个个具体的对象（实例）。

3. 面向对象程序设计（Object Oriented Programming——OOP）

面向对象程序设计是将数据（属性）及对数据的操作算法（行为）封装在一起，作为一个相互依存、不可分割的整体来处理。面向对象程序设计的结构如下所示：

对象=数据（属性）+算法（行为）

程序=对象+对象+…+对象

面向对象程序设计的优点表现在可以解决软件工程的两个主要问题——软件复杂性控制和软件生产效率的提高。另外，它还符合人类的思维方式，能自然地表现出现实世界的实体和问题。

1.3.2 面向对象程序设计的特点

面向对象程序设计具有封装、继承、多态三大特性。

1. 封装性

封装是一种数据隐藏技术，在面向对象程序设计中可以把数据和与数据有关的操作集中在一起形成类，将类的一部分属性和操作隐藏起来，不允许用户访问；将另一部分作为类的外部接口，允许用户访问。类通过接口与外部发生联系、沟通信息，用户只能通过类的外部接口使用类提供的服务，发送和接收消息；而内部的具体实现细节则被隐藏起来，对外是不可见的，增强了系统的可维护性。

2. 继承性

在面向对象程序设计中，继承是指新建的类从已有的类那里获得已有的属性和操作。已有的类称为基类或父类，继承基类而产生的新建类称为基类的子类或派生类。由父类产生子类的过程称为类的派生。继承有效地实现了软件代码的重用，增强了系统的可扩充性，同时也提高了软件开发效率。

3. 多态性

在面向对象程序设计中，多态性是面向对象的另一重要特征。

所谓多态性是指当不同的对象收到相同的消息时，产生不同的动作。其好处是，用户不必知道某个对象所属的类就可以执行多态行为，从而为程序设计带来更大方便。利用多态性可以设计和实现一个易于扩展的系统。

1.4 简单的 C++程序介绍

下面通过一个简单的程序来说明 C++程序的基本结构。

【例 1.1】 一个简单的 C++程序。

程序如下：

```
/* -----------ch1_1.cpp：
输出一行字符："This is a C++ program."----------*/
#include <iostream.h>
```

```
void main( )
{
   cout<<"This is a C++ program. ";        //在屏幕上输出一行文字
}
```

程序运行结果：

```
This is a C++ program.
```

上述简单的C++程序由注释语句、编译预处理命令和主函数构成。

1. 注释语句

注释是程序员为读者做的说明，用来提高程序的可读性。C++程序在编译过程中忽略注释，注释的内容不转换为目标代码。注释一般分为两种：序言注释和注解性注释。前者用于程序开头，说明程序的名称、用途、编写时间、编写人及输入/输出说明等，后者用于对程序难懂的地方做注解。注释的形式有两种，一种是以“//”开头，从它开头到本行末尾之间的内容都作为注释，称为行注释；另一种是在“/*”与“*/”之间的内容，这种形式的注释可以跨多行书写，称为块注释。

2. 编译预处理命令

以符号“#”开头的行是编译预处理行，如“#include”称为文件包含预处理命令。因此，“# include <iostream.h>”不是C++的语句，而是C++的一个预处理命令，它的作用是在编译之前将系统定义的头文件“iostream.h”的内容包含到程序ch1-1.cpp中。“iostream.h”代表“输入/输出流头文件”，在此头文件中设置了C++的I/O相关环境，定义了与数据的输入/输出有关的I/O流对象cout和cin等。一般来说，如果在程序中使用系统预先定义的标准函数、符号或对象，则需要在程序的头部，用“#include”预处理命令将相应的头文件包含进来。

3. 主函数main()

main()函数是一个特殊的用户定义的函数，是程序执行的入口点。每个程序都必须有且仅有一个main()函数。main前面的void的作用是声明main()函数没有返回值。

函数体用{ }括起来。在函数体中，按照算法写出语句，完成功能。每条C++语句必须以“;”结束。本例中主函数体中只有一个语句：cout<<"This is a C++ program."; cout实际上是C++系统定义的对象名，称为输出流对象。“<<”是“插入运算符”，与cout配合使用，在本例中它的作用是将运算符“<<”右边的字符串输出到显示器上。

注意，主函数名main全部都是由小写字母构成的。C++程序的标识符是对大小写“敏感”的，所以在书写标识符的时候要注意区分大小写。

例1.1中void main()声明了main()函数没有返回值。实际上，main函数的返回值应该定义为int类型，C和C++标准中都是这样规定的。虽然在一些编译器中，void main可以通过编译（如Visual C++ 6.0编译器），但并非所有编译器都支持void main函数，因为标准中从来没有定义过void main函数。在GCC3.2编译器中，如果main函数的返回值不是int类型，则根本无法通过编译，所以建议用int main。main函数的返回值用于说明程序的退出状态，如果返回0，则代表程序正常退出，否则代表程序异常退出。

【例1.2】 求a1和a2两个数的积。

程序如下：

```
//求两个数的积                          //注释
#include <iostream.h>                 //预处理命令
int main()                            //主函数
```

```
{                                             //函数体开始
    int a1,a2,result;                         //定义变量
    cout<<"please input two numbers :\n";     //输出提示信息
    cin>>a1>>a2;                              //输入 a1,a2
    result=a1*a2;                             //赋值语句
    cout<<"result is：  "<<result<<endl;      //输出语句
    return 0;
}                                             //函数体结束
```

函数体中的第 1 行，定义 a1、a2 和 result 均为整型（int）变量。C++语言是强制语言，变量必须先定义再使用。定义变量后，系统给这些变量分配内存空间，用于存储变量的值。函数体中的第 2 行，字符串中的“\n”代表回车换行。函数体中的第 3 行使用了 cin， cin 是 C++系统定义的输入流对象，“>>”称为“提取运算符”，与 cin 配合使用，用于从键盘提取数据赋值给右边的变量。语句 cin>>a1>>a2;是要求用户从键盘输入两个数分别给变量 a1 和 a2，注意输入时用空格将两个数分割开。函数体中的第 4 行是将 a1 与 a2 的乘积的值赋给变量 result。函数体中的第 5 行是先输出字符串“result is:”，然后输出变量 result 的值。

如果程序运行时从键盘输入：

```
5 6 ↙
```

则输出为：

```
result is：30
```

【例 1.3】 给出两个数 *x* 和 *y*，求两数中的大者。

程序如下：

```
#include <iostream.h>                       //预处理命令
int max(int x,int y)                        //max 函数定义
{
    int z;                                  //定义整型变量
    if (x>y)   z= x;                        //如果 x>y，则将 x 的值赋值给 z
    else   z=y;                             //否则，将 y 的值赋值给 z
    return z;                               //返回 z
}                                           //max 函数结束
int main( )                                 //主函数
{
    int a,b,c;                              //定义整型变量
    cout<<"Input two numbers:\n";           //输出提示信息
    cin>>a>>b;                              //输入数据
    c=max(a,b);                             //函数的调用
    cout<<" maximum number is"<<c<<endl;    //输出语句
    return 0;
}                                           //主函数结束
```

本程序由两个函数组成：主函数和被调用的 max()函数。程序中第 2～8 行是 max()函数的定义，其功能是将 x 和 y 的较大者赋值给 z，return 语句将 z 的值作为 max()函数的返回值。返回值通过函数名 max 带回到 main()函数的调用处。

max()函数虽然写在 main()函数的前面，但程序是从主函数 main()开始执行的。执行程序

时，首先输入 a 与 b 的值；当执行到 c=max(a,b)语句时，调用 max()函数，将实参 a 和 b 分别赋给形参 x 和 y；程序转入执行 max()函数，函数 max()执行结束后将结果返回到主函数，并将计算结果赋给变量 c，然后主程序继续执行。

由上例可以看出，一个 C++程序由若干个函数组成，每个函数完成特定的功能。程序的执行总是从 main()开始，大多数函数是在程序运行时被调用的。程序按照顺序逐句地执行，直到遇到函数调用语句，程序将执行被调用的函数。被调函数执行完成后，程序控制立即返回主调函数，并继续执行主调函数的下一行代码。

1.5 程序开发的过程

一个程序从编写源代码到最后得出运行结果一般要经历以下步骤。

1. 编写源代码

程序是一组计算机系统能识别和执行的指令，用以完成特殊的任务、功能和目的。用高级语言编写的程序称为“源程序”或“源代码”。用 C++编写的源程序的扩展名一般为.cpp。

2. 编译源代码

计算机不能直接识别和执行由高级语言编写的源代码，只能够识别和执行由 0 和 1 组成的二进制指令。因此，必须先用一种称为“编译器（Compiler）”的软件，将源代码翻译成二进制形式的目标文件（Object Program）。这种编译器软件又称为编译程序或编译系统。

编译的过程是以源代码文件为单位的。在实际的程序设计过程中，程序是由一个或多个源文件组成的，编译系统分别对它们进行编译，生成多个目标文件。目标文件的扩展名一般为.obj。编译的作用是对全部源代码进行语法检查。编译结束后，如果有错则显示所有的编译错误信息。出错信息有两种，一种是错误（Error），这类错误必须改正后重新编译，否则不能生成目标文件；另一种是警告（Warning），指一些不影响运行的小错误或程序不够优化，如定义一个变量而没有使用。

3. 连接成可执行文件

目标程序仍然不是一个可执行程序，因为目标程序只是一个个程序块，需要连接成为一个适应一定操作系统环境的程序整体。为了把它们转换成可执行程序，必须进行连接。为此，系统提供的“连接程序（Linker）”将一个程序的所有目标程序和系统库文件及系统提供的其他信息连接起来，最终生成可执行程序。可执行程序的扩展名一般为.exe，可以直接执行。

4. 运行程序并分析运行结果

运行最终生成的可执行的二进制文件（.exe 文件）程序，得到程序运行结果。如果运行的结果不正确，则需要重新检查程序或算法存在的问题，并加以改正，直到运行结果正确。

在程序开发的编译、连接、执行等阶段都有可能出现错误，出现错误后，必须回到程序的编辑状态对源程序进行修改。C++程序的开发步骤如图 1-4 所示。

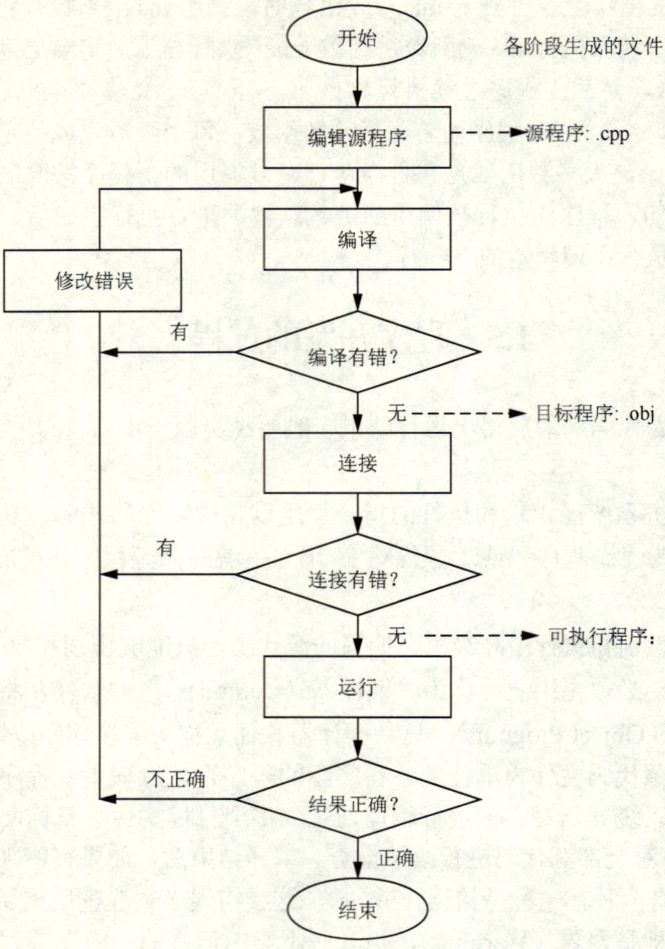

图 1-4　C++程序的开发步骤

1.6　C++上机实践

在前面已经了解到，C++程序设计包括编写源代码、编译、连接和运行等过程。这些过程都可以在集成开发环境中完成。集成开发环境（Integrated Developing Environment，IDE）是用于程序开发的应用程序，一般包括代码编辑器、资源编辑器、集成调试工具、调试器和图形用户界面工具等，是可以完成创建、调试、编辑程序等操作的编程环境。 C++集成开发环境有 Visual C++ 、Builder C++ 、Visual Studio .NET 等。Visual C++ 6.0 是在 Windows 平台下运行 C++的集成开发环境，目前使用较为广泛，因此本小节主要介绍 Visual C++ 6.0 的集成开发环境。

1.6.1　Visual C++ 6.0 集成开发环境

Visual C++ 6.0 提供了一个支持可视化编程，并且集源程序编辑、代码编译与调试于一体的集成开发环境，它包含一个文本编辑器、资源编辑器、工程编译工具、源代码浏览器、集成调试工具，以及一套联机文档。开发环境是程序员同 C++源程序的交互界面，通过它程序员可以完成程序设计的各种操作。对于集成开发环境的熟悉程度直接影响到程序设计的效率，因此，希望读者能够熟练掌握 Visual C++ 6.0 IDE（集成开发环境）的使用，特别要掌握它的调试工具的使用方法。Visual C++ 6.0 的集成开发环境如图 1-5 所示。

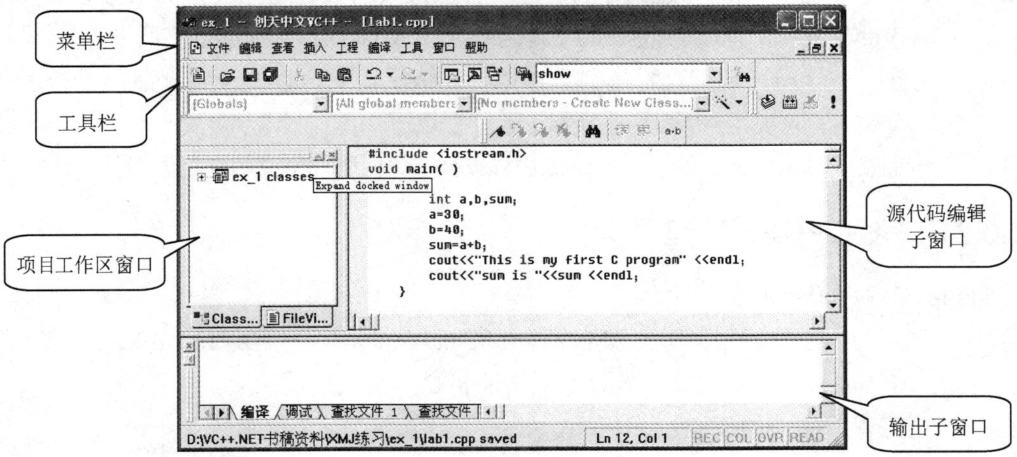

图 1-5　Visual C++ 6 .0 的集成开发环境

1. 菜单

Visual C++ 6.0 集成开发环境中主要包括以下几种菜单选项。

- “文件”菜单：包括对文件、项目、工作区及文档进行文件操作的相关命令或子菜单。
- “编辑”菜单：除了常用的剪切、复制、粘贴命令外，还有为调试程序设置断点（Breakpoints）命令，用来设置、删除、查看断点。
- “查看”菜单：“查看”菜单中的命令主要用于改变窗口和工具栏的显示方式、检查源代码、激活调试时所用的各个窗口等。
- “插入”菜单：包括创建新类、新表单、新资源及新的 ATL 对象等命令。
- “工程”菜单：使用“工程”菜单可以创建、修改和存储正在编辑的工程文件。
- “编译”菜单：用于编译、创建、调试和执行应用程序。

2. 工程及项目工作区

工程是进行编译和链接创建可执行程序或 DLL 的相关源文件的集合。工程也依赖于工程子目录外面的许多文件，如包含文件和库文件。项目工作区是一个包含用户所有相关项目和配置的实体。一个项目工作区可以包含多个工程，这些工程既可以是同一类型的工程，也可以是不同类型的工程。工作区以.dsw 为后缀名，项目文件以.dsp 为后缀名。Visual C++ 6.0 集成开发环境使用项目工作区来组织项目、元素及项目信息在屏幕上出现的方式。在一个项目工作区中可以处理一个工程和它所包含的文件、多个相互独立的工程、多个相互依赖的工程。

项目工作区窗口一般位于屏幕左侧，如图 1-5 所示。单击项目工作区底部的标签可以从一个视图切换到另一个视图，图 1-5 中的是类视图。

3. 视图

项目工作区包含三种视图：文件视图、类视图和资源视图。每种视图都是按层次方式组织的。可以展开文件夹和其中的项查看其内容，或折叠起来查看其组织结构。

（1）文件视图（FileView）。FileView 显示了工程文件和项目工作区中所包含的文件的逻辑关系。一个工作区可以包含多个工程，其中活动工程以黑体显示。展开文件夹可以查看所创建的工程中包含的文件，并可以管理文件，包括增加、删除、移动、重命名、复制文件等。

（2）类视图（ClassView）。ClassView 显示所有已定义的类及这些类中的数据成员和成员函数。在 ClassView 中，文件夹代表工程文件名。展开 ClassView 顶层的文件夹后，显示工程中所包含的所有类。展开类可查看类的数据成员和成员函数，以及全局变量、函数和类型定义。

（3）资源视图（ResourceView）。ResourceView 显示项目中所包含的资源文件。

1.6.2 开发 C++程序过程

1. Visual C++ 的启动

选择“开始”按钮→“程序”→“Microsoft Visual Studio”→“Microsoft Visual C++”或桌面上 Microsoft Visual C++的快捷方式，启动 Visual C++集成环境。

2. 项目（工程）文件的建立

（1）选择项目类型。启动 Visual C++集成环境后，选择“文件”→“新建”→“工程”选项卡，出现如图 1-6 所示的“新建”对话框，选择所建项目的类型。这里选择的是“Win32 Console Application”（注意，要选中右下角“平台”中的“Win32”复选框）。

（2）设置工程保存位置及功能名。

“位置”文本框：用于存放工程的文件夹，用户可以单击“位置”文本框右边的...按钮选择存放路径。

“工程”文本框：用于输入工程名，如 ex_1。通常在编译、连接后，生成与工程名相同的可执行程序，如 ex_1.exe。

（3）完成工程创建。单击“确定”按钮，进入创建向导界面，提示信息为“What kind of Console Application do you want”，在下面的 4 个选项中选择第 1 项“A empty project”，单击“完成”按钮。在弹出的对话框中显示出“空的控制台应用程序”、“没有源程序文件建立或添加到工程文件中”，以及工程存放的目录等信息。单击“确定”按钮，完成工程的创建。

3. CPP 文件（C++源程序文件）的建立

选择“文件”→“新建”→“文件”选项卡（如图 1-7 所示），单击“C++ Source File”选项，并填入文件名称（如 lab1.cpp 或 lab1），单击“确定”按钮，完成新建 C++源程序文件。

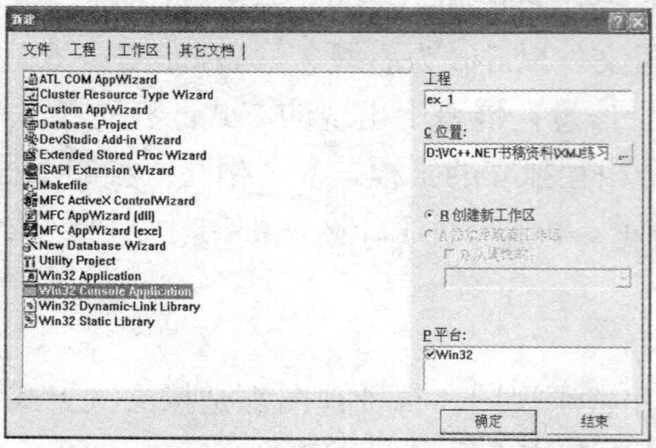

图 1-6 “新建”对话框

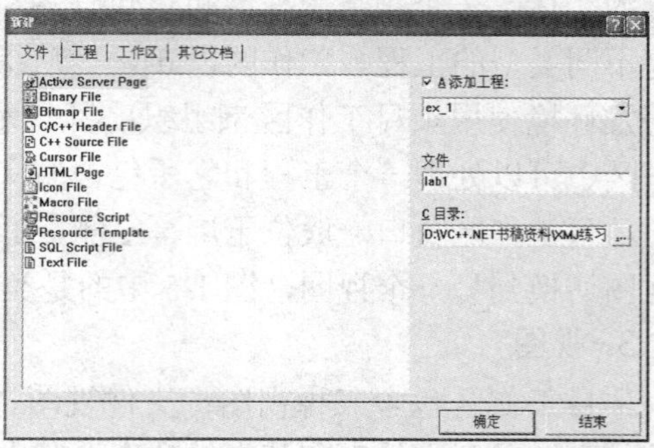

图 1-7 添加新的源程序文件

4. 完成 C++程序的编译、连接和运行

在出现的源代码编辑窗口中输入源程序代码。输入代码后，先按“Ctrl+F7”组合键或单击图 1-8“编译微型条”工具栏中的（Compile）按钮实现编译；然后按“F7”键或单击图 1-8 中的（Building）按钮实现连接；最后按“Ctrl+F5”组合键或单击图 1-8 中的（Execute Program）按钮运行（执行）程序，查看运行结果。

图 1-8 “编译微型条”工具栏

习 题 一

一、选择题

1. C++源程序的扩展名是_________。

 A. .cpp　　B. .c　　C. .dll　　D. .exe

2. 程序中主函数的名字为_________。

 A. main　　B. MAIN　　C. Main　　D. 任意标识符

3. C++的合法注释是_________。

 A. /* this is a c++ program /*　　B. // this is a c++ program

 C. “ this is a c++ program ”　　D. / this is a c++ program /

4. C++程序设计的几个操作步骤依次是_________。

 A. 编译、编辑、连接、运行　　B. 编辑、编译、连接、运行

 C. 编译、运行、编辑、连接　　D. 编译、运行、连接、编辑

二、简答题

1. C 语言与 C++语言的关系是什么？
2. 面向过程的程序设计与面向对象的程序设计有什么异同？
3. 简述 C++程序的开发步骤。

第2章

数据类型、运算符和表达式

数据类型是程序中最基本的概念。只有确定了数据类型，才能确定变量的存储空间大小及操作。表达式是表示一个计算求值的式子。数据类型和表达式是程序员编写程序的基础。因此，本章所介绍的这些内容是进行C++程序设计的基础内容。

通过本章学习，应该重点掌握以下内容：

- C++的基本数据类型
- 常量和变量
- 基本运算符和表达式
- 类型转换

2.1 保留字和标识符

2.1.1 保留字

C++中保留字（Reserved word）也称为关键字（Keyword），它们是预先定义好的字符集合，对 C++编译程序有着特殊的含义。ANSI C++中共有 48 个保留字，其他版本的 C++有一些扩充。表 2-1 给出了 C++和 Visual C++兼容的 43 个保留字。关于这些关键字的意义和用法将在以后介绍。

表 2-1 C++的保留字

auto	break	case	char	class	const
continue	default	delete	do	double	else
enum	extern	float	for	friend	goto
if	inline	int	long	new	operator
private	protected	public	register	return	short
signed	sizeof	static	struct	switch	this
typeof	union	unsigned	virtual	void	volatile
while					

保留字是语言系统的保留成分，编程者不能使用它们作为自己的变量名或函数名等。

2.1.2 标识符

标识符是程序员定义的有效字符序列，用来标志自己定义的变量名、符号常量名、函数名、数组名、类型名等。标识符的命名应遵循以下规则：

（1）只能由英文字母、数字和下画线三种字符组成，第一个字符必须是字母或下画线。

（2）不能是 C++保留字。

（3）中间不能有空格。

（4）不要太长，一般以不超过 31 个字符为宜。

（5）不要与 C++的库函数名和类名相同。

下面是合法的标识符：

```
Way_cool, bits32, myname, _righton , book_2
```

下面是不合法的标识符：

```
D.S.Name,   #323,    57S9,    c<d,      -W
```

在 C++中，字母的大小写是有区别的。例如，Add、add 和 ADD 分别表示不同的标识符。

2.2 C++的基本数据类型

数据类型决定了该数据所占用的存储空间、所表示的数据范围和精度，以及所能进行的运算。C++的数据类型大致可分为两类，一类是基本数据类型，另一类是非基本数据类型。基本数据类型包括整型、字符型、浮点型和布尔型等；非基本数据类型包括由基本数据类型构造出来的构造类型、指针类型、引用类型和空类型等，如图 2-1 所示。

- 数据类型
  - 基本类型
    - 整型
    - 字符型
    - 浮点型
    - 布尔型
  - 构造类型
    - 枚举类型
    - 数组类型
    - 结构体类型
    - 共用体类型
    - 类类型
  - 指针类型
  - 引用类型
  - 空类型（void）

图 2-1　C++的数据类型

C++的基本数据类型有如下 4 种：

- 整型，说明符为 int。
- 字符型，说明符为 char。
- 浮点型（实型），分为 float（单精度浮点型）和 double（双精度浮点型）两种。
- 布尔型，说明符为 bool。它的值是 true 和 false。

为了满足各种情况的需求，可在类型标识符 char 和 int 之前加一些修饰词，用来更准确地定义数据的类型及属性。这些修饰词有 signed（有符号的）、unsigned（无符号的）、long（长的）和 short（短的）。

ANSI C++并没有统一规定各类数据类型的精度、取值范围和在内存中所占的字节数，各 C++编译系统根据自己的情况作出安排。表 2-2 列出了 Visual C++ 6.0 中基本数据类型的情况。

表 2-2　Visual C++ 6.0 中的基本数据类型

类 型 名	说　明	长度（字节）	取 值 范 围
Bool	布尔型	1	false, true
[signed] char	有符号字符型	1	-128～127
unsigned char	无符号字符型	1	0～255
[signed] short [int]	有符号短整型	2	-32768～32767
unsigned short [int]	无符号短整型	2	0～65535
[signed] int	有符号整型	4	-2^{31}～（$2^{31}-1$）
unsigned [int]	无符号整型	4	0～（$2^{32}-1$）
[signed] long [int]	有符号长整型	4	-2^{31}～（$2^{31}-1$）
unsigned long [int]	无符号长整型	4	0～（$2^{32}-1$）
float	单精度浮点型	4	-10^{38}～10^{38}
double	双精度浮点型	8	-10^{308}～10^{308}

说明：

（1）表 2-2 中各数据类型方括号中的内容可省略。

（2）单精度浮点型 float 和双精度浮点型 double 都属于浮点型。

（3）char 型和各种 int 型有时又统称为整数类型。因为字符型数据在计算机中是以 ASCII 码形式表示的，故其本质上是整数类型的一部分，也可以当做整数来运算。

（4）表 2-2 中各种数据类型的长度是以字节为单位的，1 个字节等于 8 个二进制位。

（5）各种无符号类型量所占的内存空间字节数与相应的有符号类型量相同，但由于省去符号位，故不能表示负数。

例如，有符号短整型变量最大为 32767（即 $2^{15}-1$），如图 2-2 所示。有符号短整型用 2 个字节存储（即 16 个二进制位），最高位是符号位（0 代表正数，1 代表负数），故可知最大值为 32767。

符号位

0	1	1	1	1	1	1	1	1	1	1	1	1	1	1	1	=32767

图 2-2　有符号短整型最大值

2.3　常量与变量

2.3.1　常量

常量是指在程序运行过程中其值不能改变的量。常量具有类型属性，类型决定了各种常量在内存中占据存储空间的大小。

下面介绍不同数据类型常量的表示方法。

1. 整型常量

整型常量即整型常数，没有小数部分，可以用十进制、八进制和十六进制 3 种形式来表示。

（1）十进制整型常量由 0～9 组成，没有前缀，不能以 0 开始，如 123、−567。

（2）八进制整型常量以 0（零）为前缀，后跟由 0～7 组成的整型常数，如 0456、−013。

（3）十六进制整型常量以 0X（零 X）或 0x（零 x）为前缀，后跟由 0～9 和 A～F 组成的整型常数，如 0xAB、−0x23。

2. 浮点型常量

浮点型常量由整数部分和小数部分组成，只能用十进制来表示。

浮点型常量有两种表示法，一种是小数表示法，又称为一般表示形式，整数和小数这两个部分可以省略一个，但不可两者都省略，如 3.47、.234、5. 等；另一种是科学表示法，又称为指数形式，它通常表示很大或很小的浮点数，表示方法是在小数后面加 E（或 e）表示指数，指数部分可正、可负，但必须是整数，如 3.5E-5、5.7e9、5e3 等。

实型常量默认为 double 型，如果后缀为 f 或 F，则为 float 型。

在程序中不论把浮点数写成小数形式还是指数形式，在内存中都是以指数形式（即浮点形式）存储的。

3. 字符常量

C++中有两种字符常量，即一般字符常量和转义字符常量。

（1）一般字符常量。一般字符常量是用一对单引号括起来的一个字符，如'A'、'$'、' '（空格）。字符的类型是 char 类型，它的值为所括字符在 ASCII 表中的编码。

（2）转义字符。转义字符是以反斜杠“\”引导的特殊的字符常量表示形式。一般“n”表示字符 n，而“\n”仅代表一个字符，即表示控制字符“换行”，由于跟随在“\”后的字母 n 的意义发生了转变，所以称转义字符。C++中常用的转义字符见表 2-3。

表 2-3　C++中常用的转义字符

转义字符	名　称	功　能
\a	响铃	用于输出响铃
\b	退格（Backspace 键）	用于退回一个字符
\f	换页	用于输出
\n	换行符	用于输出
\r	回车符	用于输出
\t	水平制表符（Tab 键）	用于输出
\v	纵向制表符	用于制表
\\	反斜杠字符	用于表示一个反斜杠字符
\'	单引号	用于表示一个单引号字符
\"	双引号	用于表示一个双引号字符
\ddd	ddd 是 ASCII 码的八进制值，最多三位	用于表示该 ASCII 码代表的字符
\xhh 或\Xhh	hh 是 ASCII 码的十六进制值，最多两位	用于表示该 ASCII 码代表的字符

4. 字符串常量

在 C++中，字符串常量和字符常量是不同的。字符串常量是由双引号括起来的若干个字符序列，如 "CHINA"、"How are you"、"a" 。字符串中的字符在内存中连续存储，并在最后加上字符“\0”作为字符串结束的标志。例如，“CHINA”在内存中的存放如图 2-3 所示。

'C'	'H'	'I'	'N'	'A'	'\0'

图 2-3　字符串在内存中的存放

编译系统会在字符串最后自动加一个“\0”作为字符串结束标志，但“\0”并不是字符串的一部分，它只作为字符串的结束标志。

注意，字符串的结束标志“\0”是二进制码的 0（0x0），而不是字符“0”的 ASCII 码（0x30）。

5. 符号常量

在 C++中，可以用一个标识符来表示一个常数，这个标识符就是符号常量。

C++提供了两种定义符号常量的方法，一种是使用编译预处理命令#define；另一种是使用 C++中的常量说明符 const。例如：

```
#define    PRICE    30
#define    PI       3.1415926
#define    S        "table"
const    float    pi=3.1415 ;
```

这里定义了 4 个常量 PRICE、PI、S 和 pi。一般来说，给常量取一个有意义的名字是为了提高程序的可读性。另外，如果程序中多处使用同一个常量，当需要对该常量进行修改时，只需在定义处修改一次即可，而不需要在该常量使用处做任何修改。

2.3.2　变量

变量是指在程序运行过程中其值可以改变的量。变量是有名字的，在内存中占据一定的存储单元。在 C++语言中使用变量之前必须先定义它的数据类型，根据其数据类型的不同，可分为不同类别的变量，如字符型变量、整型变量、实型变量等。

1. 变量的命名

变量的命名要遵循C++语言中标识符的命名规定：

（1）系统规定的关键字不可作为变量名。

（2）第一个字符必须是字母或下画线，后跟字母、数字或下画线，中间不能有空格。

（3）命名变量应尽量做到“见名知意”，这样有助于记忆，增加可读性。

（4）在命名变量时，大小写字母是不一样的。例如，X1和x1是两个不同的变量。

另外，由于Windows程序一般很长，为了提高程序的可读性，一般变量采用匈牙利命名法。其规则是：标识符由多个英文单词组成，每个单词的第一个字母大写，其余为小写，如StudentName。

2. 定义变量

在C++语言中，要求对所有用到的变量做强制定义，也就是必须“先定义，后使用”。

定义变量的一般格式为：

```
类型  变量名列表;
```

当有多个相同数据类型的变量名时，中间可用逗号分离，也可以分别定义。例如：

```
int a , b , c ;           //定义三个整型变量 a , b , c
unsigned u ;              //定义一个无符号整型变量 u
float f ;                 //定义一个单精度实型变量 f
char c1 , c2 , c3 ;       //定义三个字符型变量 c1 , c1 , c3
```

变量除了具有数据类型之外，还可定义其存储类型来指出变量的作用域和生存期，这些内容将在第5章中讲解。

3. 变量初始化

当使用变量时，变量必须有值，给变量赋初值的方法有以下两种。

（1）定义变量的同时，直接给变量赋一个初值。例如：

```
int i=100 , j=200 ;     //分配内存并初始化
char c1='A' , c2='B' ;
```

（2）变量定义后，用赋值语句赋初值。例如：

```
int i , j ;              //分配内存
i=100 ; j=200 ;          //赋初值
char c1 , c2 ;
c1='A' ; c2='B' ;
```

初始化变量并不是必须的，但是在C、C++语言中未初始化的变量是其数据类型允许范围内的任意值（静态变量除外），为了防止在运算中出错，一般建议定义变量后立即初始化。

2.4　基本运算符和表达式

在程序中，表达式是用来计算求值的，它是由运算符和运算数（操作数）组成的式子。运算符是表示进行某种运算的符号。运算数包含常量、变量和函数等。下面分别对 C++中的基本运算符和表达式进行介绍。

2.4.1 基本运算符和表达式的简介

C++提供了丰富的运算符，可以构成复杂的表达式。

按运算符在表达式中与运算对象的关系（连接运算对象的个数）可分为：

- 单目运算（一元运算符，只需一个操作数）。
- 双目运算（二元运算符，需两个操作数）。
- 三目运算（三元运算符，需三个操作数）。

按运算符的运算性质又可分为算术运算符、关系运算符、逻辑运算符等。表 2-4 列出了C++中各种运算符及其优先级和结合性。

表 2-4 C++的运算符及其优先级和结合性

优 先 级	运 算 符	结 合 性
1	() . -> [] :: .* ->* &（引用）	左→右
2	*（间接访问） &（取地址） new delete ! ~ ++ -- - sizeof	右→左
3	*（乘） /（除） %（求余）（算术运算符）	左→右
4	+ -（算术运算符）	左→右
5	<< >>（位运算符）	左→右
6	< <= > >=（关系运算符）	左→右
7	== !=（关系运算符）	左→右
8	&（位运算：与）	左→右
9	^（位运算：异或）	左→右
10	|（位运算：或）	左→右
11	&&（逻辑运算：与）	左→右
12	||（逻辑运算：或）	左→右
13	?:（条件运算，三目运算符）	右→左
14	= += -= *= /= %= <<= >>= &= ^= |= （赋值及复合赋值运算符）	右→左
15	,（逗号运算符）	左→右

2.4.2 算术运算符和算术表达式

1. 基本算术运算符

+（加法运算符，或正值运算符，如 1+2，+3）
-（减法运算符，或负值运算符，如 1-2，-3）
*（乘法运算符，如 1*2）
/（除法运算符，如 1/2）
%（模运算符或称求余运算符，如 7%3=1）

其中，+（取正）、-（取负）是单目运算符，其余是双目运算符。

对于“/”运算符，当它的两个操作数都是整数时，其计算结果应是除法运算后所得商的整数部分（即取整）。例如，7/2 的结果是 3。当至少有一个操作数为浮点型时，结果为浮点型。例如，7.0/2 的结果是 3.5。取余运算符（%）的两个操作数必须是整数或字符型数据。例如，

5%2 的结果为 1，而 5.0%2 为非法表达式。

说明：

（1）C++语言算术表达式的乘号（*）不能省略。例如，数学式 b^2-4ac 相应的 C++语言算术表达式应该写成 b*b-4*a*c。

（2）C++语言算术表达式中只能出现字符集允许的字符。例如，数学式 πr^2 相应的 C++语言算术表达式应该写成 PI*r*r（其中 PI 是已经定义的符号常量）。

（3）C++语言算术表达式只使用圆括号改变运算的优先顺序（不能使用{}或[]）。可以使用多层圆括号，此时左右括号必须配对，运算时从内层括号开始，由内向外依次计算表达式的值。

2. 自增和自减（增 1 和减 1）运算符

自增和自减运算符都是单目运算符，它们表示为++和--，运算结果是将操作数增 1 或减 1。这两个运算符都有前置和后置两种形式。前置形式是指运算符在操作数的前面，后置形式是指运算符在操作数的后面。例如：

```
a++;        //等价于 a=a+1
++ a;       //等价于 a=a+1
a--;        //等价于 a=a-1
--a;        //等价于 a=a-1
```

一般来说，前置操作++a 的意义：先修改操作数使之增 1，然后将增 1 后的 a 值作为表达式的值。后置操作 a++的意义：先将 a 值作为表达式的值确定下来，再将 a 增 1。例如：

```
int a=3;
int b=++a;                        //相当于 a=a+1; b=a;
cout<<a<<"      "<<b<<endl ;      //结果为：4     4
int c=a++;                        //相当于 c=a; a=a+1;
cout<<a<<"      "<<c<<endl ;      //结果为：5     4
```

注意，由于自增和自减操作包含赋值操作，所以操作数不能是常量，它必须是一个左值表达式。例如，4++是错误的。

2.4.3 赋值运算符和赋值表达式

1. 赋值运算符、赋值表达式

赋值运算符“=”的一般格式为：

```
变量=表达式;
```

它表示将其右侧的表达式求出结果，赋给其左侧的变量。例如：

```
int i;
i=3*(4+5);          //i 的值变为 27
```

说明：

（1）赋值运算符左边必须是变量，右边可以是常量、变量、函数调用或常量、变量、函数调用组成的表达式。

例如：

```
x=10;
y=x+10;
y=func();
```

都是合法的赋值表达式。

（2）赋值符号“=”不同于数学的等号，它没有相等的含义。

例如，C++语言中 x=x+1 是合法的（数学上不合法），它的含义是取出变量 x 的值加 1，再存放到变量 x 中。

（3）赋值运算时，当赋值运算符两边数据类型不同时，将由系统自动进行类型转换。转换原则是先将赋值号右边表达式类型转换为左边变量的类型，然后赋值。

（4）C++语言的赋值符号“=”除了表示一个赋值操作外，还是一个运算符，也就是说赋值运算符完成赋值操作后，整个赋值表达式还会产生一个运算结果，赋值表达式本身的运算结果是左侧变量的值。

例如：

```
cout<<(x=5)<<endl;  // x 被赋予值 5，同时将输出赋值表达式 x=5 的运算结果 5
int i=1.2*3;        //结果为 3，而不是 3.6
```

（5）赋值运算符的结合性是从右至左的，因此 C++程序中可以出现连续赋值的情况。例如，下面的赋值是合法的：

```
int i,j,k;
i=j=k=10;        //i,j,k 都赋值为 10
```

2. 复合赋值运算符

下面是一些常用的复合赋值运算符：

+=（加赋值）	-=（减赋值）
*=（乘赋值）	/=（除赋值）
%=（取模赋值）	<<=（左移赋值）
>>=（右移赋值）	&=（位与赋值）
^=（位异或赋值）	|=（位或赋值）

例如：

```
int a=12,x=3,y;
a+=a;        //表示 a=a+a=12+12=24;
y*=x+2;      //表示 y=y*(x+2); 而不是 y=y*x+2;
```

注意，赋值运算符、复合赋值运算符的优先级比算术运算符低。

例如：

```
int a=12;
a+=a-=a*=a;
```

表示

```
a=a*a        //a=12*12=144
a=a-a        //a=144-144=0
a=a+a        //a=0+0=0
```

2.4.4 关系运算符和关系表达式

关系运算符用于两个值进行比较，运算结果为 true（真）或 false（假）。C++中的关系运算符如下：

```
<（小于）
<=（小于等于）
>（大于）
>=（大于等于）
= =（等于）
!=（不等于）
```

关系运算符都是双目运算符，其结合性是从左到右，<、<=、>和>=4 个运算符的优先级相同，= =和!=运算符的优先级相同，前 4 个运算的优先级高于后两个。

关系运算符的优先级低于算术运算符。

例如：

```
a+b>c      等价于    (a+b)>c
a!=b>c     等价于    a!=(b>c)
```

关系表达式的值为逻辑值真 true（1）或逻辑值假 false（0）。

2.4.5 逻辑运算符和逻辑表达式

C++中提供了三种逻辑运算符，它们是：

```
&&（逻辑与，二元运算符）
||  （逻辑或，二元运算符）
!   （逻辑非，一元运算符）
```

三种逻辑运算符的含义：设 a 和 b 是两个参加运算的逻辑量，a&&b 的意义是当 a、b 均为真时，表达式的值为真，否则为假；a || b 的含义是当 a、b 均为假时，表达式的值为假，否则为真；!a 的含义是当 a 为假时，表达式的值为真，否则为假。逻辑运算真值表如表 2-5 所示。

表 2-5 逻辑运算的真值表

<table>
<tr><th>a</th><th>b</th><th>a&&b</th><th>a || b</th><th>!a</th></tr>
<tr><td>0</td><td>0</td><td>0</td><td>0</td><td>1</td></tr>
<tr><td>0</td><td>1</td><td>0</td><td>1</td><td>1</td></tr>
<tr><td>1</td><td>0</td><td>0</td><td>1</td><td>0</td></tr>
<tr><td>1</td><td>1</td><td>1</td><td>1</td><td>0</td></tr>
</table>

逻辑表达式由逻辑运算符连接两个表达式构成。例如，a= =b || x= =y，!（a<b）。

又例如，x>1&& x<5 是判断某数 x 是否大于 1 且小于 5 的逻辑表达式。

逻辑非的优先级最高，逻辑与次之，逻辑或最低。

如果逻辑表达式的操作数不是逻辑值时，则 C++将非 0 作为真，将 0 作为假进行运算，逻辑表达式的值为逻辑值真（1）或假（0）。

例如，当 a=0,b=4 时，a &&b 结果为真，a || b 结果为假。

在逻辑运算时还会出现短路运算情况。例如：

```
#include <iostream.h>
int main ()
```

```
{
    int a=1,b=2,m=0,n=0,k;
    k=(n=b>a)||(m=a);
    cout<<k<<','<<m<<','<<n<<endl;
    return 0;
}
```

运行后输出的值是 1，0，1。为什么结果中 m 的值是 0 呢？

这是因为 k=(n=b>a)||(m=a)执行时，首先计算“||”左侧表达式括号里面的 b>a，b>a 结果为真（1），然后 n=1。因为“||”运算符左边为 1，则 C++将非 0 作为真，整个表达式(n=b>a)||(m=a)必然为真，不用执行“||”运算符右侧表达式 m=a，这个也就是所谓的短路现象。同样，在逻辑与运算中，若左侧表达式值为假（0），则右侧表达式也会被“短路”。

2.4.6 位运算符和位运算表达式

位（bit）是计算机中表示信息的最小单位，一般用 0 和 1 表示。一个字符在计算机中占一个字节，一个字节由 8 位组成。C++语言需要将人们通常所习惯的十进制数表示为二进制数、八进制数或十六进制数来理解对位的操作。C++中所有的位运算符如下：按位与（&）、按位或（|）、按位异或（ ^ ）、按位求反（~）、左移（<<）、右移（>>）。位运算符是对操作数按其二进制形式逐位进行运算，参加位运算的操作数必须为整数。下面分别进行介绍。

1. 按位与（&）

运算符“&”将其两边的操作数的对应位逐一进行逻辑与运算。每一位二进制数（包括符号位）均参加运算。

例如：

```
unsigned char a=3 , b=2 , c ;   //可将 a、b、c 看成是一个字节长度的整型数
c=a & b;
     a  0000  0011
&    b  0000  0010
     c  0000  0010
```

所以，变量 c 的值为 2。

注意，输出时直接使用语句 cout<<c;得到的结果是字符形式，而 ASCII 码为 2 的字符是不可见字符，所以在屏幕上无任何信息输出。可以强制转换成整形输出，即 cout<<(int)c;才能看到结果为 2。

2. 按位或（|）

运算符“|”将其两边的操作数的对应位逐一进行逻辑或运算。每一位二进制数（包括符号位）均参加运算。

例如：

```
unsigned char a=3 , b=18 , c ;   //可将 a、b、c 看成是一个字节长度的整型数
c=a | b;
   a  0000  0011
|  b  0001  0010
   c  0001  0011
```

所以，变量 c 的值为 19。

注意，尽管在位运算过程中按位进行逻辑运算，但位运算表达式的值不是一个逻辑值。

3. 按位异或（^）

运算符“^”将其两边的操作数的对应位逐一进行逻辑异或运算。每一位二进制数（包括符号位）均参加运算。异或运算的定义：若对应位相异，则结果为 1；若对应位相同，则结果为 0。

例如：

```
unsigned char a=3 , b=18 , c ;   //可将 a、b、c 看成是一个字节长度的整型数
c=a ^ b;
   a  0000  0011
^  b  0001  0010
   c  0001  0001。
```

所以，变量 c 的值为 17。

4. 按位求反（～）

运算符“～”是一元运算符，结果将操作数的对应位逐一取反。

例如：

```
unsigned char a=10 , b;    //可将 a、b 看成是一个字节长度的整型数
b=～a;
～  a  0000  1010
    b  1111  0101
```

所以，变量 b 的值为 245。

5. 左移（<<）

设 a、n 是整型量，左移运算的一般格式为 a<<n，其意义是将 a 按二进制位向左移动 n 位，移出的高 n 位舍弃，最低位补 n 个 0。例如：

```
short int a=7, x ;
```

a 的二进制形式是 0000 0000 0000 0111，做 x=a<<3;运算后，x 的值是 0000 0000 0011 1000，其十进制数是 56。

左移一个二进制位，相当于乘以 2 操作。左移 n 个二进制位，相当于乘以 2^n 操作。

左移运算有溢出问题，因为整数的最高位是符号位，当左移一位时，若符号位不变，则相当于乘以 2 操作；但若符号位变化，则发生溢出。

6. 右移（>>）

设 a、n 是整型量，右移运算的一般格式为 a>>n，其意义是将 a 按二进制位向右移动 n 位，移出的低 n 位舍弃，高 n 位补 0 或 1。若 a 是有符号的整型数，则高位补符号位；若 a 是无符号的整型数，则高位补 0。

右移一个二进制位，相当于除以 2 操作。右移 n 个二进制位，相当于除以 2^n 操作。

2.4.7 条件运算符和条件表达式

条件运算符“？：”是 C++中唯一一个三目运算符，该运算符需要三个操作数，它是一种功能很强的运算符。条件运算符的格式为：

```
表达式 1？表达式 2 :表达式 3
```

条件运算符的功能是先计算表达式 1 的值，并且进行判断。如果为真（非零），则整个表

达式的值为表达式 2 的值；否则，整个表达式的值为表达式 3 的值。

例如：

```
int a=6,b=7,m;
m=a<b? a: b     //m=6
```

2.4.8 逗号运算符和逗号表达式

逗号运算符为“，”，逗号运算符的优先级最低。由逗号运算符构成的表达式称为逗号表达式或顺序表达式，其一般格式为：

```
表达式 1, 表达式 2, …, 表达式 n
```

整个逗号表达式的值和类型由最后一个表达式决定。例如：

```
m=4*5 , m*3;            //是逗号表达式，运算结束后 m=20，表达式的值为 60
```

2.4.9 sizeof 运算符和 sizeof 表达式

sizeof 运算符又称为求字节运算符，它是单目运算符，用于计算运算对象在内存中所占字节的多少，它有两种形式：

```
sizeof (类型标识符);
sizeof (变量名);
```

例如：

```
sizeof(int);                  //表示求整型数据在内存中所占字节数
char a;   sizeof(a);          //表示求变量 a 在内存中所占字节数
```

由于 C++编译器类型和 CPU 类型不同，所以定义不同数据类型数据所占的存储空间可能不相同，希望读者能够使用 sizeof 运算符在你所使用的 C++编译器环境下，实际计算一下表 2-2 中基本数据类型所占的字节数。

2.5 数据类型转换

在 C++中，表达式中的类型转换分两种，一种是隐式转换，另一种是显式转换。

2.5.1 隐式转换

隐式转换是由编译器自动完成的类型转换。当编译器遇到不同类型的数据参与同一运算时，会自动将它们转换为相同类型后再进行运算；赋值时会把所赋值的类型转换为与被赋值变量类型一样。隐式转换按从低到高的顺序进行，如图 2-4 所示。

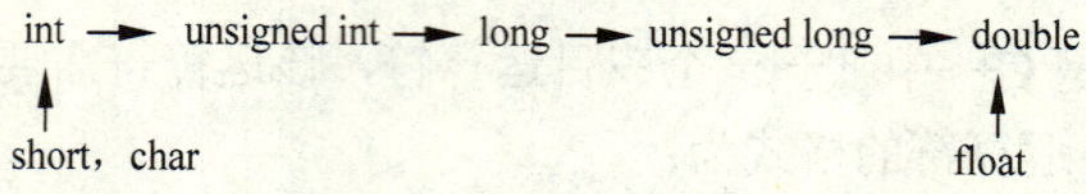

图 2-4　隐式转换的方向

在图 2-4 中，double 型最高。short 型和 char 型自动转换成 int 型，float 型自动转换成 double 型。隐式转换是一种保值映射，即在类型转换中数据的精度不受损失。

2.5.2 显式转换

显式转换的作用是将表达式的类型强制转换成指定的数据类型。

其一般格式为：

```
类型名（表达式）
或   （类型名） 表达式
```

例如：

```
int   i , j ;
float   x , y ;
double z ;
i = (int) (x+y) ; 或  i = int (x+y) ;          //将 x+y 的结果强制转换为 int 型。
z = (double) j ; 或  z = double ( j ) ;        //将 j 的值强制转换为 double 型。
j = ( int ) z % i ; 或  j = int ( z ) % i ;    //将 z 的值强制转换为 int 型。
```

注意，显式转换的对象是表达式的值，而不是改变变量本身的类型。

2.6 简单的输入/输出实现方法

本节将对 C++中的数据输入/输出的两种方法进行简单的介绍，一种是 C 语言传统的格式化输入/输出方法，使用 scanf 和 printf 函数；另一种是 C++常用的输入/输出流方法，使用 cin 和 cout 对象。

2.6.1 格式化输入/输出——scanf()和 printf()

1. 格式输入函数 scanf

格式：scanf（格式控制，地址表）;

功能：用来输入任何类型数据，可同时输入多个不同类型的数据。

格式控制：是由双括号括起来的字符串，主要是由“%”和格式符组成。scanf 函数的格式符如表 2-6 所示。

表 2-6 scanf 函数的格式符

格 式 字 符	功　　能
d 或 D	输入十进制整数
o 或 O	输入八进制整数
x 或 X	输入十六进制整数
c	输入单个字符
s	输入字符串
f 或 e	输入浮点数（小数或指数形式）
ld，lo，lx	输入长整型数据
lf，le	输入长浮点型数据（双精度）

地址表：由变量的地址组成，如果有多个变量，则各变量之间用逗号隔开。地址运算符为“&”，如变量 a 的地址可以写为&a。

2. 格式输出函数 printf

格式：printf（格式控制，输出表）；

功能：输出任何类型的数据。

格式控制：“格式控制”部分与 scanf 函数的使用相似，也是由双引号括起来的字符串，主要包括格式说明和需要原样输出的字符。

格式说明：由“%”和格式符组成，如%c 和%f 等，作用是将要输出的数据转换为指定格式后输出。

printf 函数中使用的格式符见表 2-7。

表 2-7　printf 函数的格式符

格式字符	功　　能
d 或 D	按十进制形式输出带符号的整数（正数前无+号）
o 或 O	按八进制形式无符号输出
x 或 X	按十六进制形式无符号输出
u	按十进无符号形式输出
c	按字符形式输出一个字符
f	按十进形式输出单、双精度浮点数（默认 6 位小数）
e 或 E	按指数形式输出单、双精度浮点数
s	输出以“\0”结尾的字符串
ld	长整型输出
lo	长八进制整型输出
lx	长十六进制整型输出
lu	按无符号长整型输出
宽度 m	按宽度 m 输出，右对齐
宽度-m	按宽度 m 输出，左对齐

输出表：由表达式组成，这些表达式应与“格式控制”字符串中的格式说明符的类型一一对应，若“输出表”中有多个表达式，则每个表达式之间应由逗号隔开。

【例 2.1】 用条件表达式编程输出两个数中的大数。

程序如下：

```
# include<stdio.h>        //使用 scanf 和 printf 函数需要包含的头文件
int main()
{
    int a,b,max;
    printf("Input two numbers: ");
    scanf("%d%d",&a,&b);
    printf("max=%d",a>b?a:b);
    return 0;
}
```

程序运行结果：

```
Input two numbers：3  4↙
max=4
```

【例 2.2】 从键盘输入一个整数和一个浮点数，并在屏幕上显示出来。

程序如下：

```
# include<stdio.h>      //使用 scanf 和 printf 函数需要包含的头文件
int main()
{   int   i;
    float   f;
    scanf("%d,%f",&i,&f);     //注意&i，&f 是变量 i，f 的地址表示
    printf("i=%d,f=%f",i,f);
    return 0;
}
```

执行此程序，按格式输入数据：

```
50，8.9↙
i=50,f=8.900000
```

说明：在使用 scanf 函数时，如果没有规定输入分隔符，如 scanf("%d%f", &i , %f)，则在输入两个数时，用空格或回车隔开；如果规定了分隔符如逗号“,”，则在输入两个输入项时必须以逗号分开。

【例 2.3】 自增、自减运算符的用法与运算规则示例。

程序如下：

```
# include<stdio.h>      //使用 scanf 和 printf 函数需要包含的头文件
int main()
{
    int x=6, y;
    printf("x=%d\n",x);          /*输出 x 的初值*/
    y = ++x;                 /*前置运算*/
    printf("y=++x: x=%4d,y=%4d\n",x,y);
    y = x--;                 /*后置运算*/
    printf("y=x--: x=%d,y=%d\n",x,y);
    return 0;
}
```

程序运行结果：

```
x=6
y=++x: x=7, y=7
y=x--: x=6, y= 7
```

2.6.2 I/O 流

在 C++中定义了通过输入/输出流（即 I/O 流）的方法进行输入/输出操作。在 I/O 流中，输入操作是通过 cin 来实现的，而输出操作是通过 cout 来实现的，cin 代表 C++的标准输入流，cout 代表 C++的标准输出流。

cin 和 cout 都是在头文件 iostream.h 中定义的，由于 C++中任何系统提供的操作或函数的使用都需要加入对应的头文件说明，所以要使用 C++提供的 I/O 流方法时，必须在程序的开头增加一行说明：

```
# include <iostream.h>
```

即在程序中首先包含输入/输出流的头文件 iostream.h。关于文件包含的作用，将在后面的 5.3 节进行详细介绍。

2.6.3 cin

在程序执行期间，使用 cin 来给变量输入数据，其一般格式为：

```
cin >> 变量名 1 >> 变量名 2 >>……>> 变量名 n
```

其中，运算符“>>”用来从操作系统的输入缓冲区中提取字符，然后送到内存变量中。在 C++中，这种输入操作称为“提取”或“得到”，因此运算符“>>”通常称为提取运算符。

说明：

（1）cin 是一个对象，指向系统预定义的一个标准输入设备（默认是键盘）。

（2）cin 的功能：当程序在运行过程中执行到 cin 时，程序会暂停执行并等待用户从键盘输入相应数目的数据，用户输入完数据并回车后，cin 从输入流中取得相应的数据并传送给其后的变量中。

（3）“>>”操作符后除了变量名外不得有其他数字、字符串或字符，否则系统会报错。

例如：

```
cin>>"x=">>x;        //错误，因含有字符串"x="
cin>>'x'>>x;         //错误，因含有字符'x'
cin>>x>>10;          //错误，因含有常量 10
```

2.6.4 cout

在程序执行期间，使用 cout 将变量中的数据或字符串输出到屏幕上，以便用户查看。其一般格式为：

```
cout<<数据 1<<数据 2<<…<<数据 n;
```

其中，运算符“<<”用来将内存中的数据或常量插入到输出流 cout 中，然后输出到标准输出设备（显示器）上。

例如：

```
cout<<" value of a:" <<a <<" value of b:" <<b;
```

说明：

（1）cout 是系统预定义的一个标准输出设备（一般代表显示器）；“<<”是输出操作符，用于向 cout 输出流中插入数据。

（2）cout 的作用是向标准输出设备上输出数据，被输出的数据可以是常量、已有值的变量或是一个表达式。

（3）一个 cout 语句也可拆成若干行书写，但注意语句结束符“;”只能写在最后一行上。

例如：

```
cout<<" value of a:"    //注意行末无分号
<<a
<<" value of b:"
<<b;   //在此处书写分号，表明本输出语句结束
```

2.6.5 输出控制符

C++提供了一系列 I/O 流的控制符（操纵符，manipulator），在 cout 输出时可达到一定的格式化排版效果，但使用这些流控制符时，要在程序的前面添加头文件#include <iomanip.h>。常用的流控制符及其功能如表 2-8 所示。

表 2-8 I/O 流的常用控制符

控 制 符	功 能
dec	十进制数输出
hex	十六进制数输出
oct	八进制数输出
setfill(c)	在给定的输出域宽度内填充字符c
setprecision(n)	设显示小数精度为n位
setw(n)	设域宽为n个字符
setiosflags(ios::fixed)	固定的浮点显示
setiosflags(ios::scientific)	指数显示
setiosflags(ios::left)	左对齐
setiosflags(ios::right)	右对齐
setiosflags(ios::skipws)	忽略前导空白
setiosflags(ios::uppercase)	十六进制数大写输出
setiosflags(ios::lowercase)	十六进制数小写输出

下面通过几个具体的实例说明怎样在 cout 中使用流控制符。

（1）输出数据的宽度（域宽）：可以使用 setw( )函数来指定输出数据项的宽度。

【例 2.4】 cout 中流控制符 setw 的使用。

程序如下：

```
#include <iostream.h>
#include <iomanip.h>
int main()
{
    int i , j ;
    cout << " please input two numbers  ：  " ;
    cin >> i >> j ;
    cout << i << j << endl ;
    cout << setw(10) << i << setw(10) << j << endl ;
    return 0;
}
```

在该例中，假设输入了 10 和 20 这两个整数，第 1 个 cout 没有指定宽度，而第 2 个 cout 中由于 setw(10)指明 i 和 j 输出时占用字符的宽度为 10，所以程序执行结束后输出为：

```
1020
        10        20
```

使用 setw(n)函数要注意以下几个问题：

① 括号中 n 必须给出一个正整数或值为正整数的表达式。

② 该设置仅对其后的一个输出项有效。一旦按设定的宽度输出其后的数据后，程序又回到系统的默认输出方式。若一个输出语句内有多个被输出的数据，则要保持一定格式宽度时，

需要在每一个输出数据前加上 setw(n)。

③ 当参数 n 的值比实际被输出数据的宽度大时，则在给定的宽度内数据靠右输出，不足部分自动填充空格符；当被输出数据的实际宽度比 n 值大时，则数据按所占的实际宽度输出数据，设置域宽的参数 n 不再起作用。

（2）设置域宽内的填充字符：在默认情况下，当被输出的数据未占满域宽时，会自动在域内靠左边填充相应个数的空格符。但也可以设置在域内填充其他的字符，方法是利用 setfill(c)。setfill(c)可以对所有被输出的数据起作用。

例如，将上例的 cout << setw(10) << i << setw(10) << j << endl ;修改为 cout << setfill('*') << setw(10) << i << setw(10) << j << endl ;

输入 5 和 10，则程序运行结果：

```
*********5********10
```

（3）设置输出数据的数制：在默认情况下，被输出的数据按十进制格式输出。但可以使用流控制符 hex 和 oct 控制数据的输出格式为十六进制和八进制，一旦设置成某种进位计数制后，数据的输出就以该种数制为主，可利用流控制符 dec 将数制重新置成十进制。

例如：

```
int a=23, b=4;
cout<<setw(10)<<hex<<a+b <<endl;    //设置以十六进制格式输出数据
cout<<setw(10)<<oct<<a+b<<endl;     //设置以八进制格式输出数据
```

程序运行结果：

```
1b
33
```

（4）设置浮点数的输出格式：对于浮点数，既可以用小数格式输出，也可以用指数格式输出。这可以分别通过 setiosflags(ios::fixed)和 setiosflags(ios::scientific)来控制，如下例。

【例 2.5】 已知圆的半径 r=6.779，计算并输出圆的周长和面积，要求分别用指数和小数两种格式输出。

程序如下：

```
#include <iostream.h>
#include <iomanip.h>
int main()
{
    const double pi=3.14159;
    double r=6.779,c,s;
    c=2.0*pi*r;  //计算圆的周长
    s=pi*r*r;    //计算圆的面积
    //以指数格式输出圆的面积和周长
    cout<<"圆的周长(指数形式)为："<<setiosflags(ios::scientific)<<c<<endl;
    cout<<"圆的面积(指数形式)为："<<s<<endl;
    //以小数输出圆的面积和周长
    cout<<"圆的周长(小数形式)为："<<setiosflags(ios::fixed)<<c<<endl;
    cout<<"圆的面积(小数形式)为："<<setiosflags(ios::fixed)<<s<<endl;
    return 0;
}
```

程序运行结果：

```
圆的周长(指数形式)为：4.259368e+001
圆的面积(指数形式)为：1.443713e+002
圆的周长(小数形式)为：42.5937
圆的面积(小数形式)为：144.371
```

从上面的例子可以看出，使用输入/输出流时不再需要对输入和输出的变量类型加以说明，系统会自动识别，这一点是利用面向对象的重载技术实现的。

2.7 认识上机过程中的错误

上机时免不了会出现错误，如何尽快找出错误并纠正，是需要读者多上机、多练习，逐步培养起来的。下面是一段有错误的程序，而这些错误都是初学者常见的错误。

```
#include<iostream.h>
int main()
{
    inta,b;
    double d;
    a=5;b=2;
    d=1/2a*b;
    cout<<D;
    return 0;
}
```

代码输入后，先按“Ctrl+F7”组合键或单击工具栏上的（Compile）按钮实现编译，出现以下提示：

```
Compiling...aa.cpp
e:\ex2_3\aa.cpp(4) : error C2065: 'inta' : undeclared identifier
e:\ex2_3\aa.cpp(4) : error C2065: 'b' : undeclared identifier
e:\ex2_3\aa.cpp(6) : error C2065: 'a' : undeclared identifier
e:\ex2_3\aa.cpp(7) : error C2059: syntax error : 'bad suffix on number'
e:\ex2_3\aa.cpp(7) : error C2146: syntax error : missing ';' before identifier 'a'
e:\ex2_3\aa.cpp(7) : warning C4552: '*' : operator has no effect; expected operator with side-effect
e:\\ex2_3\aa.cpp(8) : error C2065: 'D' : undeclared identifier
```

先认识一下 Visual C++ 6.0 下出错信息形式：

```
e:\ex2_3\aa.cpp(4) : error C2065: 'inta' : undeclared identifier
```

其中，最左面是文件名，括号中的数字是出错的代码行的行号，这里为第 4 行。如果想快速找到这行，可以在错误信息行上双击鼠标。error 表示错误，必须改正；warning 表示警告，多数可以忽略。紧跟其后的数字表示错误代号（如 C2065）。错误代号分为两类，以 C 开头的是编译错误（即程序存在语法错误），需要修改；以 LNK 开头的是链接错误（通常程序并没有语法错误），可能是由配置错误引起的，也可能是由于拼写错误引起的。错误代号后面是错误提示信息。

编译后出现大量错误信息时，不用心慌，可以通过下面步骤逐一检查：

（1）看看有多少条错误信息（Error）和警告（Warning）。先分析错误信息，有些警告是由 Error 产生的。

（2）绝大多数 undefined 错误都是拼写错误造成的。

例如，上面程序中第 4 行出现'inta' : undeclared identifier，'b' : undeclared identifier，这些错误是由于 int 关键字与变量名 a 之间缺少空格引起的。

第 8 行错误是变量名 D 应该小写，注意 C、C++中变量名大小写敏感。

(3) 查查小括号()，大括号{}等各种括号的匹配问题。Function call missing “)”, Misplaced break 等信息都说明程序中存在匹配问题。

(4) 根据 (2)、(3) 纠正出现在前面的几个错误后，试着重新编译，这时错误数量可能大幅度减少，因为后面的一些错误很可能是由前面的错误引起的。

例如，上面程序中第 4 行错误改正后，经过重新编译，第 6 行错误 e:\ex2_3\aa.cpp(6) : error C2065: 'a' : undeclared identifier 也消失了。因为此错误是由第 4 行变量定义错误引起的。

第 7 行错误是由 1/2a*b 表达式的书写出问题造成的。注意，编程语言中乘号是不能省略的，正确的写法是 1/2*a*b（或 a*b/2）。

当上面错误都改正后，重新编译出现 aa.obj - 0 error(s), 0 warning(s)提示，说明没有错误和警告，程序可以运行查看结果了。

最后要强调一点，在书写程序代码时，应注意不要使用全角符号（中文标点符号），应该使用半角符号，如代码中能用到的, ; ‘ ’ “ ”( ) 都应该写成英文半角符号。

习 题 二

一、选择题

1．字符串“a+b=12\n”的字符数为_____。

A．6　　B．7　　C．8　　D．9

2．将小写字母 n 赋值给字符变量 one_char，正确的操作是_____。

A．one_char='/n'　　B．one_char="n"　　C．one_char=110　　D．one_char='N'

3．对于下面的语句，整型变量 i 初始化的值是_______。

int i=2.8*6 ;

A．12　　B．16　　C．17　　D．18

4．设 int a =10, b=11, c=12; 则表达式(a+b)<c&&b= =c 的值是______。

A．2　　B．0　　C．−2　　D．1

5．下面表示“大于 10 且小于 20 的数”的表达式中，正确的是________。

A．10<x<20　　B．x>10 && x<20　　C．x>10&x<20　　D. x>=10 || x<=20

二、简答题

1．下列哪些变量名是合法的，哪些是不合法的，为什么不合法？

A12−3；　123；　m123；　_123；　6e1.2；　While；　my name

2．下列哪些是不正确的，为什么不正确？

int a="a" ;　char c=102 ;　char c="abc" ;　char c="\n" ;

3．常量和变量有什么异同点？

4．字符串"ab\\\n"在机器中占多少字节？

5．已知 float x=2.5, y=4.7; int a=7;，请写出表达式 x+a%3*int(x+y)%2/4 的运算结果。

第3章

C++流程控制

结构化程序的基本结构包括顺序结构、选择结构和循环结构。结构化程序解决任何一个实际问题，无论简单或复杂，都可以由这三种基本结构来完成。本章主要介绍上述三种基本结构的语句及一些常用的算法。

通过本章学习，应该重点掌握以下内容：

- 结构化程序设计的程序结构
- 选择结构和实现选择结构的语句
- 循环结构和实现循环结构的语句
- 结构化程序设计的典型算法和应用

3.1 算法与流程图

人们在日常生活中经常要处理一些事情时，都有一定的方法和步骤，先做哪一步，后做哪一步。就拿邮寄一封信来说，大致可以将寄信的过程分为这样几个步骤：写信、写信封、贴邮票、投入信箱 4 个步骤。将信投入到信箱后，寄信过程结束。同样，在面向过程的程序设计中，程序设计者必须指定计算机执行的具体步骤，怎样设计这些步骤，怎样保证它的正确性和具有较高的效率，这就是算法需要解决的问题。

3.1.1 算法的概念

所谓算法，是指为了解决一个问题而采取的方法和步骤。当利用计算机来解决一个具体问题时，也要首先确定算法。

对于同一个问题，往往会有不同的解题方法。

例如，要计算 $S = 1 + 2 + 3 + \cdots + 100$，可以先进行 1 加 2，再加 3，再加 4，一直加到 100，得到结果 5050。也可以采用另外的方法，$S = (100 + 1) + (99 + 2) + (98 + 3) + \cdots + (51 + 50) = 101\times50 = 5050$。当然，还可以有其他的方法。比较两种方法，显然第二种方法比第一种方法简单。所以，为了有效地解决问题，不仅要保证算法正确，还要考虑算法的质量，要求算法简单、运算步骤少、效率高，能够迅速得出正确的结果。

利用计算机解决问题，实际上也包括了设计算法和实现算法两部分工作。首先设计出解决问题的算法，然后根据算法的步骤，利用程序设计语言编写出程序，在计算机上调试运行，得出结果，最终实现算法。可以这样说，算法是程序设计的灵魂，而程序设计语言是表达算法的形式。

3.1.2 算法的描述

表示算法的形式有很多种，其中有流程图和 N−S 图。

1. 流程图

流程图由一些特定意义的图形、流程线及简要的文字说明构成，它能清晰、明确地表示程序的运行过程，传统流程图由如图 3-1 所示的图形组成。

图 3-1 传统流程图的常用图形

（1）起止框：说明程序起点和结束点。

（2）输入/输出框：输入、输出操作步骤写在这种框中。

（3）处理框：算法大部分操作写在此框中，如下面处理框就是加 1 操作。

i←i+1

（4）菱形框：代表条件判断以决定如何执行后面的操作。

例如，网上购物的流程图见图 3-2。

2. N-S 图

在使用过程中，人们发现流程线不一定是必需的，为此设计了一种新的流程图——N-S 图，它是较为理想的一种方式。它是 1973 年由美国学者 I.Nassi 和 B.Shneiderman 提出的。在这种流程图中，全部算法写在一个大矩形框内，该框中还可以包含一些从属于它的小矩形框。例如，网上购物的流程如图 3-2 所示，网上购物的 N-S 图如图 3-3 所示，N-S 图可实现传统流程图功能。

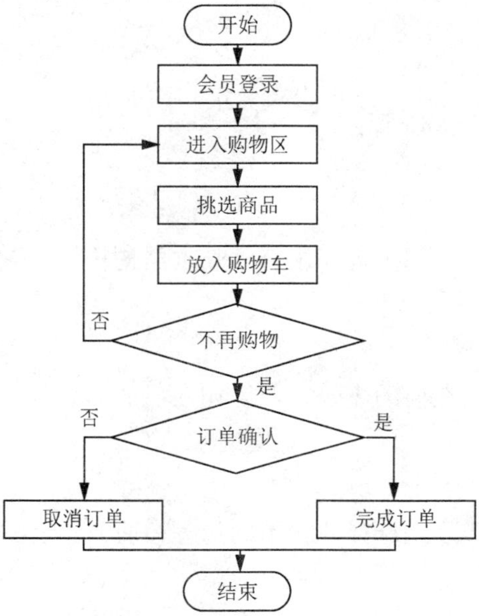

图 3-2　网上购物的流程

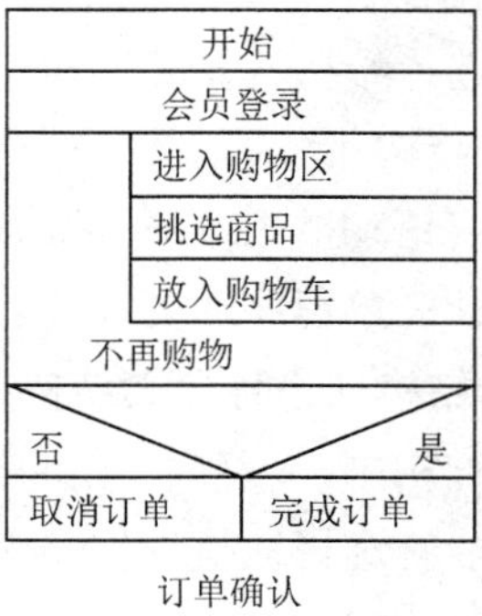

图 3-3　网上购物的 N-S 图

注意，在 N-S 图中，基本元素框在流程图中的上下顺序就是执行时的顺序，程序在执行时，也按照从上到下的顺序进行。

对初学者来说，先画出流程图很有必要，根据流程图编程序，会避免不必要的逻辑错误。本书主要采用 N-S 图表示算法。

3.2　C++语句和程序的三种基本结构

3.2.1　C++语句

语句（statement）是程序中最小的可执行单位。一条语句可以完成一种基本操作，若干条语句组合在一起就能实现某种特定的功能。C++中的语句可以分为以下 4 种形式。

1. 表达式语句

任何一个表达式后面加上分号“;”就构成了一条简单的 C++语句。例如：

```
c=a+b;
b++;
```

2. 空语句

仅由单个分号构成的语句，称为空语句。

空语句不进行任何操作。该语句被用在从语法上需要一条语句，但实际上却又不进行任何操作的地方。

3. 复合语句

复合语句是用一对花括号{ }括起来的语句块。复合语句在语法上等效于一个单一语句。

使用复合语句应注意：

（1）花括号必须配对使用。

（2）花括号外不要加分号。

4. 控制语句

控制语句改变程序执行的方向，如 if 语句、for 语句等。

3.2.2　C++程序的三种基本结构

在过程化程序设计中，按照结构化设计的思想，程序由三种基本结构构成，它们分别是顺序结构、选择结构和循环结构。

1. 顺序结构

程序按照语句的书写顺序依次执行，语句在前的先执行，语句在后的后执行，顺序结构只能满足设计简单程序的要求。

2. 选择结构（也称分支结构）

在选择结构中，程序根据判断条件是否成立来选择执行不同的程序段。也就是说，这种程序结构，能有选择地执行程序中的不同程序段。

3. 循环结构

在循环结构中，程序根据判断条件是否成立来决定是否重复执行某个程序段。

程序的执行流程和顺序是由程序中的控制语句来完成的，而控制流程的主要方式是分支和循环。需要说明的是，基本结构之间是可以互相嵌套的，在一个基本结构中可以包含一个或多个基本结构。

3.2.3　结构化算法

解决任何一个复杂的问题，都可以由三种基本结构来完成。由这三种基本结构构成的算法称为结构化算法，它不存在无规律的转移，只有在本结构内才允许存在分支或向前、向后的跳转。由结构化算法编写的程序称为**结构化程序**。结构化程序便于阅读和修改，提高了程序的可读性和可维护性。

3.3　顺序结构程序

顺序结构是程序设计中最简单、最常用的基本结构。C++程序是由一条条语句组成的，在顺序结构中，各语句按照出现的先后顺序依次执行。顺序结构是任何程序主体的基本结构，即使在选择结构或循环结构中，也常以顺序结构作为其子结构。

顺序结构流程图如图 3-4（a）所示，N-S 图如图 3-4（b）所示。

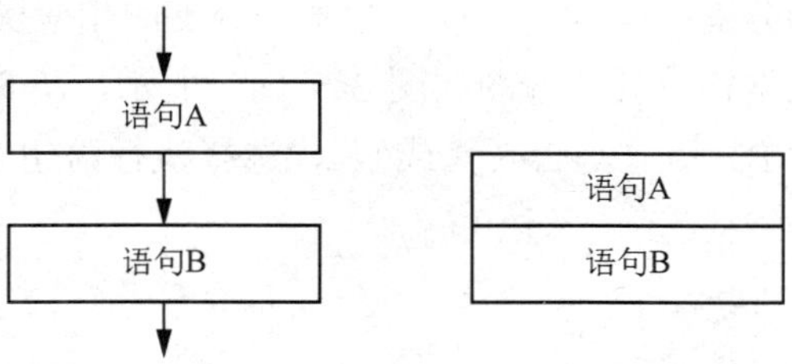

(a) 顺序结构流程图　　(b) 顺序结构N-S图

图 3-4　顺序结构

【例 3.1】　"鸡兔同笼"问题。鸡有 2 只脚，兔有 4 只脚，如果已知鸡和兔的总头数为 h，总脚数为 f。问笼中鸡和兔各有多少只？

分析：设笼中有鸡 x 只，兔 y 只，由条件可得方程组：

$$\begin{cases} x+y=h \\ 2x+4y=f \end{cases}$$

解方程组得：

$$\begin{cases} x=\dfrac{4h-f}{2} \\ y=\dfrac{f-2h}{2} \end{cases}$$

程序如下：

```
#include <iostream.h>
int main( )
{
    int h,f,x,y;
    cout<<"请输入鸡和兔的总只数:";
    cin>>h;
    cout<<"鸡和兔的总脚数（偶数）:";
    cin>>f;
    x = (4 * h−f) / 2;
    y = (f−2 * h) / 2;
    cout<<"则笼中鸡有" << x <<"只，兔有" <<y<< "只。"<<endl;
    return 0;
}
```

运行程序，输入数据后，程序将计算出结果。

```
请输入鸡和兔的总只数:30↙              (输入 h 的值，↙表示回车)
鸡和兔的总脚数（偶数）:100↙           (输入 f 的值)
则笼中鸡有 10 只，兔有 20 只。
```

注意，本书中运行时输入部分加下划线以区分 cout 输出的信息。

3.4　选择结构程序

在信息处理、数值计算及日常生活中，经常会碰到需要根据特定情况选择某种解决方案的问题。选择结构是在计算机语言中用来实现上述分支现象的重要手段，它能根据给定条件，从事先编写好的各个不同分支中执行并且仅执行某一分支的相应操作。

选择结构又称为分支结构，其流程图如图 3-5（a）所示，N-S 图如图 3-5（b）所示。该结构能根据表达式（条件 P）成立与否（真或假），选择执行语句 1 操作或语句 2 操作。

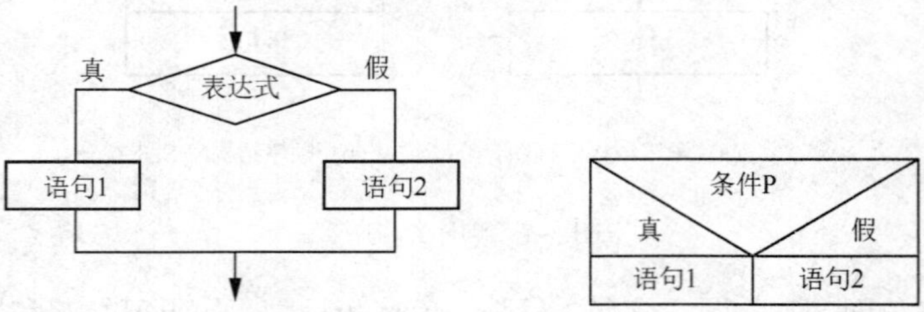

（a）选择结构流程图　　（b）选择结构N-S图

图 3-5　选择结构

为实现选择结构，C++提供以下三种分支语句：if 语句、嵌套 if 语句、switch 语句。

3.4.1　if 语句

if 语句的语法格式为：

```
if(表达式)      语句 1;
else   语句 2;
```

如果表达式为真（或非 0 值），则执行语句 1；若表达式为假（或 0 值），则执行语句 2。执行的流程图如图 3-5 所示。

例如，实现从 *x* 和 *y* 中选择较大的一个输出。

```
if (x>y)   cout<<x;
else   cout<<y;
```

if 语句的语句 2 可以为空。当语句 2 为空时，else 可以省略，写为如下形式：

```
if(表达式)      语句 1;
```

【例 3.2】 输入一个年份，判断是否为闰年。闰年的年份必须满足以下两个条件之一：

（1）能被 4 整除，但不能被 100 整除的年份都是闰年。

（2）能被 400 整除的年份都是闰年。

分析： 设变量 year 表示年份，判断 year 是否满足

条件（1）的逻辑表达式是：year%4==0&&year%100!=0

条件（2）的逻辑表达式是：year%400==0

两者取“或”，即得到判断闰年的逻辑表达式为：

```
(year%4= =0&&year%100!=0)||year%400= =0
```

程序如下：

```
#include <iostream.h>
int main( )
{   int year;
    cout<<"输入年份:"<<endl;
```

```
    cin>>year;
    if(year%4==0 && year%100!=0 || year%400==0)     //注意运算符的优先级
        cout<<year<<"是闰年"<<endl;
    else
        cout<< year<<"不是闰年"<<endl;
    return 0;
}
```

【例 3.3】 输入 3 个不同的数，将它们从大到小排序输出。

分析：

（1）先将 a 与 b 比较，把较大者放入 a 中，较小者放 b 中。

（2）再将 a 与 c 比较，把较大者放入 a 中，较小者放 c 中，此时 a 为三者中的最大者。

（3）最后将 b 与 c 比较，把较大者放入 b 中，较小者放 c 中，此时 a、b、c 已按由大到小顺序排列。其 N-S 图如图 3-6 所示。

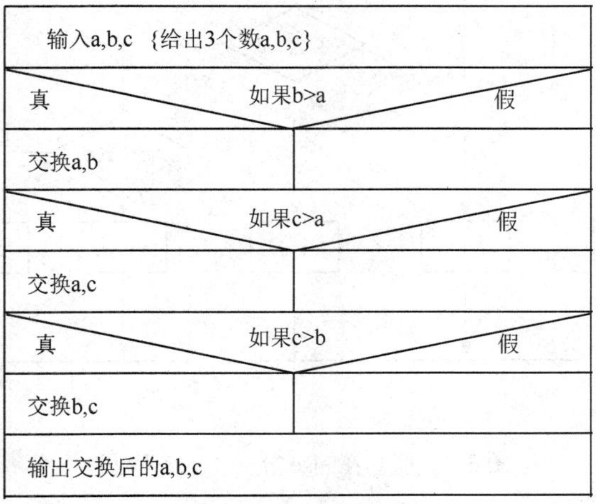

图 3-6　对 3 个数从大到小排序的 N-S 图

根据 N-S 图编写代码：

```
#include <iostream.h>
int main( )
{
    int a,b,c,t;
    cin>>a>>b>>c;
    if (b > a){ t = a; a = b; b = t;}
    if (c > a){ t = a; a = c; c = t;}
    if (c > b){t = b; b = c; c = t;}
    cout<<" 从大到小排序输出："<<a<<'\t'<<b<<'\t'<<c<<endl;
    return 0;
}
```

3.4.2 嵌套 if 语句

if 语句中，如果内嵌语句又是 if 语句，就构成了嵌套 if 语句。一个 if 语句可实现二选一分支，而嵌套 if 语句则可以实现多选一的多路分支情况。

嵌套有两种形式，第一种是嵌套在 else 分支中，形成 if…else…if 语句：

```
if(表达式 1)      语句 1;
    else if (表达式 2)      语句 2;
    else if (表达式 3)      语句 3;
    …
    else if (表达式 n)      语句 n;
    else   语句 n+1;
```

执行的流程图如图 3-7 所示。

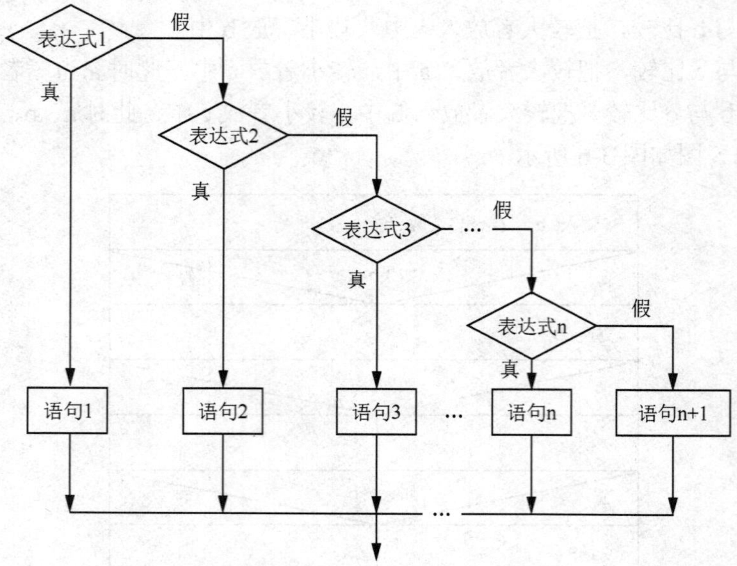

图 3-7　嵌套在 else 分支中的流程图

【例 3.4】 输入学生的成绩 score，按分数输出其等级：score≥90 为优，90>score≥80 为良，80>score≥70 为中等，70>score≥60 为及格，score<60 为不及格。

程序如下：

```
#include <iostream.h>
int main()
{
  int score;
  cout << "请输入成绩";
  cin >> score;
  if (score >= 90)
       cout << "优" << endl;
  else if (score >= 80)
       cout << "良" << endl;
  else if (score >= 70)
       cout << "中" << endl;
  else if (score >= 60)
       cout << "及格" << endl;
  else
```

```
        cout << "不及格" << endl;
    return 0;
}
```

第二种是嵌套在 if 分支中，形成 if…if…else 语句：

```
if (表达式 1)
    if (表达式 2) 语句 1;
    else  语句 2;
```

要特别注意 else 和 if 的配对关系。C++规定了 if 和 else 的“就近配对”原则，即相距最近且还没有配对的一对 if 和 else 首先配对。按上述规定，第二种嵌套形式中的 else 应与第二个 if 配对。如果根据程序的逻辑需要改变配对关系，则要将属于同一层的语句放在一对“{}”中。如第二种嵌套形式中，要让 else 和第一个 if 配对，语句必须写成：

```
if (表达式 1)
{
    if (表达式 2)  语句 1 ;
}
else 语句 2 ;
```

第二种嵌套形式较容易产生逻辑错误，而第一种形式配对关系则非常明确，因此从程序可读性角度出发，建议尽量使用第一种嵌套形式。

请看以下两个语句。

语句 1：

```
if(n%3==0)
  if(n%5==0)
      cout<<n<< "是 15 的倍数"<<endl;
  else
      cout<<n<<"是 3 的倍数但不是 5 的倍数"<<endl;
```

语句 2：

```
if(n%3==0){
  if(n%5==0)
      cout<<n<<"是 15 的倍数"<<endl;
}
else
    cout<<n<<"不是 3 的倍数";
```

两个语句的差别只在于一个“{}”，但表达的逻辑关系却完全不同。

if 语句在某些情况下可以用条件运算符“?:”来简化表达。

例如，求两个数 a、b 中较大的数，采用 if 语句如下：

```
if(a>b) c=a;
else    c=b;
```

也可用条件运算符实现：

```
c=a>b?a:b;
```

【例 3.5】 输入一个字符，判别它是否为大写字母，如果是，将它转换成小写字母；如果不是，不转换。然后输出最后得到的字符。

分析：大写字母转换成小写字母，由于小写字母 ASCII 值比大写字母 ASCII 值大 32，所以加 32 可以实现大写字母转换成小写字母。

程序如下：

```
#include <iostream.h>
int main( )
{
    char ch;
    cin>>ch;
    ch=(ch>='A' && ch<='Z')?(ch+32):ch;      //判别 ch 是否大写字母，是则转换
    cout<<ch<<endl;
    return 0;
}
```

3.4.3 switch 语句

用嵌套 if 语句可以实现多选一的情况。另外，C++中还提供了一个 switch 语句，称为多分支语句（开关语句），可以用来实现多选一程序结构。

switch 语句语法格式为：

```
switch (表达式)
{
    case   常量表达式 1: 语句序列 1;     break;
    case   常量表达式 2: 语句序列 2;     break;
                  …
    case   常量表达式 n: 语句序列 n;     break;
    default:语句序列 n+1;
}
```

（1）当 switch 后面括号中表达式的值与某一个 case 分支中常量表达式匹配时，就执行该分支。如果所有的 case 分支中常量表达式都不能与 switch 后面括号中表达式的值匹配，则执行 default 分支。

（2）break 语句可选，如果没有 break 语句，每一个 case 分支都只作为开关语句的执行入口，执行完该分支后，还将接着执行其后的所有分支。因此，为保证逻辑的正确实现，通常每个 case 分支都与 break 语句联用。

（3）每个常量表达式的取值必须各不相同，否则将引起歧义。各 case 后面必须是常量，而不能是变量或表达式。各个 case（包括 default）分支出现的次序可以任意，通常将 default 分支放在最后，并且 default 分支是可选的。

（4）允许多个常量表达式对应同一个语句序列。

例如：

```
char score;
cin>>score;
switch (score) {
        case   'A':
```

```
        case  'a': cout<<"excellent";
                   break;
        case  'B':
        case  'b': cout<<"good";
                   break;
        default: cout<<"fair";
    }
```

（5）从形式上看，switch 语句的可读性比嵌套 if 语句好，但不是所有多选一的问题都可由开关语句完成，这是因为开关语句中限定了 switch 后面括号中表达式的类型，它的类型可以是整型、字符型、枚举类型，但不能是浮点型。

【例 3.6】 用 switch 语句实现例 3.4 的功能。

分析：由题意可知 10 分一个等级，采用 score/10 整除可以得到等级。

程序如下：

```
#include<iostream.h>
int main()
{
    int score;
    int a;
    cout<<"Input score(0~100):";
    cin>>score;
    a=score/10;
    switch(a)
    {  case  10:
       case  9: cout << "优  " << endl; break;
       case  8: cout << "良  " << endl; break;
       case  7: cout << "中  " << endl; break;
       case  6: cout << "及格  " << endl; break;
       default: cout<<"不及格" << endl;
    }
    return 0;
}
```

【例 3.7】 switch 语句应用。设计一个计算器程序，实现加、减、乘、除运算。

分析：由于加、减、乘、除是 4 种运算，所以需要使用多分支语句。

程序如下：

```
#include <iostream.h>
int main( )
{   float num1,num2,result;
    char op;
    cout<<"输入操作数 1，运算符，操作数 2："<<endl;
    cin>>num1>>op>>num2;
    switch(op){
        case  '+' : result = num1+num2; break;
        case  '-' : result = num1-num2; break;
```

```
        case    '*' : result = num1*num2; break;
        case    '/' : result = num1/num2; break;
        default :    cout<<op<<"是无效运算符!";
    }
    if(op=='+'||op=='-'||op=='*'||op=='/')
        cout<<num1<<op<<num2<<"="<<result<<endl;
    return 0;
}
```

程序运行结果：

```
输入操作数 1，运算符，操作数 2：
5/8↙                    (输入 num1，op，num2 的值)
5/8=0.625
```

3.5 循环结构程序设计

当需要在指定条件下反复执行某一操作时，可以用循环结构来实现。使用循环可以简化程序，提高工作效率。C++提供以下三种循环语句：while 语句、do-while 语句和 for 语句。

3.5.1 while 语句

while 语句的语法格式为：

```
while (表达式)
{
    循环体语句
}
```

其作用是：当指定的条件表达式为真（非 0）时，执行 while 语句中的循环体语句。其流程图和 N-S 图如图 3-8 所示。其特点是先判断表达式，后执行语句。while 循环又称为当型循环。

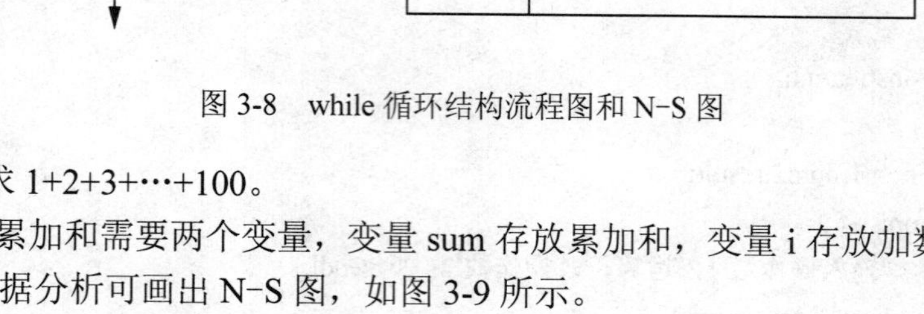

图 3-8 while 循环结构流程图和 N-S 图

【例 3.8】 求 1+2+3+…+100。

分析：计算累加和需要两个变量，变量 sum 存放累加和，变量 i 存放加数。重复将加数 i 加到 sum 中，根据分析可画出 N-S 图，如图 3-9 所示。

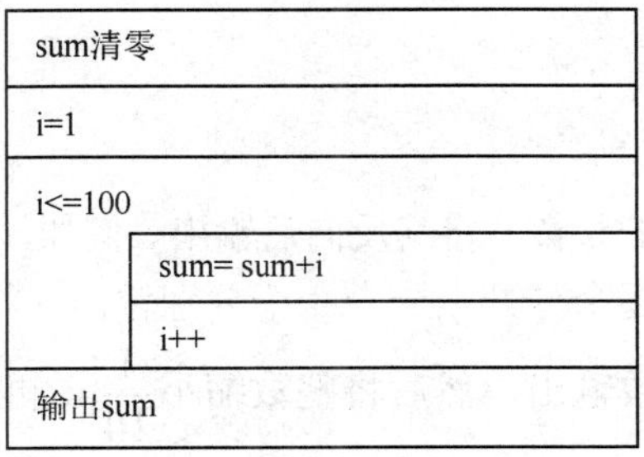

图 3-9　累加中的 N-S 图

根据流程图写出程序：

```
#include <iostream.h>
int main( )
{
    int i=1,sum=0;
    while (i<=100)
     { sum=sum+i;
       i++;
     }
    cout<<"sum="<<sum<<endl;
    return 0;
}
```

程序运行结果：

```
sum=5050
```

说明：

（1）循环体如果包含一个以上的语句，应该用花括号括起来，以复合语句形式出现。如果不加花括号，则 while 语句的范围只到 while 后面第一个分号处。

（2）在循环体中应有使循环趋向结束的语句。

【例 3.9】 求 sum = 1! + 2! + 3! + … + n!，当 sum≥1000 时 n 的值。

分析：计算阶乘累加和需要用变量 sum 存放累加和，变量 t 存放阶乘。重复将 t 加到 sum 中且变量 t 变成下一个数的阶乘。根据分析可画出 N-S 图，如图 3-10 所示。

程序如下：

```
#include <iostream.h>
int main( )
{
    int i=0,t=1,sum=0;
    while (sum<1000)
     {
        i++;
        t=t*i;
        sum=sum+t;
     }
     cout<<"sum="<<sum<<'\t'<<"i="<<i<<endl;
     return 0;
}
```

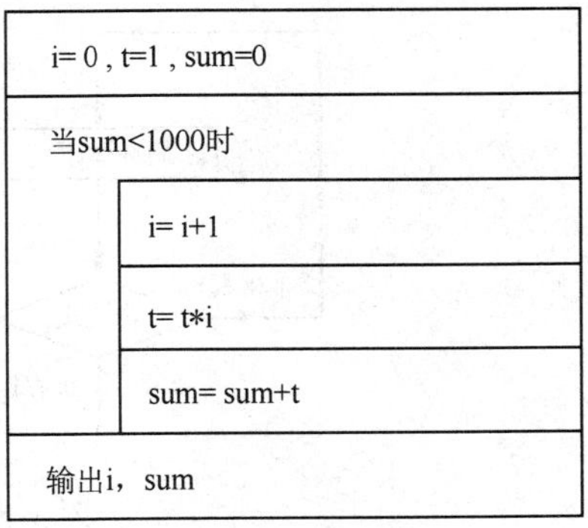

图 3-10　阶乘累加 N-S 图

程序运行结果：

```
sum=5913     i=7
```

【例 3.10】 输入一个非负的整数，将其反向后输出。例如，输入 24789，变成 98742 输出。

分析：将整数的各位数字逐个分开，一个一个分别输出。将整数各位数字分开的方法是，通过对 10 进行求余得到个位数输出，然后将整数缩小 $\frac{1}{10}$，再求余，并重复上述过程，分别得到十位、百位……，直到整数的值变成 0 为止。

程序如下：

```
#include <iostream.h>
int main( )
{
    int n;
    cin>>n;
    while(n>0)
    {
        cout << n%10;
        n = n/10;
    }
    cout<<endl;
    return 0;
}
```

3.5.2 do-while 语句

do-while 语句的语法格式如下：

```
do
{
    循环体语句
} while (表达式);
```

它是这样执行的：先执行一次循环体语句，然后判别表达式，当表达式的值为真（或非 0）时返回，重新执行循环体语句，如此反复，直到表达式的值为假（或等于 0）为止，此时循环结束。可以用图 3-11 表示其流程。

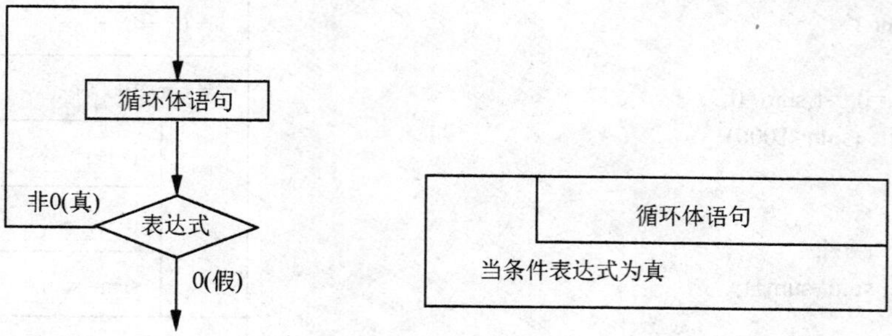

图 3-11　do-while 循环结构流程图和 N-S 图

【例 3.11】 用 do-while 语句求 1+2+3+…+100。N-S 图如图 3-12 所示。

程序如下：

```
#include <iostream.h>
int main( )
{int i=1,sum=0;
      do
      { sum=sum+i;
         i++;
      } while (i<=100);
      cout<<"sum="<<sum<<endl;
      return 0;
}
```

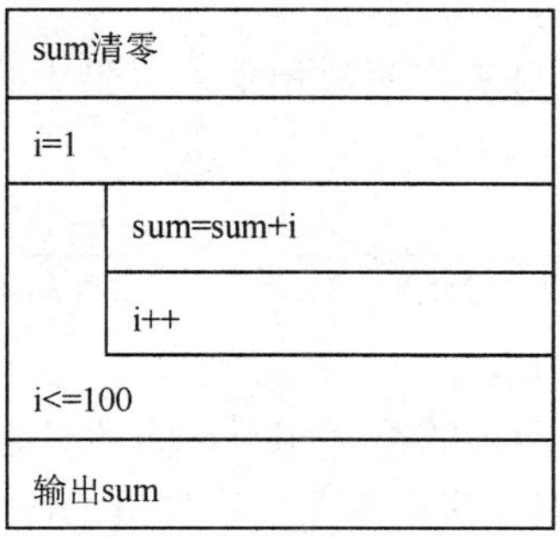

图 3-12 do-while 循环求和的 N-S 图

说明：在循环体相同的情况下，while 语句和 do-while 语句的功能基本相同。二者的区别在于，当循环条件一开始就为假时，do-while 语句中的循环体至少会被执行一次，而 while 语句则一次都不执行。

【例 3.12】 输入两个正整数，求它们的最大公约数。

分析：求最大公约数可以用“辗转相除法”，方法如下。

（1）比较两数，并使 m 大于 n。

（2）将 m 作为被除数，n 作为除数，相除后余数为 r。

（3）将 m←n，n←r；

（4）若 r=0，则 m 为最大公约数，结束循环。若 r≠0，执行步骤（2）和步骤（3），根据此分析画出 N-S 图，如图 3-13 所示。

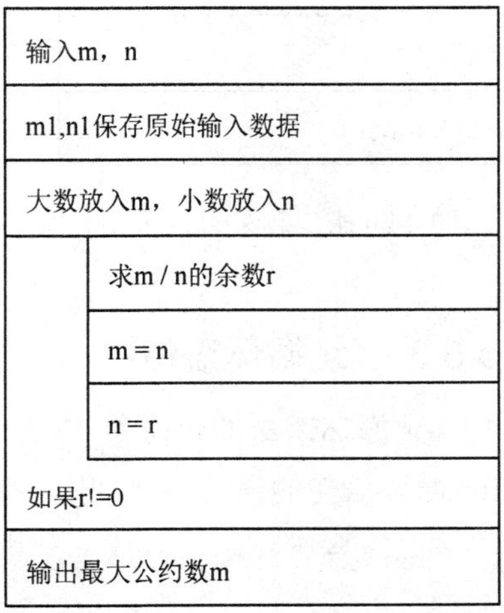

图 3-13 求最大公约数的 N-S 图

程序如下：

```
#include    <iostream.h>
int main( )
{
   int m,n,r,t;
   int m1,n1;
   cout<<"请输入第 1 个数:";cin>>m;
   cout<<"请输入第 2 个数:";cin>>n;
    m1=m;   n1 = n;
   //保存原始数据供输出使用
    if(m < n)
          {t = m; m = n; n = t; } //m,n 交换值
   do
```

```
    {
        r = m % n;
        m = n;
        n = r;
    }while(r!=0);
    cout<<m1<<"和"<<n1<<"的最大公约数是"<<m;
    return 0;
}
```

说明：

（1）由于在求解过程中，m 和 n 已经发生了变化，故可以将其保存在另外两个变量 m1 和 n1 中，以便输出时可以显示这两个原始数据。

（2）求两个数的最小公倍数，只需将两数相乘除以最大公约数即可，即 m1*n1/m。

【例 3.13】 计算并输出下列级数和：

$$sum=\frac{1}{1\times 2}-\frac{1}{2\times 3}+\frac{1}{3\times 4}+\cdots+\frac{(-1)^{K+1}}{K(K+1)}+\cdots$$

直到某项的绝对值小于10^{-4}为止。

分析：从通项可以看出，相邻两项的符号相反，为此设立 f 变量并赋初值 1，表示对应项的符号，重复进行 f=-f，从而得到对应项的符号。重复累加操作直到该项的绝对值小于10^{-4}为止。根据分析画出 N-S 图，如图 3-14 所示。

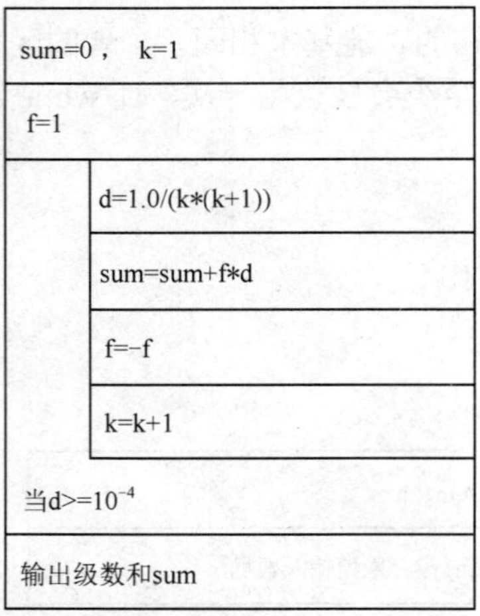

图 3-14　求级数和的 N-S 图

程序如下：

```
#include<stdio.h>
int main()
{
    int   k;
    double   sum,d,f;
    sum= 0;k= 1; f= 1;
    do{
        d= 1.0/(k*(k+1));
        sum= sum+f*d;
        k= k+1;
        f= -f;
    } while(d>=1.0e-4);
    printf("sum= %lf\n",sum);
    return 0;
}
```

3.5.3　for 循环语句

1．for 循环语句的语法

for 循环语句的语法格式如下：

```
for(表达式 1;表达式 2;表达式 3)
{
        循环体语句
}
```

该语句的执行过程：

（1）执行 for 后面的表达式 1。

（2）执行表达式 2，若表达式 2 的值为真（或非 0），则执行 for 语句的内嵌语句（即循环体语句），然后执行第（3）步；若表达式 2 的值为假（或等于 0），则循环结束，执行第（5）步。

（3）执行表达式 3。

（4）返回继续执行第（2）步。

（5）循环结束，执行 for 语句的循环体下面的语句。

可以用图 3-15 表示其流程。

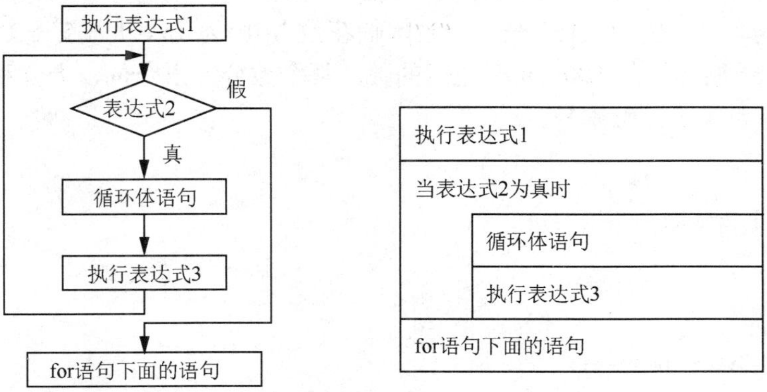

图 3-15　for 循环的流程图和 N-S 图

2．省略 for 循环语句中的表达式

for 循环语句中的 3 个表达式都可省略。

（1）for 语句中的“表达式 1”一般用于给循环变量赋初值，如果省略表达式 1，此时应在 for 语句之前给循环变量赋初值。

（2）for 语句中的“表达式 2”一般用于判断循环结束条件，如果省略表达式 2，即不判断循环条件，则循环将无终止地进行下去。也就是认为表达式 2 始终为真。

（3）for 语句中的“表达式 3”一般用于循环变量的增量，如果省略表达式 3，则循环变量的增量应在循环体内实现。

（4）如果省略 for 语句中的 3 个表达式，则成为以下形式：

```
for( ; ; )
{
        循环体语句
}
```

这就相当于下面的 while 语句：

```
while(1)
{
      循环体语句
}
```

此时，循环条件永远为真，从而无休止地执行循环体。为了终止循环，就要在循环体中加入 break 语句或 goto 语句等。

【例 3.14】 求 1+2+3+…+100。用 for 语句实现循环。

程序如下：

```
#include<iostream.h>
```

```
int main()
{    int i,sum;
     sum=0;
     for(i=1;i<=100;i++)
         sum=sum+i;
     cout<<"sum="<<sum<<endl;
     return 0;
}
```

【例 3.15】 打印出所有的“水仙花数”。所谓“水仙花数”是指一个三位数，其各位数字的立方和等于该数本身。例如，153 是一个“水仙花数”，因为 $153=1^3+5^3+3^3$。

分析： 利用 for 循环控制 100～999 之间的数，每个数分解出个位、十位和百位，然后判断它们的立方和是否等于该数本身。

程序如下：

```
#include <iostream.h>
int main()
{
    int a,b,c;
    for(int i=100;i<1000;i++)
    {
        a=i%10;          //分解出个位
        b=(i/10)%10;     //分解出十位
        c=i/100;         //分解出百位
        if(a*a*a+b*b*b+c*c*c==i)
            cout<<i<<'\t';
    }
    cout<<endl;
    return 0;
}
```

程序运行结果：

```
153    370    371    407
```

3.5.4 循环的嵌套

前面曾经介绍过 if 语句的嵌套，而在一个循环的循环体中又包含另一个循环语句，称为循环嵌套。嵌套层次一般不超过 3 层，以保证可读性。

C++的三种循环语句可以相互嵌套，构成循环嵌套。

例如：

```
① for(;;)                  ② while()
  {                           {
      for(;;)                     for(;;)
      {                           {
          …                           …
      }                           }
  }                           }
```

说明：

（1）循环嵌套时，外层循环和内层循环间是包含关系，即内层循环必须被完全包含在外层循环中，不得交叉。

（2）当程序中出现循环嵌套时，程序每执行一次外层循环，则其内层循环必须循环所有的次数（即内层循环结束）后，才能进入到外层循环的下一次循环。

【例 3.16】 输出一个金字塔图形，如图 3-16 所示。

分析：利用双重 for 循环，外循环控制层，内循环控制星号个数。该图形有 10 层，可用外循环控制。第 1 层有 1 个星号，第 2 层有 3 个星号，第 3 层有 5 个星号，……，可用公式 j=2*i-1 表示。其中，i 表示层数，j 表示该层星号的数量。还需要用 setw()控制每层输出星号的起始位置。

程序如下：

```
#include <iostream.h>
#include<iomanip.h>
int main()
{
    int i,j;
    for(i=1;i<=10;i++)
    {
        cout<<setw(20-i);
        for(j=1;j<2*i;j++) cout<<"*";
        cout<<endl;
    }
    return 0;
}
```

```
         *
        ***
       *****
      *******
     *********
    ***********
   *************
  ***************
 *****************
*******************
```

图 3-16　输出金字塔图案

说明：可以改变输出图形的形状，如改为矩形、直角三角形、菱形等，请读者自行设计。

【例 3.17】 输出九九乘法表，如图 3-17 所示。

分析：输出 9 行 9 列乘法表是一个典型的双循环问题。计算机的输出是按行进行的，九九乘法表每行乘积数据是一组有规律的数，每个乘积数据的值是其所在行与列的乘积。

程序如下：

```
#include <iostream.h>
#include <iomanip.h>
int main()
{
    cout<<'*';
    for(int i=1;i<=9;i++)
         cout<<setw(8)<<i;   //先用一个循环语句输出第一行表头。
    cout<<endl;
    for(i=1;i<=9;i++){
        cout<<i;      //输出行号(被乘数)
        for(int j=1;j<=i;j++)
        cout<<setw(3)<<i<<'*'<<j<<'='<<setw(2)<<i*j; //输出表中数据
        cout<<endl;  //准备输出下一行
    }
```

```
    return 0;
}
```

```
*     1        2        3        4        5        6        7        8        9
1   1*1= 1
2   2*1= 2   2*2= 4
3   3*1= 3   3*2= 6   3*3= 9
4   4*1= 4   4*2= 8   4*3=12   4*4=16
5   5*1= 5   5*2=10   5*3=15   5*4=20   5*5=25
6   6*1= 6   6*2=12   6*3=18   6*4=24   6*5=30   6*6=36
7   7*1= 7   7*2=14   7*3=21   7*4=28   7*5=35   7*6=42   7*7=49
8   8*1= 8   8*2=16   8*3=24   8*4=32   8*5=40   8*6=48   8*7=56   8*8=64
9   9*1= 9   9*2=18   9*3=27   9*4=36   9*5=45   9*6=54   9*7=63   9*8=72   9*9=81
```

图 3-17　九九乘法表

【例 3.18】 计算并输出 10 以内（包括 10）所有自然数的阶乘值，即计算 1!，2!，3!，4!，5!，6!，7!，8!，9!，10!。

分析：采用的方法是对于 10 以内的每一个自然数分别求它们的阶乘值。其 N-S 图如图 3-18 所示。显然，这是一个二重循环结构。

程序如下：

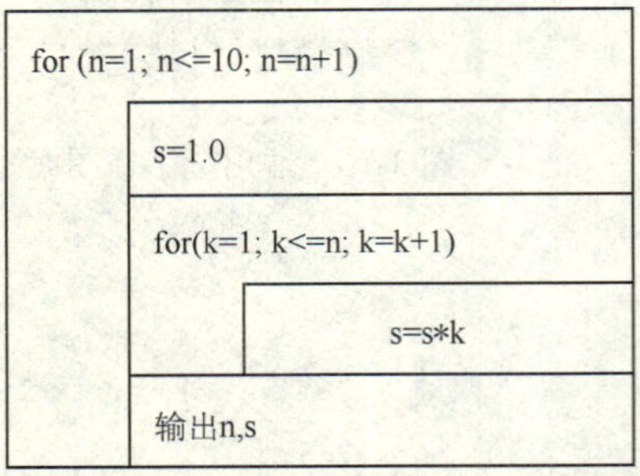

图 3-18　计算 10 以内自然数阶乘值的 N-S 图

```
#include <stdio.h>
int main()
{  int    n,k;
   double    s;
   for (n=1;n<=10;n=n+1)
   {   s=1.0;
       for (k=1; k<=n; k=k+1)
            s=s*k;
       printf("%2d!=%lf\n",n,s);
   }
   return 0;
}
```

注意，如果 s＝1.0;放到外循环 for (n=1;n<=10;n=n+1)的前面可以吗？请读者思考。

【例 3.19】 对一个正整数分解质因数。例如，输入 90，打印出 90=2*3*3*5。

分析：对 n 进行分解质因数，应先从最小的质数 i=2 开始，然后按下述步骤完成。

（1）如果 n 能被 i 整除，则应打印出 i 的值，并用 n 除以 i 的商，作为新的正整数 n，重复执行此步。

（2）如果 n 不能被 i 整除，则用 i+1 作为 i 的值，重复执行第一步。

程序如下：

```
#include<iostream.h>
int main()
{
   int n,i;
   cout<<"please input a number:";
   cin>>n;
   cout<<n<<'=';
   for(i=2;i<=n;i++)
   {
```

```
        while(n%i==0)
        {
            if(n!=i) cout<<i<<'*';
          else    cout<<i;
            n=n/i;
        }
      }
      return 0;
    }
```

程序运行结果：

```
please input a number:100↙
100=2*2*5*5
```

3.5.5 转向语句

这一类语句的功能是改变程序的流程，使程序从其所在的位置转向另一处执行。这类语句是非结构化语句。

C++提供了跳转语句 break 和继续语句 continue 等。

1. break 语句

break 语句的一般格式为：

```
break;
```

该语句只能用于两种情况：

（1）用在 switch 结构中，当某个 case 分支执行完后，使用 break 语句跳出 switch 结构。

（2）用在循环结构中，用 break 语句来结束循环。如果放在嵌套循环中，则 break 语句只能结束其所在的那层循环。

【例 3.20】 任意输入若干个正整数（不多于 50 个），计算已输入正整数之和，直到输入了负数为止。

程序如下：

```
#include <iostream.h>
int main()
{   int i,n,sum;
    sum=0;
    for(i=0;i<50;i++)
    {   cout<<"\n Input number:";
        cin>>n;
        if(n<0) break;
        sum+=n;
    }
    cout<<"sum="<<sum<<endl;
    return 0;
}
```

2. continue 语句

continue 语句的一般格式为：

```
continue;
```

该语句只能用在循环结构中。当在循环结构中遇到 continue 语句时，则跳过 continue 语句后的其他语句，结束本次循环，并转去判断循环控制条件，以决定是否进行下一次循环。

【例 3.21】 输出 0～100 之间所有不能被 3 整除的数。

程序如下：

```
#include<iostream.h>
int main()
{
    int i;
    for(i=0;i<=100;i++)
    {   if(i%3==0)
            continue;
        cout<<i<<endl;
    }
    return 0;
}
```

3．goto 语句

goto 语句和标号语句一起使用，所谓标号语句是用标识符标志的语句。goto 语句控制程序从 goto 语句所在的地方转移到标号语句处。goto 语句会导致程序结构混乱，可读性降低，而且它所完成的功能完全可以用算法的三种基本结构实现，因此一般不提倡使用 goto 语句。

goto 语句最大的好处就是可以一次性跳出多重循环，而 break 语句却不能做到这点。

```
loop：average += score;
      n++;
      cin>>score;
      if (score>=0)      //表达式为真，转移到 loop 标号处
      goto loop;
```

4．return 语句

return 语句用于结束函数的执行，返回到调用者，如果是主函数 main()，则返回至操作系统。

利用一个 return 语句可以将一个数据返回给调用者。通常，当函数的返回类型为 void 时，return 语句可以省略，如果使用也仅作为函数或程序结束的标志。

3.5.6　三种循环的比较

（1）三种循环可以相互代替，并且都可以使用 break 语句和 continue 语句控制循环转向。

（2）while 语句和 for 语句是先判断条件，后执行循环体，而 do-while 语句是先执行循环体，后判断条件。

（3）for 语句功能最强，可完全取代 while 和 do-while 语句。

（4）while 语句和 do-while 语句中的循环变量初始化应该在循环前提前完成，并在 while 后指定循环条件，循环体中要包含使循环趋于结束的语句，而 for 循环可把这些操作放在 for 语句当中。

3.6 常用算法及应用实例

3.6.1 累加与累乘

累加与累乘是最常见的一类算法，这类算法就是在原有的基础上不断地加上或乘以一个新的数。例如，求 1+2+3+…+*n*，求 *n* 的阶乘，计算某个数列前 *n* 项的和，以及计算一个级数的近似值等。

【例 3.22】 求数列 2/3, 4/5, 6/7,… 前 30 项的和。

分析：该数列的通式为 $2n/(2n+1)$，$n=1, 2, 3,\cdots, 30$。

程序如下：

```
#include <iostream.h>
int main()
{
    double sum=0;
    for(int i=1;i<=30;i++)
      sum+=2.0*i/(2.0*i+1);
    cout<<sum<<endl;
    return 0;
}
```

说明：也可将 for 循环改为下面的情形，请比较两者的可读性。

```
for(int i=2;i<=60;i+=2)
  sum+=i/(i+1.0);
```

【例 3.23】 求自然对数 e 的近似值，近似公式为

$$e=1+ 1/1!+ 1/2!+ 1/3!+ \cdots + 1/n!$$

分析：这是一个收敛级数，可以通过求其前 *n* 项和来实现近似计算。通常，该类问题会给出一个计算误差，如可设定当某项的值小于 10^{-5} 时停止计算。

此题既涉及累加，又包含了累乘，程序如下：

```
#include <iostream.h>
int main()
{
  double p,t,sum_e;
  int i = 1;
  p = 1; sum_e = 1;
  do
  {
      p=p*i;      //计算 i 的阶乘
      t=1/ p;
      sum_e=sum_e+t;
      i = i + 1;        //为计算下一项做准备
  }while(t>0.00001);
  cout<<sum_e<<endl;
  return 0;
}
```

程序运行结果：

```
2.71828
```

在开始循环前，必须为相关变量赋初值，这是初学者容易忽略和出错的地方。本例从级数的第 2 项开始进入循环，因此 sum_e（存放累加和）的初值为 1（级数第 1 项的值）。而 i = 1，p=1，则为进入循环后计算第 2 项的分母（1 的阶乘）做好了准备。

3.6.2　求最大数、最小数

求数据中的最大数和最小数的算法是类似的，可采用“打擂”算法。以求最大数为例，可先用其中第一个数作为最大数，再用其与其他数逐个比较，并将找到的较大数替换为最大数。

【例 3.24】 求区间[100, 200]内 10 个随机整数中的最大数、最小数。

分析：随机函数 rand()返回一个 0～32767 之间的随机整数，为了生成区间[m, n]之间的随机整数，可使用公式 rand()%(n − m + 1) + m。故产生区间[100, 200]内随机整数的计算公式为 rand()%101+100。

程序如下：

```
#include <iostream.h>
#include<iomanip.h>
q#include <stdlib.h>
int main()
{
    int max, min,x;
    x=rand()%101+100;           //产生一个在区间[100, 200]内的随机数 x
    cout<<setw(4)<<x;
    max = x; min =x;            //设定最大数和最小数
    for(int i=1;i<10;i++)
    {
        x=rand()%101+100;       //再产生一个在区间[100, 200]内的随机数 x
        cout<<setw(4)<<x;
        if(x > max)max = x;     //若新产生的随机数大于最大数，则进行替换
        if(x < min)min = x;     //若新产生的随机数小于最小数，则进行替换
    }
    cout<<endl<<"最大数："<<max<<",最小数："<<min<<endl; //输出最大和最小数
    return 0;
}
```

程序运行结果类似如下：

```
141 167 134 100 169 124 178 158 162 164
最大数：178，最小数：100
```

说明：以上程序每次运行结果都一样，原因是 rand()函数（在调用它时头文件要包含 stdlib.h）可以用来产生随机数，但是这不是真正意义上的随机数，是一个伪随机数，它是以一个数（可以称它为种子(seed)）为基准，以某个递推公式推算出来的一系列数（随机序列）。但这不是真正的随机数，当计算机正常开机后，这个种子的值是确定的。为了改变这个种子的值，C++提供了 srand()函数，它的原型是 void srand(int a)，功能是初始化随机产生器，即把

rand()函数的种子的值改成 a。当需要不同的随机序列时可以用 srand(time(0))，其中 time 函数（在调用它时头文件要包含 time.h）的功能是返回从 1970/01/01 00:00 到现在的秒数，因为每一次运行程序的时间是不同的，所以它用来作为 rand() 的种子值，可以产生不同的随机序列。

程序做如下修改：

```
srand(time(0));          //srand()函数以当前时间产生随机种子
x=rand()%101+100;        //产生一个在区间[100, 200]内的随机数 x
```

由于每次运行时间不同（只要两次运行的间隔超过 1s），所以 time(0)返回的当前时间（以秒为单位）也不会相同，这样就可以保证每次运行时可以得到不同的随机数序列。

若要 0～1 的随机小数，则可以先取 0～10 的整数，然后均除以 10 即可得到随机到十分位的 1 个随机小数；若要得到随机到百分位的随机小数，则需要先得到 0~100 的整数，然后均除以 100，其他情况依此类推。

3.6.3 求素数

素数是除 1 和本身外，不能被其他任何整数整除的整数。判断一个数 m 是否为素数，只要依次用 2, 3, 4, …, $m-1$ 做除数去除 m 即可。只要有一个数能整除，则 m 就不是素数。

【例 3.25】 从键盘上输入一个大于 2 的自然数，判断其是否为素数。

分析：可使用一个逻辑变量 flag 来表示自然数 m 是否为素数。首先标志 flag 默认为 true，然后循环判断 m 能否被 2, 3, 4, …, m−1 整除，只要有一个数能整除，就可以停止循环并修改标志 flag，根据标志 flag 是否被修改即可知道 m 是否是素数。

程序如下：

```
#include <iostream.h>
int main()
{
     int m,i;
     bool flag;
     cout<<"输入整数 m："<<endl;
     cin>>m;
     flag = true;                 //设标志为 true
     for(i=2;i<m;i++)
          if (m%i==0)             //能被 i 整除
          {
               flag=false;        //设标志为 false
               break;             //只要有一个数能整除，即知 m 不是一个素数，就可停止
          }
     if(flag==true)               //根据标记 flag 输出判断结果
          cout<< m<<"是素数"<<endl;
     else
          cout<< m<<"不是素数"<<endl;
     return 0;
}
```

应用上述代码，对于一个非素数而言，判断过程往往很快可以结束。例如，判断 30009 时，因为该数能被 3 整除，所以只需判断 i = 2, 3 两种情况。而判断一个素数尤其是当该数较大时，如判断 30011，则要从 i = 2, 3, 4, …, 一直判断到 30010 都不能被整除，才能得出其为

素数的结论。实际上，只要从 2 判断到 $\sqrt{n}$，若 n 不能被其中任何一个数整除，则 n 即为素数，故语句 for(i=2;i<m;i++)可改为 for(i=2;i<=sqrt(m);i++)。

【例 3.26】 输出在 100 与 200 之间的所有素数。

分析：上例已经可以判断一个数 *m* 是否是素数，只需加层外循环控制 *m* 的变化范围从 100 到 200 即可。

程序如下：

```
#include <iostream.h>
#include <iomanip.h>
#include <math.h>
int main(   )
{   int i, m,count=0;
    bool flag;                          /* 用 flag 作标志 */
    for(m=100; m<=200; m++)         //控制 m 变化范围从 100 到 200 即可
    {
        flag = true;
        for(i=2;i<=sqrt(m);i++)
           if (m%i==0)
           {
              flag=false;               //m 不是一个素数
              break;                    //只要有一个整除，就可停止
           }
        if(flag) /* m 是素数 */
        {
            cout<<setw(5)<<m;
            count++;
            if (count % 8 == 0) cout<<endl;   //每输出 8 个素数就换行
        }
    } /* 测试下一个 m */
    return 0;
}
```

3.6.4 枚举法

枚举法又称为穷举法，此算法将所有可能出现的情况一一进行测试，从中找出符合条件的所有结果。如计算"百钱买百鸡"问题，又如列出满足 *xy*=100 的所有组合等。

【例 3.27】 公鸡每只 5 元，母鸡每只 3 元，小鸡 3 只 1 元，现要求用 100 元钱买 100 只鸡，问公鸡、母鸡和小鸡各买几只？

分析：设公鸡 *x* 只，母鸡 *y* 只，小鸡 *z* 只。根据题意可列出以下方程组：

$$\begin{cases} x+y+z=100 \\ 5x+3y+z/3=100 \end{cases}$$

由于两个方程式中有 3 个未知数，属于无法直接求解的不定方程，故可采用枚举法进行试根，即逐一测试各种可能的 *x*、*y*、*z* 组合，并输出符合条件者。

程序如下：

```
#include <iostream.h>
```

```
#include<iomanip.h>
int main()
{
   int x,y,z;
   for(x=0;x<=100;x++)          //可优化为 x<=19
       for(y=0 ;y<=100;y++)  //可优化为 y<=33
       {
           z=100-x-y;
           if(5*x+3*y+z/3.0==100)
             cout<<setw(5)<<x<<setw(5)<<y<<setw(5)<<z<<endl;
       }
   return 0;
}
```

程序运行结果：

```
0   25  75
4   18  78
8   11  81
12  4   84
```

说明：上述程序循环体内的语句块将执行 101×101 次。考虑到公鸡最多只能买 19 只，母鸡最多买 33 只，故可将两个 for 语句优化为 x<=19 和 y<=33。优化后的循环次数为 20×34 次，从而大大提高了运行效率。

如果将 if(5*x+3*y+z/3.0==100)中的条件改为 if(5*x+3*y+z/3==100)，会出现什么情况？

3.6.5 递推与迭代

1．递推

利用递推算法或迭代算法，可以将一个复杂的问题转换为一个简单过程的重复执行。这两种算法的共同特点是，通过前一项的计算结果推出后一项。不同的是，递推算法不存在变量的自我更迭，而迭代算法则在每次循环中用变量的新值取代其原值。

【例 3.28】 输出斐波那契（Fibonacci）数列的前 20 项。该数列的第 1 项和第 2 项为 1，从第 3 项开始，每一项均为其前面两项之和，即 1，1，2，3，5，8，…。

分析：设数列中相邻的 3 项分别为变量 f1、f2 和 f3，则有如下递推算法。

（1）f1 和 f2 的初值为 1。

（2）每次执行循环，用 f1 和 f2 产生后项，即 f3 = f1 + f2。

（3）通过递推产生新的 f1 和 f2，即 f1 = f2，f2 = f3。

（4）如果未达到规定的循环次数，则返回步骤（2）；否则停止计算。

程序如下：

```
#include <iostream.h>
#include <math.h>
int main()
{
     long f1, f2, f3;
```

```
        f1 = 1; f2 = 1;             //初始条件
        cout<<f1<<endl<<f2<<endl;
        for(int i=3;i<=20;i++)
        {
            f3=f1+f2;               //递推公式
            cout<<f3<<endl;
            f1 = f2; f2 = f3;       //递推公式
        }
        return 0;
    }
```

说明：解决递推问题必须具备两个条件，即初始条件和递推公式。本题的初始条件为 f1=1 和 f2=1，递推公式为 f3=f1+f2，f1=f2，f2=f3。

【例 3.29】 有一分数序列：2/1, 3/2, 5/3, 8/5, 13/8, 21/13, …，求出这个数列的前 20 项之和。

分析：注意分子与分母的变化规律，可知后项分母为前项分子，后项分子为前项分子与分母之和。

程序如下：

```
#include <iostream.h>
int main()
{
    int n,number=20;
    float a=2,b=1,t,s=0;
    for(n=1;n<=number;n++)
    {
        s=s+a/b;
        t=a;a=a+b;b=t;          /*这部分是程序的关键*/
    }
    cout<<s;
    return 0;
}
```

2．迭代

迭代算法也称辗转法，是一种不断用变量的旧值递推新值的过程。迭代算法是用计算机解决问题的一种基本方法。它利用计算机运算速度快、适合做重复性操作的特点，让计算机对一组指令（或一定步骤）进行重复执行，在每次执行这组指令（或这些步骤）时，都从变量的原值推出它的一个新值。

【例 3.30】 用迭代算法求 a 的平方根。求平方根的公式为 $x_{n+1}=(x_n+a/x_n)/2$，求出的平方根精度是前、后项差的绝对值小于 10^{-5}。

分析：迭代算法求 a 的平方根的步骤如下。

（1）设定一个 x 的初值为 x0（在如下程序中取 x0=a/2）。

（2）用求平方根的公式 x1= (x0+a/x0) /2 求出 x 的下一个值 x1。可以肯定，求出的 x1 与真正的平方根相比，误差很大。

（3）判断 x1-x0 的绝对值是否满足大于 10^{-5}，如果满足，则将 x1 作为 x0，重新求出新 x1，如此继续下去，直到前后两次求出的 x1 和 x0 之差的绝对值满足小于 10^{-5}。

程序如下：

```
#include <iostream.h>
#include <math.h>
int main()
{
    float a;            /* 被开方数 */
    float x0, x1;       /* 分别代表前一项和后一项 */
    cout<< "Input a positive number:"<<endl;
    cin>>a;
    x0 = a / 2;    /* 任取的初值 */
    x1 = (x0 + a / x0) / 2;
    while (fabs(x1 - x0) >= 1e-5)        /*fabs(x)函数用来求参数 x 的绝对值*/
    {
        x0 = x1;
        x1 = (x0 + a / x0) / 2;
    }
    cout<<"The square root is "<<x1;
    return 0;
}
```

程序运行结果:

```
Input a positive number:
2↙
The square root is 1.41421
```

在工程技术中，经常使用数值算法来求解超越方程和代数方程的根。解决这类问题，一般采用迭代算法，如下面介绍的牛顿迭代法。

设有方程 $f(x)=0$，使用牛顿迭代法求根 α 的近似值，算法如下。

（1）在根 α 附近取一点 x_0 作为 α 的第 0 次近似值。

（2）以曲线 $y=f(x)$ 在点 $(x_0, f(x_0))$ 的切线与 x 轴交点的横坐标 x_1 作为 α 的第 1 次近似值。切线方程为 $y-f(x_0)=f'(x_0)(x_1-x_0)$，令 $y=0$，得

$$x_1 = x_0 - \frac{f(x_0)}{f'(x_0)}$$

（3）以曲线 $y=f(x)$ 在点 $(x_1, f(x_1))$ 的切线与 x 轴交点的横坐标 x_2 作为 α 的第 2 次近似值，则

$$x_2 = x_1 - \frac{f(x_1)}{f'(x_1)}$$

（4）一般有

$$x_n = x_{n-1} - \frac{f(x_{n-1})}{f'(x_{n-1})} \qquad \text{（牛顿迭代公式）}$$

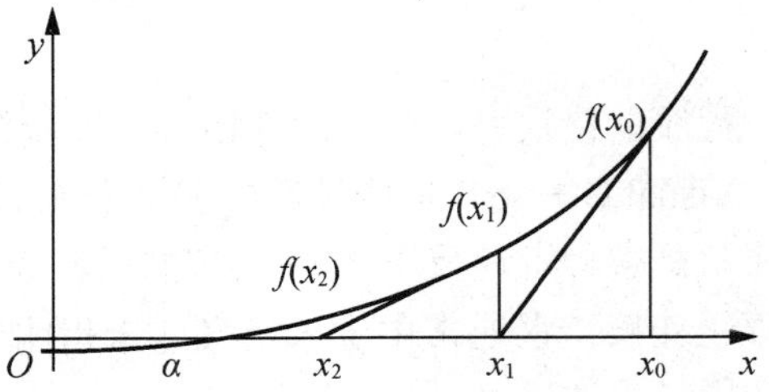

图 3-19　牛顿迭代法求方程根

$x_1, x_2, \cdots, x_n$，逐次逼近 α，如图 3-19 所示。

（5）依次求出 $x_1, x_2, \cdots, x_n$，直到前、后两项之差的绝对值 $|x_n - x_{n-1}| \leqslant \varepsilon$ 为止（ε 是指定的允许误差），此时就认为 x_n 是足够接近真实根的近似值。

【例 3.31】 编写程序，用牛顿迭代法求方程 $x+\ln x-2.13=0$ 的近似实根。

分析：通过对根的大致估算，可设迭代初值为 2，误差为 0.0001。其中 lnx 对应 C++函数 log(x)；fabs(x)函数用来求参数 x 的绝对值。

程序如下：

```
#include <iostream.h>
#include <math.h>
int main()
{
   double x0, x1, e,f,f1;
   cout<<"请输入迭代初值:";
   cin>>x1;                          //运行时输入初值 2
   cout<<"输入迭代误差:";
   cin>>e;                           //运行时输入误差值 0.00001
   do
   {
      x0 = x1;
      f = x0+log(x0)-2.13;       //方程 f(x)
      f1 = 1 + 1 / x0;           //方程 f(x)的一阶导数
      x1 = x0 - f / f1;          //牛顿迭代公式
   }while(fabs(x0 - x1)>e);
   cout<<x1<<endl;
   return 0;
}
```

程序运行结果：

```
请输入迭代初值:2↙
输入迭代误差:0.0001
1.63708
```

说明：在计算过程中，要用 x 的新值 x1 替换其原值 x0，再使用牛顿迭代公式由新的 x0 产生下一轮的 x1。由于在进入循环后的第 1 条语句为 x0 = x1，故应将迭代初值赋给 x1 而非 x0。

3.7　程序的调试

程序的错误可以分为编译错误、连接错误及运行错误。

Visual C ++ 6.0 集成环境中编译器能够发现编译错误（即语法错误）和连接错误。编译错误通常是编程者违反了 C++语言的语法规则，如保留字输入错误、大括号不匹配、语句少分号等。连接错误通常由于未定义或未指明要连接的函数，或函数调用不匹配等，对系统函数的调用必须通过“include”说明。

在程序运行时，也会产生运行错误。对于运行错误，在 Visual C++ 6.0 集成环境中提供了调试器，能跟踪程序的运行过程。它可以一行一行（单步）地执行程序源代码，以观察程序运行过程中，哪些语句执行了，哪些语句没有执行，执行的顺序如何，以及内存中各变量当前的值，从而确定应用程序在运行的各个阶段发生了什么，且是如何发生的。Visual C++ 6.0 提供的调试技术包括单步运行和断点运行、设置中断表达式和监视表达式、显示变量的动态值等。

要显示“调试”（Debug）工具栏，可在工具栏上单击鼠标右键，在弹出的快捷菜单中选择“调试”选项。

在如图 3-20 所示的“调试”工具栏上提供了几个很有用的按钮。表 3-1 列出的是 Visual C++ 6.0“调试”工具栏中按钮的用途。

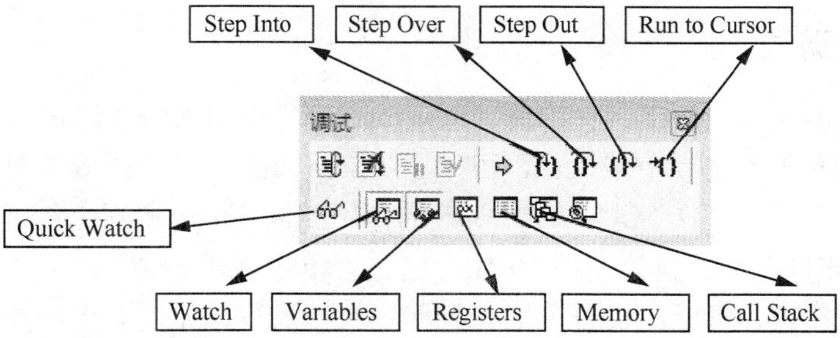

图 3-20 “调试”工具栏

表 3-1 “调试”工具栏按钮的用途

工具名称	按钮	用途
Step Into(F11)		单步执行应用程序的下一个可执行语句行，并跟踪到函数中
Step Over(F10)		单步执行应用程序的下一个可执行语句行，但不跟踪到函数中
Step Out		跳出当前函数
Run to Cursor		运行程序到光标所在行
Variables		显示局部变量的当前值
Watch		显示输入查询变量或表达式的值
Quick Watch		选定一个表达式，单击显示其当前值
Call Stack		显示当前断点处函数是被哪些函数按照什么顺序调用的
Memory	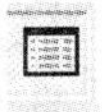	查看指定内存地址中的值
Registers		查看寄存器的值
Stop Debug		终止调试
Restart		重新开始运行程序

3.7.1 进入调试

首先完成编译连接，只有编译连接正确，才能开始调试。不能指望通过调试来检查编译或连接的错误，调试已经属于程序运行阶段了。

使用“编译”菜单，选择“开始调试”→“Step Into”，然后程序将开始单步调试。也可以直接按“F10”键。此时屏幕上会出现一个如图 3-20 所示的浮动“调试”工具栏（如果没有出现，可在工具栏上单击鼠标右键，在弹出的快捷菜单中选择“调试”选项）。同时“编译”菜单变成了“调试”（Debug）菜单。

3.7.2 单步调试

单步执行时单击“调试”工具栏中的“Step Over”按钮或按“F10”键。如果遇到自定义函数调用，想进入函数进行单步执行，可单击“Step Into”按钮或按“F11”键。对不是函数调用的普通语句来说，“F11”键与“F10”键的作用相同。但一般对系统函数（如 scanf、cin 语句）不要使用“F11”键。建议使用“F10”键进行单步调试。

通过使用单步执行，可以比较直观地看到程序执行流程，尤其对于分支语句 if-else，可以看出程序到底执行了条件为真的语句 1，还是执行了条件为假的语句 2。图 3-21 左侧的箭头指示当前即将要执行的语句，每单步执行一次，箭头位置就会发生变化。

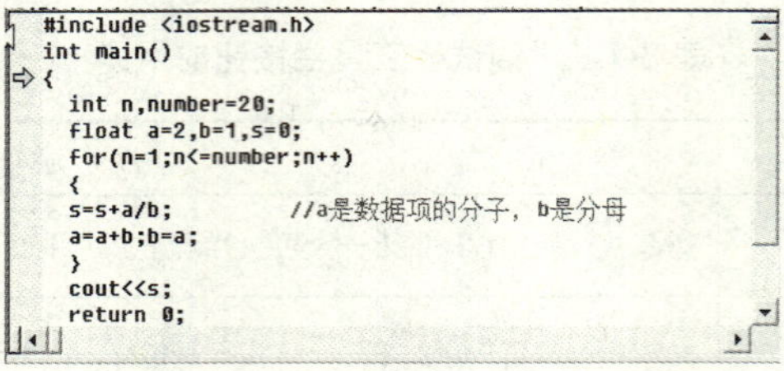

图 3-21　程序运行到断点处

在单步执行时，还要关注输入/输出窗口，尤其在执行 scanf、cin 语句时，一定要在输入/输出窗口输入数据，回车后，再回到调试窗口，否则单步无法继续。

3.7.3 查看变量、表达式的值

Visual C++支持查看变量、表达式值。所有这些观察都必须是在调试的情况下进行的。观看变量的值最简单，当箭头指示将运行的语句是所需查看变量所在的语句时，把光标移动到这个变量上，停留一会就可以看到变量的值。

变量窗口（Variables）会自动显示当前程序执行中所有可见的变量的值。特别是当前语句涉及的变量，以红色显示。在变量窗口的下部有 3 个选项卡：Auto，Locals，this。选中不同的选项卡，将会在该窗口中显示不同类型的变量。也可以通过“查看”→“调试窗口”→“Variables”打开变量窗口。

查看变量、表达式的值也可通过 Watch 窗口实现。单击“调试”工具栏上的“Watch”按钮，就出现一个 Watch 窗口（含 Watch1，Watch2，Watch3，Watch4 视图），在该窗口中输入变量或表达式，就可以观察变量或表达式的值。

3.7.4 停止调试

如果用户想停止调试，可以使用“调试”菜单下的“Stop Debugging”选项，或“调试”工具栏终止调试按钮，从而回到正常的运行状态。

下面实例说明单步调试过程。

有一分数序列：2/1, 3/2, 5/3, 8/5, 13/8, 21/13,…，求出这个数列的前 20 项之和。参考代码如下：

```
#include <iostream.h>
int main()
{
   int n,number=20;
   float a=2,b=1,s=0;
   for(n=1;n<=number;n++)
   {
       s=s+a/b;              //a 是数据项的分子，b 是分母
       a=a+b;b=a;
   }
   cout<<s;
   return 0;
}
```

调试时可以观察每次循环求出的数据项 a/b 值是否正确。具体步骤如下：

（1）首先按“F10”键，系统进入调试状态，程序开始运行并会暂停在程序的入口 main 函数的开始“{”处，如图 3-21 所示，箭头指示将运行的语句。

（2）每按“F10”键一次，执行一条语句。当执行 for 语句体 s=s+a/b 时，在 Variables 窗口中看到 s 及其他 a,b,n 等变量的值。此时是第 1 次循环时 s,a,b 等变量的值，如图 3-22 所示。

（3）如果想观察第 2 次循环时 s,a,b 等变量的值，可以在“调试”工具栏中单击按钮或按“F10”键单步执行，再次运行到 s=s+a/b;。在图 3-23 的 Variables 窗口中观察第 2 次循环时 s,a,b 等变量的值是否与预期的变量值一致。从 Variables 窗口中得知 a=3,b=3，但实际上第 2 个数据项 3/2，应该是 a=3,b=2，不相符，则说明程序代码在此处附近有问题，需要修改。

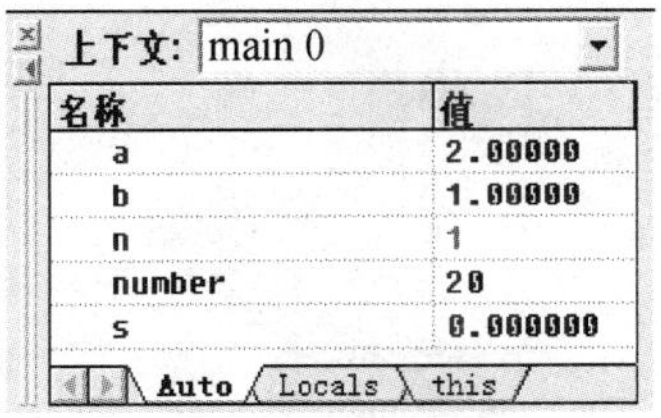

图 3-22　第 1 次循环 s,a,b 等变量的值

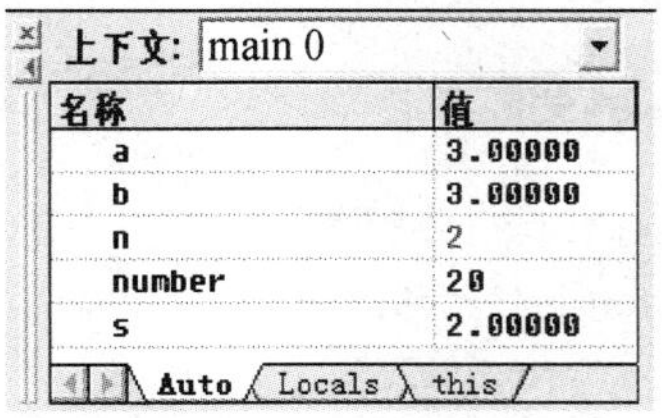

图 3-23　第 2 次循环 s,a,b 等变量的值

调试最重要的是思考，要猜测程序可能出错的地方，然后运用调试器来证实猜测。熟练使用上面的工具无疑会加快这个过程。

习　题　三

一、选择题

1．下列程序执行完后，x 的值是_____。

```
int x=0;
for (int k=0;k<90; k++)
{   if (k)   x++;}
```

A．0　　　B．30　　　C．89　　　D．90

2．下列程序段循环次数是_____。

```
int x =-10;
while (++x)    cout<<x<<endl;
```

A．9　　　B．10　　　C．11　　　D．无限

3．下面有关 for 循环的正确描述是______。

A．for 循环只能用于循环次数已经确定的情况

B．for 循环是先执行循环体语句，后判定表达式

C．在 for 循环中，不能用 break 语句跳出循环体

D．for 循环体语句中，可以包含多条语句，但要用花括号括起来

4．以下关于循环体的描述中，_______是错误的。

A．循环体中可以出现 break 语句　　　B．循环体中还可以出现循环语句

C．循环体中不能出现 continue 语句　　　D．循环体中可以出现 switch 语句

5．下述关于 break 语句的描述中，______是不正确的。

A．break 语句可用于循环体内，它将退出该重循环

B．break 语句可用于 switch 语句中，它将退出 switch 语句

C．break 语句可用于 if 体内，它将退出 if 语句

D．break 语句在一个循环体内可以出现多次

二、简答题

1．C++语言中 while 和 do-while 循环的主要区别是什么？

2．过程化程序有哪三种基本控制结构？

3．C++用于构成分支结构的语句有哪些？构成循环结构的语句有哪些？

三、填空题

1．用 for 循环打印 0 1 2 0 1 2 0 1 2;

```
for( i=1; i<=9; i++ )
    printf(%2d",______);              //等价于 cout<<____________________;
```

2．下列程序段的输出为_______________

```
#include <stdio.h>                    //#include<iostream.h>
int main()
{
    int i=1;
    while (i <= -1)
        printf("###") ;               //等价于 cout<<"###";
    printf("%d", i ) ;                //等价于 cout<<i;
    return 0;
}
```

3．下列程序段的输出为________________

```
#include <stdio.h>                    //#include<iostream.h>
int main( )
{
```

```
        int i=5:
        do{
            i--;
            printf("###") ;                //等价于 cout<<"###";
        }while (i) ;
        printf( "%d" , i ) ;               //等价于 cout<<i;
        return 0;
    }
```

4．下列程序求 $S_n=a+aa+aaa+\cdots+aa\cdots aa$（$n$ 个 a）的值，其中 a 是一个数字。当 $a=2, n=5$ 时，$S_5=2+22+222+2222+22222$，其值应为 24690。

```
    #include <stdio.h>                     //#include<iostream.h>
    int main( )
    {
        int a, n, count =1, sn=0, tn=0;
        printf( "Please input a and n: \n") ;
        scanf( "%d%d,&a,&n);               //等价于 cin>>a>>n;
        while (count <=n)
        {
            tn=tn+a;
            sn=________;
            a=a*10;
        }
        printf( "the Sn is: %d \n", sn);   //等价于 cout<<"the Sn is:"<<sn<<endl;
        return 0;
    }
```

四、编程题

1．输入一个整数 n，判断其能否同时被 5 和 7 整除，如能则输出“xx 能同时被 5 和 7 整除”，否则输出“xx 不能同时被 5 和 7 整除”。要求“xx”为输入的具体数据。

2．输入一个百分制的成绩，经判断后输出该成绩的对应等级。其中，90 分以上为“A”，80~89 分为“B”，70~79 分为“C”，60~69 分为“D”，60 分以下为“E”。

3．某百货公司为了促销，采用购物打折的办法。1000 元以上者，按九五折优惠；2000 元以上者，按九折优惠；3000 元以上者，按八五折优惠；5000 元以上者，按八折优惠。编写程序，输入购物款数，计算并输出优惠价（要求用 switch 语句编写）。

4．编写一个求整数 n 阶乘（$n!$）的程序，要求显示的格式如下：

```
1:     1      2:   2      3:   6
4:    24      5: 120      6: 720
```

5．编写程序，求 1!+3!+5!+7!+9!。

6．编写程序，计算下列公式中 s 的值（n 是运行程序时输入的一个正整数）。

$$s=1+(1+2)+(1+2+3)+\cdots+(1+2+3+\cdots+n)$$

$$s=12+22+32+\cdots+(10\times n+2)$$

$$s=1\times2-2\times3+3\times4-4\times5+\cdots+(-1)^{(n-1)}\times n\times(n+1)$$

$$s=1+\frac{1}{1+2}+\frac{1}{1+2+3}+\cdots+\frac{1}{1+2+3+\cdots+n}$$

7.“百马百瓦问题”：有 100 匹马驮 100 块瓦，大马驮 3 块，小马驮 2 块，两个马驹驮 1 块。问大马、小马、马驹各有多少匹？

8．有一个数列，其前三项分别为 1、2、3，从第四项开始，每项均为其相邻的前三项之和的 1/2，问：该数列从第几项开始，其数值超过 1200。

9．找出 1 与 100 之间的全部“同构数”。“同构数”是这样一种数，它出现在它的平方数的右端。例如，5 的平方是 25，5 是 25 中右端的数，5 就是同构数，25 也是一个同构数，它的平方是 625。

10．猴子吃桃问题。猴子第一天摘下若干个桃子，当即吃了一半，还不过瘾，又多吃了一个，第二天早上将剩下的桃子吃掉一半，又多吃了一个。以后每天早上都吃前一天剩下的一半再加一个。到第 10 天早上想再吃时，发现只剩下一个桃子了。求第一天共摘了多少个桃子。

第4章 函数

一个C++程序是由一个或多个源文件构成的，而一个源文件又可以由一个或多个函数构成。函数是独立完成某个功能的语句块，是构成C++程序的基本单位。函数包括系统提供的标准库函数和用户自定义函数。在程序设计语言中引入函数的目的是使程序更便于维护、逻辑上更加清晰、减少重复编写代码的工作量、提高代码可读性和程序开发效率。

本章主要介绍用户自定义函数的定义、声明和调用，函数调用参数的传递过程，内联函数和函数重载等相关知识，并结合实际应用给出实例指导读者编程。

通过本章学习，应该重点掌握以下内容：

- 函数的定义
- 函数的声明
- 函数的调用
- 函数参数的传递方式
- 内联函数和函数重载

4.1 函数的定义

到目前为止所编写的代码都是以一个代码块的形式出现的，其中有一些重复执行的代码块。当某些任务需要在一个程序中执行几次时，如求一个数的阶乘，此时可以把相同（或几乎相同的）的代码块按需要放在应用程序中合适的位置。但这样做的弊端是，如果代码块进行非常小的改动（如修改某个代码错误），则需要修改分布在整个应用程序中的多个代码块，如果忘记修改一个代码便会产生很大影响。并且代码的重复率高，应用程序代码烦琐。

解决这个问题的方法就是使用函数。在 C++程序开发过程中，将完成某一特定功能并经常使用的代码编写成函数，放在公共函数库中供大家选用，在需要使用时直接调用，这就是程序中的函数。开发人员要善于使用函数，以提高编码效率，减少编写程序段的工作量。

C++语言中的函数分为两种，一是系统提供的标准库函数，标准库函数由编译器定义，在程序中可直接调用；二是用户自定义函数，程序员的主要工作就是编写一个又一个自定义函数，每个自定义函数实现一个功能。主函数（main()函数）是一个特殊的用户自定义函数。C++程序都是从主函数 main()开始执行的，当执行到调用其他函数语句时，转去执行其他函数定义的语句，执行完后返回 main()函数，main()函数执行结束意味着整个程序运行结束。

4.1.1 函数定义

函数是完成一定功能的程序单元。它具有相对独立性，能供其他程序模块调用，并在执行完自己的功能后，返回调用它的模块。函数的定义就是描述一个函数所完成功能的具体过程。

C++语言函数定义的基本格式为：

```
函数类型  函数名(形式参数列表)
{
    函数体
}
```

说明：

（1）函数名需符合标识符的命名规则。

（2）函数类型指定函数值类型，即函数通过 return 语句返回值的类型，它可以是 C++语言中任何一种合法类型。如果函数无返回值时，必须用关键字 void 加以说明。默认的返回值类型为 int 型。函数返回值可以传送给调用它的代码。

例如：

```
sum(int a,int b)            //函数返回值类型为 int 型，因此函数类型描述可以省略
double sum(int a,int b)     //函数返回值类型为 double 型
void sum(int a,int b)       //函数无返回值
```

（3）形式参数列表（即形参列表）是被调函数接收调用者数据的主要途径，定义时应分别给出每个形式参数的类型和名称，并用逗号隔开。形参表可以为空，但函数名后的一对圆括号不能省略。

例如：

```
float avg(int i,double k,float j)          //3 个形参中间用逗号隔开
float print( )  //无参数，函数名后的一对圆括号不能省略
```

（4）函数体是由一对花括号括起来的语句序列，用于描述函数所要执行的操作。

（5）函数体可以为空，但此函数定义中的一对花括号不能省略。

例如，下面定义了一个空函数：

```
void   empty( )
{
}
```

4.1.2　函数的返回值

函数的返回值是通过函数中的 return 语句获得的，因此当函数有返回值时，函数体内要有一个 return 语句，return 语句将函数中的一个确定值带回到调用它的函数中。如果一个函数不返回任何值，即该函数的类型指定为 void，这时函数体内不必使用 return 语句。

（1）return 语句的格式有 3 种：

```
return( expression）;        //返回表达式 expression 的值
或 return   expression ;     //返回表达式 expression 的值
或 return;                   //函数无返回值，此时该语句可以省略
```

（2）若函数体中无 return 语句，当执行到函数末尾时自动返回到调用函数。

（3）函数的返回值只有一个，也就是说函数体内可包含多个 return 语句，但只有一条 return 语句被执行，只能带回一个值。

【例 4.1】 编写一个函数用于求两个数之和。

程序如下：

```
float sum(float x,float y)
{
    float temp;
    temp=x+y;
    return temp;         //通过 return 返回所求结果
}
```

说明：

（1）函数中 return 后面的 temp 的类型一定要与函数的类型相一致。

（2）return 后面可以是一个变量名，也可以是一个合法的 C++表达式。

（3）一个函数如果有返回值，它只能有一个，不能期望同时执行多个 return 语句返回多个值。因为当执行其中一个 return 语句后就返回主调函数了，所以即使一个函数有多个 return 语句也只能执行其中一个 return 语句。

【例 4.2】 编写函数用于输出如下图形。

```
   *
  ***
 *****
*******
```

程序如下：

```
void print()
{
  int i,j,k;
```

```
    for(i=0;i<4;i++)
    {
        for(j=0;j<4-i;j++)
            cout<<" ";
        for(k=0;k<2*i+1;k++)
            cout<<"*";
        cout<<endl;
    }
}
```

print()函数的功能是输出一个图形，没有任何返回值，所以不需要 return 语句。此时，函数的返回值类型一定要描述为 void，如果省去不写，则系统默认返回值类型是 int 型。

函数定义时，有无参数和返回值、参数的类型和个数要根据函数完成的功能而定。例如，编写一个函数求 $N!$，则需要函数有一个参数，参数类型为 int 型表示要求解的 N，函数还需返回值得到 $N!$的值。

4.2 函数的调用

定义函数后，就可以在程序中调用该函数完成相应的功能了。

4.2.1 函数调用形式及过程

C++中函数调用的格式为：

```
函数名(实参列表)
```

在函数调用时，大多数情况下，主调函数与被调函数之间有数据传递关系。定义函数时，函数名后面括号中的参数称为“形式参数”（简称形参）。调用函数时，函数名后面括号中的参数称为“实际参数”（简称实参）。实参是用来在调用函数时给形参传递数据的，实参可以是常量、变量、表达式或其他构造数据类型，各实参之间用逗号隔开。要求实参与形参的类型、个数、次序必须一致。无参函数调用时则没有实参列表项。

程序总是从 main()函数开始执行，遇到函数调用语句时，如果函数是有参函数，则 C++先将实参的值传递给与之相对应的形参，然后执行被调用函数的函数体。当函数执行完毕后，返回主调函数，继续执行主调函数中的后续语句。函数调用示意图如图 4-1 所示。

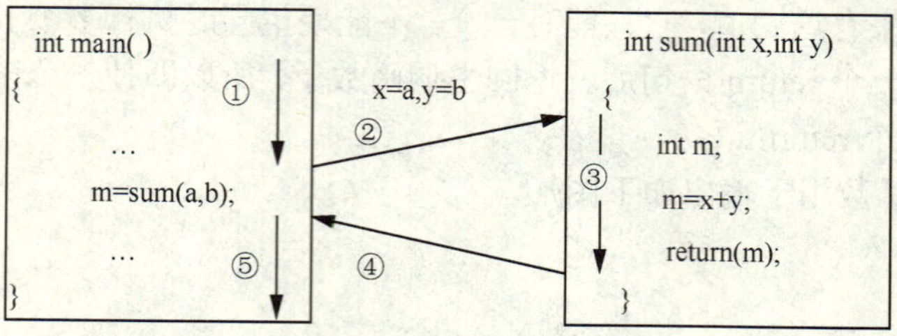

图 4-1 函数调用示意图

【例 4.3】 函数调用的例子。

程序如下：

```
#include <iostream.h>
```

```
void print_star()                              //函数定义
{
    cout<<"**********"<<endl;
}
double sqr(double y)                           //函数定义
{
    return y*y;
}
int main()
{
    double a=7.0;
    print_star();                              // print_star()为函数调用
    cout<<"6^2="<<sqr(6.0)<<endl;              // sqr(6.0)为函数调用，其中 6.0 为实参
    cout<<"8^2="<<sqr(5.0+3.0)<<endl;          // sqr(5.0+3.0)为函数调用，其中 5.0+3.0 为实参
    cout<<"7^2="<<sqr(a)<<endl;                // sqr(a) 为函数调用，其中变量 a 为实参
    print_star();                              // print_star()为函数调用
    return 0;
}
```

程序运行结果：

```
**********
6^2=36
8^2=64
7^2=49
**********
```

该程序两次调用了 print_star()函数，由于该函数无参数，所以调用时没有实参列表项。对于 sqr()函数，必须为其提供一个 double 型的实参。实参可以是常量、变量或表达式。sqr()函数定义时有返回值（类型为 double），主调函数通过函数调用得到一个确定值，如 sqr(a)的值是 49。

4.2.2 函数的声明

函数一般是“先定义，后调用”，此时当编译到函数调用时，编译系统能正常运行，不会遇到“尚未定义过的函数”错误。C++中也允许“先调用，后定义”，即函数调用在前，函数定义在后，此时必须在调用前对该函数进行声明（declaration），否则编译时就会出现“函数未定义”的错误。

函数声明也称函数说明或函数原型声明，格式如下：

```
函数类型    函数名(参数列表);
```

其中，各部分的含义与函数定义相同，由于它是说明语句，没有函数体，所以需以分号结束。函数声明只关心参数列表中参数的个数和类型，因此参数列表可以只有参数的类型，省去参数名。

对于标准库函数，它是通过相应的头文件来加以说明的，在头文件中含有标准库函数的

说明，因此使用前需在程序的开头用#include 命令把相应的头文件包含进来。

【例 4.4】 函数声明示例一。

程序如下：

```
#include <iostream.h>
long   fact(int m);                //函数声明
int main()                         // main( )在 fact()定义的前面
{
    int n; long p;
    cin>>n;
    p=fact(n);                     //函数调用
    cout<<p<<endl;
    return 0;
}
long fact( int m)                  //函数定义，定义函数 fact 求 m 的阶乘
{
    int i;
    long s=1;
    for(i=1;i<=m;i++)
        s=s*i;
    return(s);                     //函数返回
}
```

上例中被调函数定义在函数调用之后，需在调用函数前先声明。函数声明语句 long fact(int m)也可写成 long fact(int)，省略参数名，因为函数声明只关心函数的返回类型、参数的个数及参数的类型。

【例 4.5】 函数声明示例二。

程序如下：

```
/* 主调函数在被调函数之后*/
#include <iostream.h>
long fact( int m)                  // fact 函数先定义，后调用，不需要单独的函数声明
{
    int i;
    long s=1;
    for(i=1;i<=m;i++)
        s=s*i;
    return(s);                     //将求得的结果返回
}
int main()
{
    int n; long p;
    cin>>n;
    p=fact(n);                     //调用 fact 函数，求出 n 的阶乘，放在 p 中
    cout<<p<<endl;
    return 0;
}
```

被调函数先于主调函数被编译，因此在编译主调函数时已知被调函数的类型等信息，故

不需函数声明。

说明:

（1）若被调函数是标准库函数或用户已编写的函数（与主调函数不在同一文件中），则使用前需在程序的开头用#include 命令将被调函数的信息包含进来。

（2）若主调函数与被调函数在同一文件内，且主调函数在前，被调函数定义在后，则必须在主调函数的前面对被调函数进行声明。

（3）如果被调函数在主调函数之前定义，则可以省略对被调函数的声明。

通常，将所有函数的声明集中在程序开头，或将所有函数的声明信息写入一个头文件，编程时用#include 命令将其包含进来。

4.2.3 函数调用的参数传递方式

参数是调用函数和被调用函数之间交流信息的通道。函数调用时，对于有参函数，在主调函数和被调函数之间要进行参数的传递。在 C++中，可以使用不同的参数传递机制来实现形参和实参的结合。

1. 值调用

值传递时实参与形参的传递过程：调用函数时，系统为形参分配新的存储单元，将实参的值赋给形参后，被调函数中的操作是在形参的存储单元中进行的。当函数调用结束时，释放形参所占的存储单元。因此，在函数中对形参值的任何修改都不会影响到实参的值。

值调用的特点：数据的传递是单向（实参传递给形参）的，实参与形参占用不同的内存空间，在被调函数中对形参的改变不影响实参的值，并且只能通过 return 语句返回一个值。

【例 4.6】 定义函数 multiple3()，通过两次调用来观察实参和形参的传递过程。

程序如下：

```
#include <iostream.h>
int multiple3(int n)
{
    n=n*3;                                  //对形参 n 赋值
    return n;
}
int main()
{
    int n=5;
    cout<<multiple3(2)<<endl;
    cout<<multiple3(n)<<endl;               //实参 n
    cout<<n<<endl;                          //输出实参 n
    return 0;
}
```

程序运行结果：

```
6
15
5
```

注意，这里的实参变量 n 虽与形参变量 n 同名，但它们是没有直接关系的两个不同的变量，系统为它们分配各自的存储单元。调用该函数时实参仅把值传递给了形参，其函数体内对于形参 n 所进行的赋值（或任何别的操作）与实参 n 是无关的，因此实参 n 在调用之后其值没有改变。

主调函数中每调用 multiple3()函数一次，系统要重新为形参 n 分配存储单元，将实参的值传给形参，操作结束后将结果返回，释放形参所占的存储单元。

【例 4.7】 分析下面程序，能否实现交换两个变量的值。

程序如下：

```
#include   <iostream.h>
void swap(int ,int);                          //函数声明
int main()
{
    int x,y;
    x=6;
    y=8;
    cout<<"x="<<x<<" y="<<y<<endl;        //输出调用前 x、y 的值
    swap(x,y);                            //调用 swap()函数
    cout<<"x="<<x<<" y="<<y<<endl;        //输出调用后 x、y 的值
    return 0;
}
void swap(int a,int b)
{
    int temp;
    temp=a;
    a=b;
    b=temp;
    cout<<"a="<<a<<" b="<<b<<endl;
}
```

程序运行结果：

```
x=6   y=8
a=8   b=6
x=6   y=8
```

分析：从程序运行结果看形参 a、b 的值已经互换，但函数调用前后，x、y 输出的结果相同，说明实参 x、y 并没有因为形参 a、b 在被调函数中的交换而随之交换。下面通过图 4-2 展示实参与形参之间的传递过程。

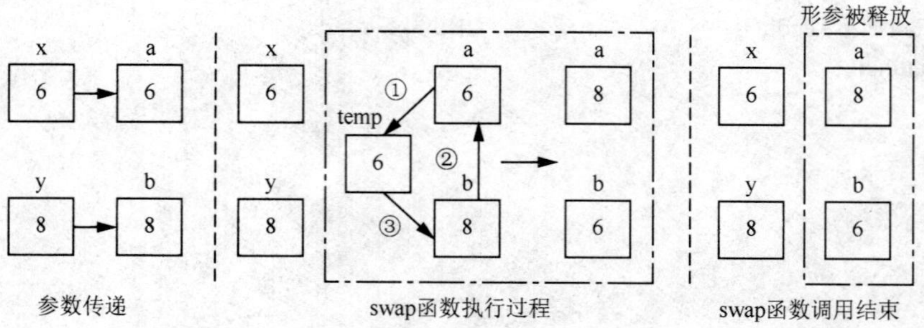

图 4-2　函数调用过程存储单元状况

从图 4-2 可以看到，程序开始运行时，主调函数（main()函数）定义变量 x、y，并分配内存空间。当执行函数调用语句 swap(x,y)时，系统为被调函数 swap()的形参 a、b 分配内存空间，并将实参（x, y）的值对应传递给形参（a, b）。如图 4-2 左边所示，实参和形参占不同的内存空间。接下来，控制权交给被调函数，执行被调函数中的语句，交换了形参 a 与 b 的值，而 main()函数中的 x、y 未发生变化。当被调函数执行完毕后，形参 a、b 的内存空间被释放，控制权交回主调函数。这时，实参 x、y 的值并未改变，可见函数体中形参的改变与实参无关。不同函数中的变量占不同的内存空间。

思考：能否通过函数中的 return 语句，将交换过的形参返回主调函数然后输出。

2．引用调用

引用调用时，实参与形参使用相同的内存单元，在被调函数中对形参的操作将对实参产生影响。在后面 8.9 节中使用的引用调用方式，在被调函数中交换形参的值，也就直接交换实参的值，完成两个数交换的功能

4.3 函数的嵌套调用和递归调用

C++语言中函数的定义都是互相平行的、独立的。一个函数的定义内不能包含另一个函数的定义。这就是说，C++语言的函数不能嵌套定义，但 C++语言允许嵌套调用和递归调用。

4.3.1 函数的嵌套调用

所谓嵌套调用是在调用一个函数并执行该函数的过程中，又调用另一个函数的情况。例如，在 main()函数中调用了 funcl()函数，而在 funcl()函数的执行过程中又调用了函数 func2()，这就构成了两层嵌套调用，如图 4-3 所示。根据函数的调用原则，被调用函数返回时（执行了 return 语句，或执行到函数的最后语句），一定是返回到调用它的函数（主调函数）的中断位置，继续执行主调函数后面的语句。

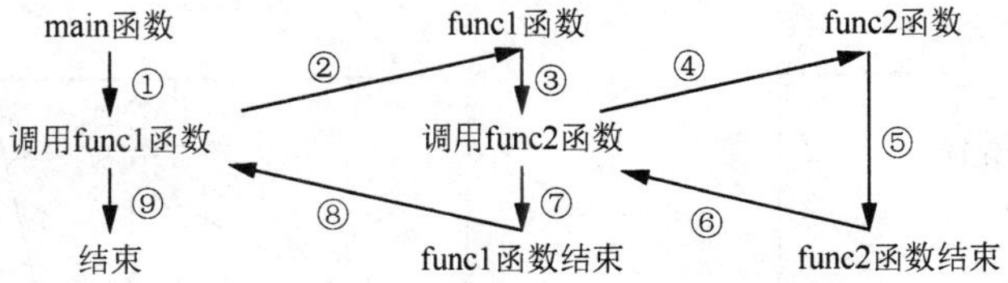

图 4-3　两层函数嵌套的执行过程

【例 4.8】 函数嵌套调用示例。

程序如下：

```
#include <iostream.h>
func2(int x)
{     int t;
      t=x+9;
      return(t);
}
func1( int a,int b)
{     int z;
      z=func2(a*b);                    //函数 func1 又调用了函数 func2
```

```
        return(z);
    }
    int main()
    {
        int x1=2,x2=5,y;
        y=func1(x1,x2);              //main()函数调用函数 funcl
        cout<<y<<endl;
        return 0;
    }
```

在 main()函数中调用 func1()函数，在执行 func1()函数的过程中又调用了 func2()函数，执行完 func2()函数后应返回到它的主调函数 func1()函数继续执行，执行完 func1()函数后返回到 main()函数。图 4-3 展示了函数嵌套调用的过程和程序执行顺序。

4.3.2　函数的递归调用

1．递归调用

函数在执行的过程中直接或间接调用自己本身，称为递归调用。C++语言允许递归调用。例如：

```
double f(double x)
{
    double y;
    y=f(x);
    return y*y;
}
```

在调用 f 函数的过程中，又调用了 f 函数，这是直接调用本函数。如果在调用 f1 函数的过程中要调用 f2 函数，而在调用 f2 函数的过程中又要调用 f1 函数，则属于间接调用本函数，如图 4-4 所示。

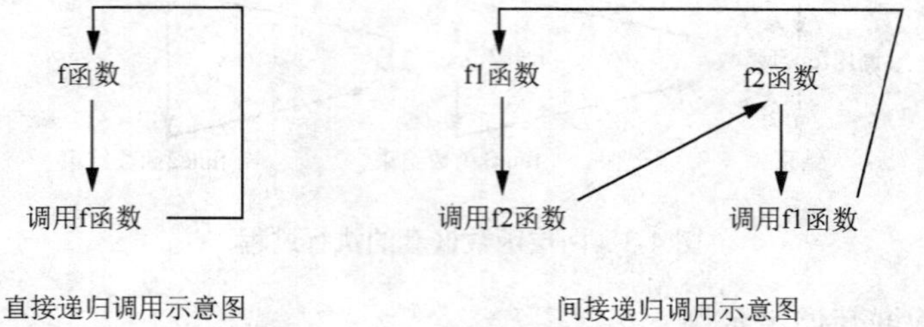

图 4-4　函数的递归调用示意图

从图 4-4 可以看到，递归调用都是无终止的调用自己。程序中不应该出现这种无止境的递归调用，出现的应是有限次数、有终止的递归调用。这可以使用 if 语句来控制，当满足某一条件时递归调用结束。

【例 4.9】 通过键盘输入一个整数，求该数的阶乘。

根据求一个数 n 的阶乘的定义 $n!=n(n-1)!$，可写成如下形式：

```
fac(n)=1              n=1
fac(n)=n*fac(n-1)     (n>1)
```

程序如下：

```
#include <iostream.h>
long fac(int n)
    {
        long p;
        if (n==1)
            p=1;                    //递归结束条件
        else
            p=n*fac(n-1);           //直接递归调用
        return p;
    }
int main()
{
    int n;
    cout<<"输入一个正整数:";
    cin>>n;
    cout<<n<<"!="<<fac(n)<<endl;
    return 0;
}
```

程序运行结果：

```
输入一个正整数：4↙
4!=24
```

思考：根据递归的处理过程，若 fac 函数中没有语句 if (n==1) p=1; 则程序的运行结果将如何？

2．递归调用的执行过程

递归调用的执行过程分为递推过程和回归过程两部分。这两个过程由递归终止条件控制，即逐层递推，直至递归终止条件，然后逐层回归。递归调用同普通的函数调用一样，利用了先进后出的栈结构来实现。每次调用时，在栈中分配内存单元保存返回地址，以及参数和局部变量。但是，与普通函数调用不同的是，由于递推的过程是一个逐层调用的过程，因此存在一个逐层连续的参数入栈过程。调用过程每调用一次自身，就把当前参数压栈，每次调用时都首先判断递归终止条件，直到达到递归终止条件为止。接着，回归过程不断从栈中弹出当前的参数，直到栈空返回到初始调用处为止。

图 4-5 显示了例 4. 9 的递归调用过程。

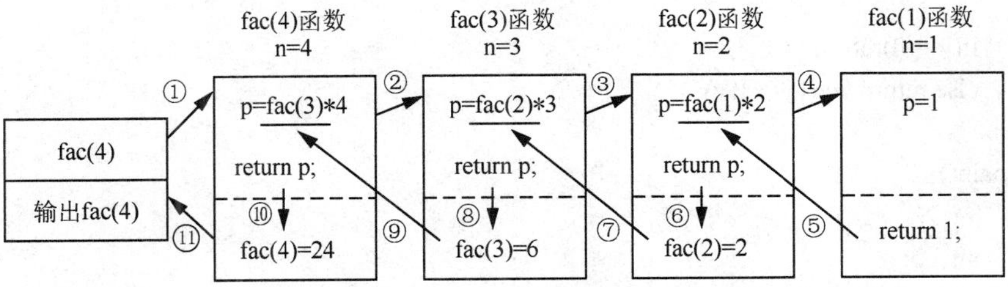

图 4-5　递归调用 *n*!的执行过程

注意，无论是直接递归还是间接递归都必须保证在有限次调用之后能够结束，即递归必须有结束条件并且递归能向结束条件发展。例如，fac()函数中的参数 n 在递归调用中每次减 1，总可达到 n==1 的状态而结束。

函数递归调用解决的问题，也可用非递归函数实现。例如，上例也可用循环实现求解 *n*!。但在许多情形下如果不用递归方法，程序算法将十分复杂，很难编写。下面的实例显示了递归设计技术的效果。

【例 4.10】 反序输出一个正整数的各位数值，如输入 321，应输出 132。

程序如下：

```
# include <iostream.h>
void conv(int n)
{
        if (n<10)
        {   cout<<n;
            return;
        }
        cout << n%10;
        conv(n/10);
}
int main( )
{
        int t;
        cout<<"Input a positive number:";
        cin>>t;
        conv(t);
        return 0;
}
```

程序运行结果：

```
Input a positive number: 4781↙
1874
```

思考：如果不用递归函数设计，该如何实现程序的功能，比较一下哪种方法更清晰易懂。

【例 4.11】 用递归调用的方法编程实现求最大公约数。

程序如下：

```
#include<iostream.h>
int gcd1(int x,int y)
{
        if(y==0)return x;
        else return gcd1(y,x%y);
}
int main()
{
        int a,b;
        cout<<"输入两个整数：";cin>>a>>b;
        int g=gcd1(a,b);
```

```
    cout<<"最大公约数为："<<g<<endl;
    return 0;
}
```

【例 4.12】 汉诺塔问题。有 A、B、C 三根柱子（如图 4.6 所示），A 柱上有 *n* 个大小不等的盘子，大盘在下，小盘在上。要求将所有盘子由 A 柱搬动到 C 柱上，每次只能搬动一个盘子，搬动过程中可以借助任何一根柱子，但必须满足大盘在下，小盘在上。

编程求解汉诺塔问题并打印出搬动的步骤。

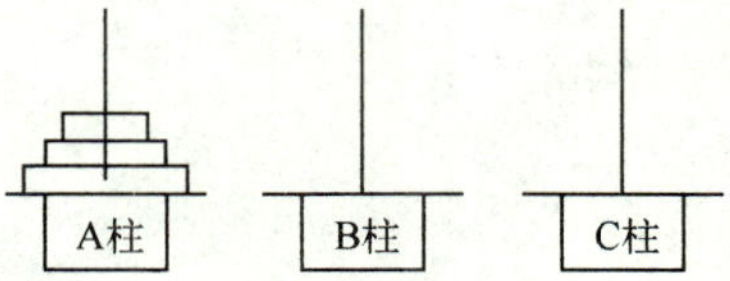

图 4-6 汉诺塔

分析：

（1）A 柱只有一个盘子的情况： A 柱→C 柱。

（2）A 柱有两个盘子的情况：小盘 A 柱→B 柱，大盘 A 柱→C 柱，小盘 B 柱→C 柱。

（3）A 柱有 *n* 个盘子的情况：将此问题看成上面 *n*−1 个盘子和最下面第 *n* 个盘子的情况。*n*−1 个盘子 A 柱→B 柱，第 *n* 个盘子 A 柱→C 柱，*n*−1 个盘子 B 柱→C 柱。问题转化成搬动 *n*−1 个盘子的问题，同理将 *n*−1 个盘子看成上面 *n*−2 个盘子和下面第 *n*−1 个盘子的情况。进一步转化为搬动 *n*−2 个盘子的问题，以此类推，一直到最后成为搬动一个盘子的问题。

这是一个典型的递归问题，递归结束于只搬动一个盘子。

算法可以描述为：

① n−1 个盘子 A 柱→B 柱，借助于 C 柱。

② 第 n 个盘子 A 柱→C 柱。

③ n−1 个盘子 B 柱→C 柱，借助于 A 柱。

其中，步骤①和步骤③继续递归下去，直至只搬动一个盘子为止。由此，可以定义两个函数，一个是递归函数，命名为 hanoi(int n, char source, char temp, char target)，实现将 n 个盘子从源柱 source 借助中间柱 temp 搬到目标柱 target；另一个函数命名为 move(char source, char target)，用于输出搬动一个盘子的提示信息。

源程序如下：

```
#include <iostream.h>
void move(char source,char target)
{
    cout<<source<<"＝＝＞"<<target<<endl;
}
void hanoi(int n,char source,char temp,char target)
{
    if(n==1)
        move(source,target);
    else
```

```
        {
            hanoi(n-1,source,target,temp);        //将 n-1 个盘子搬到中间柱
            move(source,target);                  //将最后一个盘子搬到目标柱
            hanoi(n-1,temp,source,target);        //将 n-1 个盘子搬到目标柱
        }
    }
    int main()
    {
        int n;
        cout<<"输入盘子数："<<endl;
        cin>>n;
        cout<<"移动"<<n<<"个盘子的步骤是:"<<endl;
        hanoi(n,'A','B','C');\
        return 0;
    }
```

程序运行结果：

```
输入盘子数：3 ↙
移动 3 个盘子的步骤是
A==>C
A==>B
C==>B
A==>C
B==>A
B==>C
A==>C
```

注意，计算一个数的阶乘问题可以利用递归函数和非递归函数来解决，但对于汉诺塔问题，为其设计一个非递归程序却不是一件简单的事情。

4.4 内联函数和函数重载

4.4.1 内联函数

1. 内联函数的引入

函数的使用可以减少程序的目标代码，实现程序代码共享，为编程带来方便。但在程序执行过程中调用函数时，系统要将程序当前的一些状态信息、断点信息保存到堆栈中，同时转到被调函数的代码处去执行函数体语句，这些参数保存与参数恢复的过程需要系统时间和空间开销，从而使程序执行效率降低。特别是对于那些代码较短而又频繁调用的函数，这个问题尤为严重。为了解决这一问题，C++引入了内联函数。

内联函数也称为内嵌函数。在使用内联函数时，C++编译器直接将被调函数的函数体中的代码插入到调用该函数的语句处，在程序运行时不再进行函数调用和返回，从而消除了函数调用和返回的系统开销，提高了程序执行效率，特别适用于对运行效率要求高的应用场合，如计算机实时控制系统、操作系统内核模块。

2. 内联函数的定义

内联函数定义的格式为

```
inline 类型标识符 函数名(参数列表)
```

内联函数的定义与普通函数基本相同，只是在函数定义前加了关键字 inline。例如，将求两个 int 型数之和的函数定义为内联函数。

```
inline int add(int a,int b)
{
    return   a+b;
}
```

【例 4.13】 内联函数的使用。

程序如下：

```
#include <iostream.h>
inline double sqr(double x)              //内联函数定义
{
   return x*x;
}
inline double cube(double x)             //内联函数定义
{
   return x*x*x;
}
int main()
{
       double x;
       cout<<"请输入一个数据"<<endl;
       cin>>x;
       cout<<"square of"<<x<<"="<<sqr(x)<<endl;
       cout<<"cube of"<<x<<"="<<cube(x)<<endl;
       return 0;
}
```

程序运行结果：

```
请输入一个数据
2.3↙
square of   2.3=5.29
cube of   2.3=12.167
```

3. 使用内联函数应注意的事项

内联函数不同于一般的函数调用，主要体现在它是代码替换而不是调用，减少函数调用时的系统开销，提高了效率。在使用内联函数时应注意以下几点：

（1）内联函数的函数体内不允许有循环语句和开关 switch 语句。如果内联函数内含有这些语句，则按普通函数处理。

（2）内联函数的函数体内不能包含任何静态变量和数组说明，也不能有递归调用。

（3）内联函数的函数体中语句不宜过多，一般以 1 至 5 行为宜。因为内联函数是一种用空间换时间的优化策略，所以若内联函数较长，当调用太频繁时，程序的目标代码将加长很多。

4.4.2 函数重载

1. 函数重载的引入

在传统的 C 语言中，函数名必须是唯一的，不允许出现同名函数的多次定义。例如，要求编写求两个整数、浮点数、双精度数的最大值的函数，若用 C 语言来处理，必须编写 3 个函数，它们的函数名不允许同名。这 3 个函数分别是如下所述。

```
int Imax(int a,int b)        //求两个整数的最大值
{
    if(a>b)
        return a;
    else
        return b;
}

float Fmax(float a,float b)        //求两个浮点数的最大值
{
    if(a>b)
        return a;
    else
        return b;
}

double Dmax(double a,double b)        //求两个双精度数的最大值
{
    if(a>b)
        return a;
    else
        return b;
}
```

在 C++中允许两个或两个以上的函数在定义时重名，但要求函数的参数列表不同，如参数的类型不同、参数的个数不同等。这种共享同名函数的定义称为函数重载。重载函数的意义就在于可以用同一个函数名定义和调用多个功能相近的函数，编译器能够根据函数参数的具体情况决定调用哪个函数。

对于函数重载问题，要区分函数名相同的函数时，只能通过它的参数进行区分。具体地说，要实现函数重载，它们的参数必须满足以下两个条件之一：

（1）参数的个数不同。

（2）对应参数的类型不同。

使用重载时，上面 3 个函数可以使用同一个函数名 max，但它们的参数类型仍然保持不同。上述例子可以用下面的程序来实现。

```
#include<iostream.h>
int max(int a,int b)        //求两个整数的最大值
{
    if(a>b)
```

```
        return a;
    else
        return b;
}
float max(float a,float b)      //求两个浮点数的最大值
{
    if(a>b)
        return a;
    else
        return b;
}
double max(double a,double b)      //求两个双精度数的最大值
{
    if(a>b)
        return a;
    else
        return b;
}
int main()
{
    int a=7,b=9;
    float c=5.6f,d=7.4f;
    double e=78.54,f=6.759;
    cout<<a<<"与"<<b<<"的最大值："<<max(a,b)<<endl;       //调用 int max(int ,int )
    cout<<c<<"与"<<d<<"的最大值："<<max(c,d)<<endl;       //调用 float max(float ,float )
    cout<<e<<"与"<<f<<"的最大值："<<max(e,f)<<endl;       //调用 double max(double ,double )
    return 0;
}
```

程序运行结果：

```
7 与 9 的最大值：9
5.6 与 7.4 的最大值：7.4
78.54 与 6.759 的最大值：78.54
```

在 main()函数中 3 次调用了 max()函数，实际上是 3 次调用了 3 个不同的重载函数，由系统根据传送的不同实际参数类型来决定调用哪个重载函数。

【例 4.14】 定义一个重载函数 max()，求两个整数的最大值，3 个整数的最大值，4 个整数的最大值。

分析：由于函数参数的个数不同，因此可以对函数 max()进行如下重载。

```
max(int a,int b)
max(int a,int b,int c)
max(int a,int b,int c,int d)
```

程序如下：

```
#include<iostream.h>
max(int ,int );
max(int ,int ,int );
```

```
max(int ,int ,int ,int );
int main( )
{       cout<<max(3,5)<<endl;
        cout<<max(-7,9,0)<<endl;
        cout<<max(8,6,1,2)<<endl;
        return 0;
}
max(int a,int b)
{
     return(a>b?a:b);
}
max(int a,int b,int c)
{
     int t=max(a,b);
     return max(t,c);
}
max(int a,int b,int c,int d)
{
     int t1,t2;
     t1=max(a,b);                  //调用 max(int ,int );
     t2=max(c,d);                  //调用 max(int ,int ,int );
     return max(t1,t2);            //调用 max(int ,int ,int ,int );
}
```

函数 max 对应 3 个不同的功能，它们的参数类型相同，但参数个数不相同，在调用函数时编译器会根据实参的个数来确定调用哪一个重载函数。

2．重载函数的匹配顺序

重载函数选择的规则是按下述顺序将实参类型与被调用的重载函数形参类型一一比较的。

（1）寻找一个严格的匹配，即调用与实参的数据类型、个数完全相同的那个函数。

（2）通过内部转换寻求一个近似匹配，即通过（1）的方法没有找到相匹配的函数时，由C++系统对实参的数据类型进行内部自动转换，转换完毕后，如果有匹配的函数存在，则执行该函数。

（3）对实参进行强制类型转换，以此作为查找相匹配的函数。

【例 4.15】 验证匹配重载函数的顺序。

程序如下：

```
#include <iostream.h>
void print(double d)
{
   cout<<"this is a double "<<d<<"\n";
}
void print(int i)
{
   cout<<"this is an integer "<<i<<"\n";
}
int main( )
{
```

```
    int x=1,z=10;
    float y=1.0;
    char   c='a';
    print(x);            //按规则（1）自动匹配函数 void print(int i)
    print(y);            //按规则（2）通过内部转换匹配函数  void print(double d)
                         //因为系统能自动将 float 型转换成 double 型
    print(c);            //按规则（2）通过内部转换匹配函数 void print(int i)
                         //因为系统能自动将 char 型转换成 int 型
    print(double(z));    //按规则（3）匹配函数 void print(double d)
                         //因为程序中将实参 z 强制转换为 double 型
    return 0;
}
```

程序运行结果：

```
this is an integer 1
this is a double 1
this is an integer 97
this is a double 10
```

3. 定义重载函数时的注意事项

（1）重载函数的区别不能只是函数的返回值不同，在形参的个数、参数类型或参数顺序上也应有所不同。

例如：

```
void myfun(int i)
{
    …
}
int myfun(int i)
{
    …
}
```

这种重载就是错误的，因为如果有如下代码，则系统将无法判断调用哪个函数。

```
int main()
{
    int a=100;
    myfun(a);                //错误，系统无法判断调用哪个重载函数
    …
    return 0;
}
```

（2）应使所有的重载函数的功能相同。如果让重载函数完成不同的功能，则会破坏程序的可读性。

4.5 函数的参数

4.5.1 函数参数的求值顺序

函数参数的求值顺序会因编译系统的不同而不同，有的编译系统采用自左至右的顺序计算参数的值，而有的编译系统采用自右至左的顺序计算参数的值。一般这种求值顺序的不同，不会引起参数值的不同，但是在具有副作用的表达式中可能会因求值顺序的不同造成二义性。例如：

```
int a=5;
```

如果调用函数的格式为：

```
fun(++a,a);
```

则当参数求值顺序为自右至左时，两个实参数值分别为 6 和 5；当参数求值顺序为自左至右时，两个参数值都为 6。

为避免编译系统不同所造成的二义性，可以采用避免在参数中出现具有副作用的运算符，因此可以对上例做如下修改：

```
int a=5;
int b=++a;
fun(b,a);
```

这时不论编译系统如何，fun()函数的两个参数都分别为 6 和 6。因此，在编写程序时要尽量避免在函数实参的表达式中使用具有副作用的表达式，消除二义性。

4.5.2 具有默认参数值的函数

在 C++语言中可以设置函数形参的默认值，在调用函数时，若明确给出了实参的值，则使用相应实参的值；若没有给出实参的值，则使用默认值。这将为函数调用带来方便和灵活。

【例 4.16】 编写具有默认参数值的求 3 个整数最大值的函数。

程序如下：

```
#include <iostream.h>
int max(int x=70,int y=60,int z=50)
{
    int m;
    if(x>y)   m=x;
    else   m=y;
    if(z>m)   m=z;
    return m;
}
int main( )
{   int s1,s2,s3;
    s1=max(10,20,30);
    cout<<"s1="<<s1<<endl;
```

```
    s2=max(10,20);          //等价于 max(10,20,50);
    cout<<"s2="<<s2<<endl;
    s3=max( );              //等价于 max(70,60,50);
    cout<<"s3="<<s3<<endl;
    return 0;
}
```

程序运行结果：

```
s1=30
s2=50
s3=70
```

使用具有默认参数值的函数的注意事项：

（1）如果程序中既有函数的声明又有函数的定义，则定义函数时不允许再定义参数的默认值。如果程序中只有函数的定义，没有函数的声明，则可在函数中定义默认参数值。例如：

```
void point(int x,int y=20);              //函数的声明
int main( )
{
   …
}
void point (int x, int y)                //不允许再定义 y 默认值
{
     cout<< x<<y<<endl;
}
```

（2）默认参数的顺序：具有默认值的参数必须位于参数表的最右边。如果一个函数中有多个默认参数，则在形参分布中，默认参数应从右至左依次定义。例如：

```
void try(int j=3,int k)                  //非法
void tqry(int j,int k=2,int m)           //非法
void try(int j,int k=2)                  //合法
void try(int j,int k=2,int m=4)          //合法
void try(int j=3,int k=2,int m=4)        //合法
```

4.6 应用实例

【例 4.17】 编程实现用弦截法求方程 $x^3-5x^2+16x-80=0$ 在区间[2, 6]内的根。

分析：用弦截法求方程在某一区间内的根的方法如下所述。

（1）取两个不同点 x_1、x_2，如果 $f(x_1)$、$f(x_2)$符号相反，则在区间（x_1,x_2）内必有一个根。如果 $f(x_1)$、$f(x_2)$符号相同，则应改变 x_1、x_2，直到上述条件成立。

（2）连接 $f(x_1)$、$f(x_2)$两点，交 x 轴于 x 处，则 x 点的坐标可用下式求出

$$x=[x_1\times f(x_2)-x_2\times f(x_1)]/[f(x_2)-f(x_1)]$$

由此可进一步求出 $f(x)$。

（3）$f(x)$与 $f(x_1)$、$f(x_2)$两个中异号的那个，产生新的一条弦，重复上述操作。可以求出一个接近于 0 的 $f(x)$，这时的 x 就是一个近似根。

程序如下：

```
#include<math.h>
float f(float x)
{
        float y;
        y=((x-5.0)*x+16.0)*x-80.0;
        return(y);
}
float xpoint(float x1,float x2)
{
        float y;
        y=(x1*f(x2)-x2*f(x1))/(f(x2)-f(x1));
        return(y);
}
float root(float x1,float x2)
{
        float x,y,y1;
        y1=f(x1);
        do
        {
            x=xpoint(x1,x2);
            y=f(x);
            if(y*y1>0)
            {
                y1=y;
                x1=x;
            }
            else x2=x;
        }while(fabs(y)>=0.0001);
        return(x);
}
#include<iostream.h>
int main()
{
        float x1=2,x2=6,x;
        x=root(x1,x2);
        cout<<"A root of equation is:"<<x<<"\n";
        return 0;
}
```

【例 4.18】 使用函数重载的方法，设计两个求面积函数：

```
area(float r );                    //求圆面积，需传递一个参数
area(float x,float y );            //求矩形面积，需传递两个参数
```

程序如下：

```
#include<iostream.h>
const double PI=3.1415;
double area(float r)               //求圆面积，需传递一个参数
```

```
{
    return(PI*r*r);
}
double area(float x,float y)      //求矩形面积，需传递两个参数
{
    return(x*y);
}
int main( )
{
    float a,b,r;
    cout<<"输入圆半径";
    cin>>r;
    cout<<"圆面积:"<<area(r)<<endl;
    cout<<"输入矩形长宽";
    cin>>a>>b;
    cout<<"矩形面积:"<<area(a,b)<<endl;
    return 0;
}
```

【例 4.19】 编写一个函数，求任意两个整数的最小公倍数。

分析： *m* 和 *n* 的最小公倍数是 *m*×*n* 除以它们的最大公约数。因此，首先要求两个整数的最大公约数。

程序如下：

```
#include<iostream.h>
int sct(int m,int n)
{
    int temp,a,b;
    if (m<n)
    {
        temp=m;     m=n;     n=temp;
    }
    a=m;   b=n;
    while(b!=0)
    {
        temp=a%b;     a=b;      b=temp;
    }
      return(m*n/a);
}
int main()
{   int x,y,g;
    cout<<"请输入两个整数：";
    cin>>x>>y;
    g=sct(x,y);
    cout<<"最小公倍数为："<<g<<endl;
    return 0;
}
```

【例4.20】 假设某企业有“1.财务管理”、“2.工程管理”、“3.市场管理”这三方面管理事务，开发具有菜单功能的程序框架，实现选择这三方面的管理。具体管理内容此处不予考虑。

分析：这三方面的管理可分别使用函数 account_report()、engineering_report()、marketing_report()来实现，在主函数中主要实现一个菜单界面，提供选择功能。

程序如下：

```
#include <iostream.h>
void menu_print();                //函数声明
void account_report();            //函数声明
void engineering_report();        //函数声明
void marketing_report();          //函数声明
int main()
{
    int choice;
    do{
    menu_print();
    cin>>choice;
    }while(choice<=0||choice>=4);
    switch(choice)
    {
        case 1: account_report(); break;
        case 2: engineering_report(); break;
        case 3: marketing_report(); break;
    }
    return 0;
}
void menu_print()
{
   cout<<"系统功能："<<endl;
   cout<<"1.财务管理"<<endl;
   cout<<"2.工程管理"<<endl;
   cout<<"3.市场管理"<<endl;
   cout<<"选择业务序号：";
}
void account_report()
{
   cout<<"生成财务管理"<<endl;
}
void engineering_report()
{
   cout<<"生成工程管理"<<endl;
}
void marketing_report()
{
   cout<<"生成市场管理"<<endl;
}
```

4.7 函数的调试

当一个程序中出现函数调试时，可以使用 Step Into 和 Step Out 两种调试方式。Step Into 进入被调函数体内单步执行，Step Out 则从被调函数中跳出并返回至主调函数。可以通过 Watch 窗口、Memory 窗口、Variables 窗口查看各个函数中变量的值和地址，以及形参和实参的值与地址，还可以查看函数的返回值。通过 Call Stack 窗口查看函数的调用关系。

下面通过一个例子介绍如何使用 Step Into 和 Step Out 两种调试方式。

（1）创建工程，并输入本章例 4.7 的源代码。

（2）选择菜单“组建”→“开始调试”→“Step Into”(F11)，程序开始运行在 Debug 状态下。在调试状态下，可以利用“调试”工具栏提供的各种工具查看程序的状态。例如，运行过程中各变量的值、寄存器中的值、内存器中的值、堆栈中的值。

（3）单击“调试”工具栏上的“Step Over ”按钮（或按“F10”键），直到程序箭头⇨指向 swap(x,y)一行代码，如图 4-7 所示。

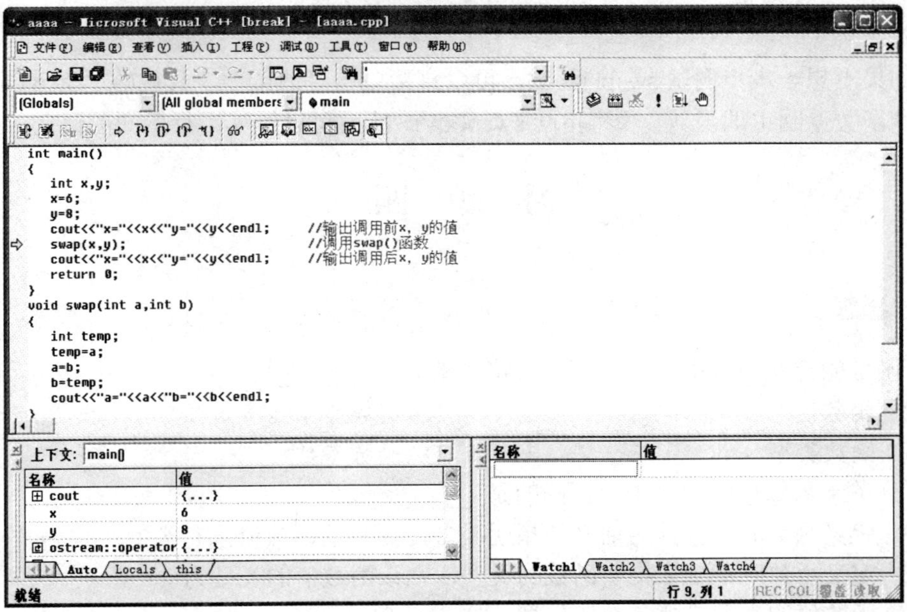

图 4-7　执行被调函数 swap

（4）此时如果单击“调试”工具栏上的“Step Over”按钮（或按“F10”键），则不进入 swap(x,y)函数体内一行行单步执行，故不能一步步查看 swap(x,y)函数体内的执行情况。如果此时单击“Step Into”按钮进入函数 swap(x,y)中，这时⇨指向 swap 函数体。在变量窗口中可以看到形参 a、b 的值分别为 6 和 8，如图 4-8 左图所示。如果希望查看主调函数 main()中的实参 x、y 的值，可单击 Variables 窗口上面“上下文”下拉列表框选择“main()”，即可查看主函数实参 x、y 的值，如图 4-8 右图所示。

图 4-8　通过变量窗口查看形参与实参的值

（5）单击“调试”工具栏中的“Call Stack”按钮查看调用情况，如图 4-9 所示。最上面的是当前的 swap()函数，其下是调用 swap()函数的上级函数 main()。

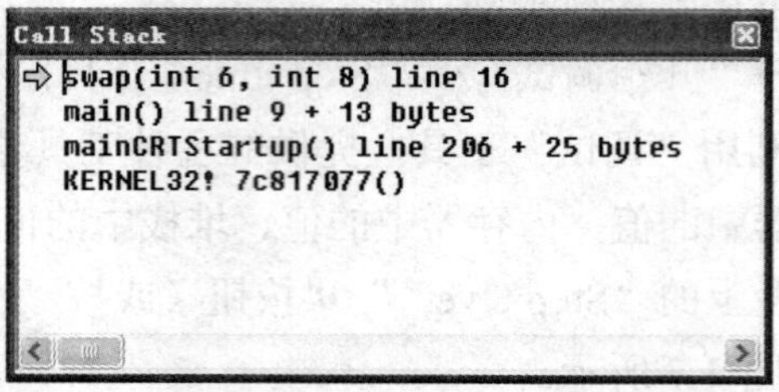

图 4-9　Call Stack 窗口

（6）如果不想一步步调试 swap()函数，可以直接单击“调试”工具栏的“Step Out”按钮将从被调函数返回主调函数，⇨将指回 swap(x,y); 从而可以继续运行后面的语句。

习　题　四

一、选择题

1．在函数的定义格式中，下列可以省略的部分是________。

A. 函数名　　B. 函数体
C. 函数类型　　D. 函数参数

2．下列关于函数值的说法中，正确的是________。

A. 定义函数时，函数名前必须指明类型，否则该函数值没有类型
B. 定义函数时，若未指明函数的类型，则该函数值的类型为 int 型
C. 函数值的类型只能是数值类型，如 int、float 等
D. 定义函数时，函数体的最后必须有 return 语句，返回函数值

3．一个函数无返回值时，应选择下列说明符中的________。

A. static　　B. extern
C. void　　D. 无说明符

4．下列关于函数的定义中，错误的是________。

A. 函数的定义可以嵌套
B. 函数定义可以重载
C. 函数定义时可以省略存储类型
D. 函数可定义为内联函数

5．下列关于函数参数的描述中，错误的是________。

A. 函数的参数可以是 0 或多个

B. 函数参数可以设置默认值

C. 函数的形参可以是指针或引用

D. 函数的形参与实参要求个数必须相同

6．函数调用语句 fun(a1,(a2,a3,a4));中的参数个数是________。

A. 1　　B. 2　　C. 3　　D. 4

7．定义内联函数时，应在函数名前加关键字________。

A. online　　B. inner

C. inside　　D. inline

8．对重载函数参数的描述中，错误的是__________。

A. 参数的个数可能不同

B. 参数的类型可能不同

C. 参数的顺序可能不同

D. 参数的个数、类型、顺序都相同，只是函数的返回值类型不同

二、填空题

1．函数参数分为______和_______两种。用引用做形参时，实参应是同类型变量名。

2．具有相同名字不同功能的若干个函数称为______。函数体直接被嵌入主调函数，而不是由主调函数转到被调函数去执行的，称为____________。

3．函数调用方式有两种：传值调用、______，在传值调用中又分为传递____________值和传递实参地址值两种。

4．在一个函数体内调用另一个函数，称为嵌套调用；函数调用自身，称为_________。

5．有以下函数，则主函数的输出结果是________。

```
#include <iostream.h>
void fun(int x,int y,int z)
{ z=x*x+y*y; }
int main()
{
    int a=31;
    fun(5,2,a);
    cout<<a<<endl;
    return 0;
}
```

三、判断题

1．C++语言允许函数重载和设置函数参数的默认值，而 C 语言不允许。

2．C++语言程序中定义函数时必须加函数类型，而 C 语言中函数有时可以省略类型。

3．函数没有任何返回值时，可以不加函数类型说明符。

4．函数可以没有参数，但不能没有返回值。

5．函数的函数体可以是空的。

6．没有参数的两个函数也可以重载。

7．函数可以设置默认参数，但是不可以将所有参数都设置为默认参数。

8．函数可以重载，被重载的函数必须在参数的个数、类型和顺序上有所不同。

9．内联函数的函数体中不能出现循环语句和开关语句。

四、编程题

1．编写一个函数，将华氏温度转换为摄氏温度。公式为 $C=(F-32)\times5/9$。

2．编写一个函数判断一个数是否为素数，并在主函数中通过调用该函数求出所有三位数的素数。

3．编写一个递归函数，求满足以下条件的最大的 n 值：

$$1^2+2^2+3^2+4^2+\cdots+n^2<1000$$

4．编写一个递归函数，将所输入的 5 个字符按相反的顺序排列出来。

5．使用函数重载的方法定义两个重名函数，分别求出整型数两点间的距离和浮点型数两点间的距离。

6．编写一个函数，求方程 $ax^2+bx+c=0$ 的根，用 3 个函数分别求当 b^2-4ac 大于 0，等于 0 和小于 0 时的根，并输出结果。要求从主函数输入 a,b,c 的值。

7．编写一个函数，调用该函数能够打印一个由指定字符组成的 n 行金字塔。其中，指定打印的字符和行数 n 分别由两个形参表示。

8．编写一个判断完数的函数。完数是指一个数恰好等于它的因子之和，如 6=1+2+3，6 就是完数。

9．编写一个将十进制数转换为二进制数的函数。

10．编写一个函数，功能是求两个正整数 m 和 n 的最大公约数。

第5章 作用域和存储类型

在过程化程序设计中最基本的思想是将一个较大的、较复杂的问题，分解成若干个较小的、更容易解决的子问题。所有C++程序都是由一个或多个函数构成的，一个C++程序可以由一个或多个含有若干函数的源文件组成，C++编译器把构成一个程序的若干源文件有机地联系在一起，最后产生可执行程序。在文件或函数中定义的标识符都有自己的作用域和生存期。本章主要介绍标识符的作用域和生存期，还介绍了局部变量与全局变量的概念、外部存储类型和静态存储类型在多文件程序中的使用、编译预处理、程序的多文件组织，最后给出综合应用实例。

通过本章学习，应该重点掌握以下内容：

- 标识符的作用域
- 局部变量、全局变量的概念及区别
- 变量的存储类型
- 编译预处理、程序的多文件组织的概念及使用

5.1 作 用 域

5.1.1 作用域分类

C++中的标识符包含变量名、常量名、函数名、类名、对象名等，标识符的有效范围称为作用域。标识符只能在其定义或说明的范围内可见，可对其进行访问操作，在该范围之外不可见。也就是说所有标识符都有自己的作用域。

标识符的作用域分为局部（块）作用域、文件作用域、函数声明（原型）作用域、函数作用域、类作用域 5 种。

1．局部作用域

当标识符的声明出现在由一对花括号括起来的一段程序（块）内时，该标识符的作用域从变量声明处开始，到块结束处（即块的右花括号处）为止，该作用域的范围具有局部性。局部作用域又称块作用域。

例如，下面代码描述了局部作用域。

```
int fun(int x)              //x 作用域从此开始
{
    int y;                  //y 作用域从此开始
    y=x*x;
    //…
}                           //x,y 作用域到此结束
```

复合语句是一个块。复合语句中定义的变量，作用域为该复合语句块。

【例 5.1】 输入两数，按从大到小的顺序保存，并输出结果。

程序如下：

```
#include<iostream.h>
int main()
{
    int a,b;                              //a,b 的作用域从此开始
    cout<<"输入两整数："<<endl;
    cin>>a>>b;
    cout<<"a="<<a<<'\t'<<"b="<<b<<endl;
    if(b>=a)
    {
        int t;                            // t 具有局部作用域，t 的作用域从此开始
        t=a; a=b; b=t;                    //交换 a,b 的值
    }                                     //t 的作用域到此结束
    cout<<"t="<<t<<endl;                  //错误，t 已经无效
    cout<<"a="<<a<<'\t'<<"b="<<b<<endl;
    return 0;
}                                         // a、b 的作用域从此结束
```

2．文件作用域

文件作用域也称全局作用域。定义在所有函数之外的标识符具有文件作用域。文件作用域的范围为从定义处开始，一直延伸到整个源文件结束。文件中定义的全局变量和函数都具有文件作用域。

如果某个文件中说明了具有文件作用域的标识符，且该文件又被另一个文件包含，则该标识符的作用域延伸到新的文件中。例如，cin 和 cout 是在头文件 iostream.h 中说明的具有文件作用域的标识符，它们的作用域也延伸到了使用 include 命令包含 iostream.h 的文件中。

3．函数声明作用域

函数声明（不是函数定义）中所做的参数声明具有函数声明作用域。函数声明中的形参作用域开始于函数声明的左括号，结束于函数声明的右括号。

例如，下面代码是函数 Max()的原型声明。

```
int Max(int a,int b);
```

参数 a、b 只在括号内有效，不能在程序的其他地方使用，如果其他地方使用 a、b 需要另外定义，否则会引起无定义的标识符错误。所以，在这个函数声明中的标识符 a、b 是可有可无的，即上面函数原型声明等价于：

```
int Max(int ,int);
```

通常函数声明时，只声明形参个数和类型，形参名可省略。

4．函数作用域

标号是唯一具有函数作用域的标识符。goto 语句使用标号，标号声明使该标识符在函数内的任何位置均可使用。例如，下面代码声明了两个标号。

```
void fun()
{
    goto S;                 //使用标号 S          }
    int x;                                        |
    cin>>x;                                       |
    {                                             |
        S:                  //标号 S 的定义       |
        goto End;           //使用标号 End        }  标号 S 和 End 的作用域
    }                                             |
    End:                    //标号 End 的定义     |
    cout<<"OK"<<endl;                             |
}                                                 }
```

5．类作用域

类作用域是指类定义范围（包括类的声明部分和相应成员函数实现整个范围）。在该范围内，类的成员函数对数据成员有完全访问权限。关于类的相关内容在本书的面向对象分册中有详细介绍。

总结前 4 种作用域范围如下。

局部作用域：从块内变量定义开始到块结束。.

文件作用域：从函数外标识符定义开始到文件结束 （可用 extern 进行扩展）。

函数声明作用域：函数声明内部有效。

函数作用域：从函数开始到函数结束，标号是唯一具有函数作用域的标识符。

5.1.2　局部变量与全局变量

根据变量作用域的不同，可将程序中的变量分为局部变量和全局变量。

1．局部变量

在函数或块内定义的变量称为局部变量。局部变量仅在定义它的函数或块内起作用，在这个范围之外不能使用这些变量。局部变量的作用域也称为块作用域。

函数内部使用的局部变量包括形式参数和函数体内定义的变量。

例如：

```
float f1(int a)          //形参 a 为局部变量，作用范围为整个函数体内
{
    int b,c;
    …                    //局部变量 a,b,c 有效，主函数中的局部变量 m,n 无效
}
char f2(char x,char y)
{
    int i,j;             //局部变量 x,y,i,j 有效
    …
}
void main( )
{
    int n,m;             //局部变量 m,n 有效，f1 函数中的局部变量 a,b,c 无效
    …
}
```

说明：

（1）不同函数中可以使用相同名字的变量，它们代表不同的变量，互不干扰。例如，上例中 f1 函数中定义了变量 b 和 c，若在 f2 函数中也定义了变量 b 和 c，则它们所占的内存空间不同，互不混淆。

（2）形式参数也是局部变量，如上例中 f2 函数中的形参 x 和 y 也只能在 f2 函数中有效。

2．全局变量

在函数外部定义的变量称为全局变量。全局变量的作用域是从定义的位置开始到本文件结束。它可以为本文件中的函数所共用。全局变量可以在各个函数之间建立数据传输通道，但滥用会破坏程序的模块化结构。全局变量在编译时在全局数据区分配内存空间，在未给出初始化值时，系统自动初始化为 0。例如：

```
int a=1, b=5;              //定义全局变量 a, b
float f1(int c)            //定义函数 f1
{
    int m,n;               //定义局部变量 m,n
    x=12.34;               //错误，x 在此不能使用
    …
}
double x,y;                //全局变量 x,y
char f2(char c1,char c2)   //定义函数 f2
{
    int i,j;
    …
}
void main()                //主函数
{
    x=12.34;               //正确
    …
}
```

全局变量 a,b 的作用范围（从 int a=1, b=5; 到文件结束）

全局变量 x,y 的作用范围（从 double x,y; 到文件结束）

说明：

（1）全局变量可以作为函数间数据联系的渠道。由于同一个文件中所有的函数都能使用全局变量的值，因此在一个函数中改变全局变量的值，就会影响到其他函数对全局变量的使用。过多使用全局变量将会降低程序的清晰性。

（2）全局变量在程序的执行过程中始终占有存储空间，而不是仅在需要时才开辟空间。

（3）使用全局变量会降低函数的通用性，假设一个函数执行时依赖全局变量，现把该函数移到另一个文件，则需将有关的全局变量及其值一起移过去。但如果该全局变量与另一个文件的变量同名，则会出现问题，这将降低程序的可靠性和通用性。

由于函数只能有一个返回值，因此有时可以利用全局变量增加函数之间的联系，通过函数调用得到一个以上的值。例如，下例通过全局变量和函数调用得到一组数的最大值和最小值。

【例 5.2】 编写一个函数实现同时返回 10 个数的最大值和最小值。

程序如下：

```
#include <iostream.h>
#include <math.h>
#include <iomanip.h>
#include <stdlib.h>
int min;                        //全局变量 min
int find( )
{
    int max,x;                  //局部变量
    x=rand( )%101+100;          //产生一个在区间[100, 200]内的随机数 x
    cout<<setw(4)<<x;
    max = x; min =x;            //设定最大数和最小数
    for(int i=1;i<10;i++)
    {
        x=rand( )%101+100;      //再产生一个在区间[100, 200]内的随机数 x
        cout<<setw(4)<<x;
        if(x > max) max = x;    //若新产生的随机数大于最大数，则进行替换
        if(x < min) min = x;    //若新产生的随机数小于最小数，则进行替换
    }
    return max;
}
int main( )
{
    int m=find( );
    cout<<endl<<"最大数："<<m<<",最小数:"<<min<<endl;
    return 0;
}
```

当具有局部作用域的局部变量与具有文件作用域的全局变量同名时，与局部变量同名的全局变量不起作用，即局部变量优先。这时，可以通过域运算符“：：”访问同名的全局变量。

【例 5.3】 全局变量和局部变量同名的使用示例。

程序如下：

```
#include <iostream.h>
```

```
int x;                  //定义全局变量x
void fun1(int x)        //函数fun1()有一个名为x的参数
{
    x++;
    cout<<"local variable x is "<<x<<endl;       局部变量x的
    cout<<"global variable x is "<<::x<<endl;    作用域
}
void fun2( )
{
    int x;              //函数fun2()中定义了一个名为x的局部变量
    x=5;                //为局部变量x赋值
    cout<<"local variable x is "<<x<<endl;
    cout<<"global variable x is "<<::x<<endl;                 全局变量x的
                                                              作用域
}
void fun3( )
{
    x=5;                //为全局变量x赋值
}
int main( )
{   x = 2;              //在主函数中为全局变量x赋值
    fun1(5);    cout<<"main:"<<x<<endl;
    fun2( );    cout<<"main:"<<x<<endl;
    fun3( );    cout<<"main:"<<x<<endl;
    return 0;
}
```

程序运行结果：

```
local variable x is 6
glocal variable x is 2
main:2
local variable x is 5
glocal variable x is 2
main:2
main:5
```

5.1.3 动态存储方式与静态存储方式

上一节介绍了从变量的作用域（即从空间）角度来分，可以将程序中的变量分为全局变量和局部变量。如果从变量存在的时间（即生存期）来分，可将程序中的变量分为动态存储方式存储的变量（动态变量）和静态存储方式存储的变量（静态变量）。它们所占用的存储空间区域不同。

C++的存储空间区域分为：①代码区，存放可执行程序的程序代码；②静态存储区，存放静态变量和全局变量；③栈区（Stack），存放动态局部变量；④堆区（Heap），存放new和malloc()申请的动态内存，详见8.4节。栈区和堆区统称为动态存储区。

1．动态存储方式

动态存储区可以存放函数的参数、自动变量（详见5.2节）、函数调用时的现场保护和返回值等。这些以动态方式存储的数据，在函数调用时分配动态存储空间，函数结束时释放这些空间，在程序执行过程中，这种分配和释放是动态的。如果一个程序两次调用同一函数，则第一次调用时给形参和函数中的局部变量分配的内存空间，将在第一次调用完毕时被释放。第二次调用时，重新给形参和函数中的局部变量分配内存空间。两次调用过程中函数中形参和局部变量的存储空间一般不同。如果一个程序包含若干个函数，每个函数中的形参和局部变量的生存期并不等于整个程序的执行周期，而是当函数被调用时，动态的分配存储空间，但函数调用完毕，分配的存储空间被释放。

2. 静态存储方式

以静态存储方式（全局变量和静态局部变量）存储的数据全部存放在静态存储区中，在程序开始运行前就为其分配相应的存储空间，在程序的整个运行期间一直占用，直到这个程序执行完毕后释放。它的生存期就是整个程序的运行期。在程序执行过程中，它们占据固定的存储空间，而不是动态地进行分配和释放。

5.2 变量的存储类型

在 C++中，每个变量和函数有两个属性：数据类型和数据的存储类型。读者已熟悉数据类型（如整型、实数）。存储类型是指数据在内存中存储的方式。变量的存储类型分为 4 种：自动类型（auto）、寄存器类型（register）、静态类型（static）、外部类型（extern）。其中，自动类型、寄存器类型的变量属于动态变量；静态类型、外部类型的变量属于静态变量。

5.2.1 自动类型（auto）

用自动类型关键词 auto 说明的变量称为自动变量。auto 只能修饰局部变量，不能修饰全局变量。

（1）定义格式：

```
auto  类型  变量名;
```

（2）特性：自动变量是动态局部变量，具有局部作用域特点，存放在动态存储区。定义时可加 auto 说明符，也可以省略，所以在程序中没有进行特殊声明时都默认是 auto 型变量，系统以栈方式为 auto 变量分配内存空间，在变量作用域结束后，栈空间由系统进行自动回收。如果定义自动变量时未初始化，则其值默认为随机数。

【例 5.4】 使用自动变量的示例。

程序如下：

```
#include <iostream.h>
int main()
{
    int x=5,y=10;                    //自动变量 x,y，相当于 auto int x=5,y=10;
    for (int k=1;k<=2;k++)
    {
        auto int m=0,n=0;            //自动变量 m,n
        m=m+1;
        n=n+x+y;
        cout<<"m="<<m<<'\t'<<"n="<<n<<endl;
```

```
    }
    return 0;
}
```

程序运行结果：

```
m=1    n=15
m=1    n=15
```

5.2.2 寄存器类型（register）

用寄存器类型关键词 register 说明的变量称为寄存器变量。register 只能修饰局部变量，不能修饰全局变量。

（1）定义格式：

```
register  类型  变量名;
```

（2）特性：寄存器变量是动态局部变量，具有局部作用域，存放在 CPU 的寄存器中或动态存储区中，这样可以提高存取速度。如果没有存放在通用寄存器中，便按自动变量处理。

使用 register 变量应注意以下几点：

① 由于通用寄存器的数量有限，寄存器类型的变量不宜过多。

② 变量的长度应与通用寄存器的长度相当。一般为 int 型或 char 型。

③ 通常需要把一些频繁使用的局部变量定义为寄存器变量。

【例 5.5】 使用寄存器变量的示例。

程序如下：

```
#include <iostream.h>
int main()
{   int x=5,y=10;
    for (int k=1;k<=2;k++)
    {
        register   int m=0,n=0;          //寄存器变量 m,n
        m=m+1;
        n=n+x+y;
        cout<<"m="<<m<<'\t'<<"n="<<n<<endl;
    }
    return 0;
}
```

程序运行结果：

```
m=1    n=15
m=1    n=15
```

5.2.3 静态类型（static）

用静态类型关键词 static 说明的变量称为静态变量。static 可以修饰局部变量和全局变量，因此静态变量分为静态局部变量和静态全局变量。

（1）定义格式：

```
static  类型  变量名;
```

C++规定静态局部变量有默认值，默认值分别是 int 型为 0，float 型为 0.0，char 型为“\0”，静态全局变量也是如此。而自动类型和寄存器类型变量没有默认值，为随机数。

（2）静态局部变量。定义在函数内的静态变量称为静态局部变量。

静态局部变量的特点：

① 静态局部变量本身也是局部变量，具有局部变量的作用域。其作用域局限在定义它的函数体内。当离开该函数体后，不可使用该变量，但其值还继续保留。也就是说，函数调用结束后，静态局部变量的存储空间不会被释放。

② 静态局部变量属于静态存储类别的变量，在程序运行开始就被分配固定的存储单元（占用静态存储区），整个程序运行期间不再被重新分配，所以其生存期是整个程序的运行期。

③ 静态局部变量的初始化在编译阶段进行，并且仅被初始化一次，而不是每发生一次函数调用就赋一次初值。当再次调用该函数时，静态局部变量会保留上次调用函数后的值。

【例 5.6】 自动变量与静态局部变量区别的示例。

程序如下：

```
#include <iostream.h>
void f( )
{
    int x=0;            //初始化多次，栈中分配，相当于 auto int x=0;
    static int y=3;     //静态局部变量，仅初始化一次，静态区分配存储单元
    x=x+1;
    y=y+1;
    cout<<x<<'\t'<<y<<endl;
}
int main( )
{   int i;
    for(i=0;i<3;i++)
       f( );
   return 0;
}
```

程序运行结果：

```
1    4
1    5
1    6
```

说明：

① 在第一次调用函数 f()时，自动变量 x 被初始化 0，同样静态局部变量 y 被初始化 3，执行 x=x+1；y=y+1 语句后，x 的值为 1，y 的值为 4。第一次调用结束时，变量 x 的存储单元被释放，而由于 y 是静态局部变量，生存期是整个程序的运行期，所以在函数调用结束后，它并不被释放，仍保留 y=4。

② 第二次调用函数 f()时，自动变量 x 被重新分配空间并初始化 0，静态局部变量 y 值保留上次函数调用结束时的值 y=4。执行 x=x+1；y=y+1 语句后，x 的值为 1，y 的值为 5。

③ 第三次调用同上，自动局部变量 x 被重新初始化，而静态局部变量 y 保留上一次的值。所以若要保留函数上一次调用结束时的值，则需要使用静态局部变量。

【例 5.7】 用自动变量与静态局部变量求 3 个整数的和。

程序如下：

```
#include <iostream.h>
void f(int x,int y)
{   int m=0;              //自动变量
    static int n=0;       //静态局部变量，此处也可写成 static int n; 静态变量默认初始化为 0
    m=m+x+y;
    n=n+x+y;
    cout<<"m="<<m<<'\t'<<"n="<<n<<endl;
}
int main( )
{   int i=5,j=10,k;
    for (k=1;k<=3;k++)
        f(i,j);
    return 0;
}
```

程序运行结果：

```
m=15     n=15
m=15     n=30
m=15     n=45
```

（3）静态全局变量。在定义全局变量时加说明符 static，称为静态全局变量。

在前面几章，由于程序由一个源程序文件实现，所以看不到一个非静态全局变量和一个静态全局变量在作用域上的区别。但在多文件组成的程序中，一个全局变量和一个静态全局变量在作用域上是完全不同的。静态全局变量只能被定义它的源文件中的函数使用，而不能被其他源文件中的函数使用，如果希望全局变量在多个源文件中被使用，则需通过外部（extern）关键字声明。

静态全局变量的特点：

① 与全局变量基本相同，其作用域是定义它的程序文件，而不是整个程序中的所有文件。

② 静态全局变量属于静态存储类别的变量，所以它在程序开始运行时，就被分配固定的存储单元，默认初始化值为 0。其生存期是整个程序的运行期。

③ 使用静态全局变量的好处是同一程序的两个不同源程序文件中可以使用相同的变量名，且互不干扰。

【例 5.8】 编写一个含两个源程序文件的程序（参见 5.4 节）。在 file2.cpp 文件中定义静态全局变量 n，在含有 main 函数的 file1.cpp 文件中也定义全局变量 n，分析两者是否有联系？

程序如下：

```
//file1.cpp
#include<iostream.h>
static int n;                    //静态全局变量 n
void fn();
int main()
{
```

```
        n=20;
        cout<<n<<endl;
        fn();
        return 0;
    }
    //file2.cpp
    #include<iostream.h>            //不能省略
    static int n;                   //定义静态全局变量 n
    void fn( )
    {
        n=n+1;
        cout<<n<<endl;
    }
```

程序运行结果：

```
20
1
```

函数 fn()输出 1 而不是 21，表示两个变量 n 互不干涉。file2.cpp 文件中静态全局变量 n 对 file1.cpp 文件是无效的。

5.2.4 外部类型（extern）

用外部类型 extern 说明的全局变量称为外部变量。extern 只能修饰全局变量。

定义格式：

```
extern  类型  变量名;
```

在由多个源程序文件组成的程序中，如果一个文件要使用另一个文件中定义的全局变量，则这些源程序文件之间通过外部类型的变量进行沟通。

在一个文件中定义的全局变量默认是外部的，即其作用域可以延伸到程序的其他文件中。但其他文件如果要使用这个文件中定义的全局变量，必须在使用前用“extern”做外部声明，外部声明通常放在文件的开头。

变量定义时编译器为其分配存储空间，而变量声明表示该全局变量已在其他地方定义过，编译系统不再分配存储空间，直接使用变量定义时所分配的空间。

全局静态存储类型的作用域与外部存储类型不同，变量一旦定义为全局静态存储类型，就限制该变量只能在定义它的文件中使用，为文件作用域。

【例 5.9】 将另一文件中的全局变量 a、b 声明为本文件外部变量的示例。

第一个文件内容如下：

```
/*文件名：exemple 5_9_1.cpp */
int a=20,b=7;                //定义全局变量 a、b
int max(int x,int y)
{
    return x>y?x:y;
}
```

第二个文件内容如下：

```
/*文件名：exemple 5_9_2.cpp*/
#include <iostream.h>
extern int a,b;                    //声明外部变量 a、b
extern int max(int x,int y);
int main( )
{
    int c;
    c=max(a,b);
    cout<<"max="<<c<<endl;
    return 0;
}
```

程序运行结果：

```
max=20
```

由于在第二个文件中声明 a、b 为外部变量，所以在 main()函数中使用的 a、b 实际上是在第一个文件中定义的全局变量 a、b，所以输出最大值 max=20。

5.3 编译预处理

C++的预处理是编译器在编译源程序之前，由预处理器首先进行的处理。在 C++源程序中有各种编译命令，在程序被正常编译之前执行的编译命令称为预处理命令（或指令）。编译预处理命令用来扩充 C++程序设计的环境，使程序书写变得简练、清晰。

C++提供的预处理命令主要有以下 3 种：

（1）宏定义命令。

（2）文件包含命令。

（3）条件编译命令。

为了与一般 C++语句相区别，编译预处理命令以符号“#”开头，并且末尾不加分号。预处理命令可放在程序开头、中间和末尾。习惯上编译预处理命令都是放在程序开头的。

5.3.1 宏定义

宏定义命令是将一个标识符定义为一个字符串，该标识符称为宏名，被定义的字符串称为替换文本。宏定义命令有两种格式：一种是简单的宏定义，另一种是带参数的宏定义。

1. 简单的宏定义

宏定义的一般格式为：

```
#define  宏名  字符串
```

其中，define 是宏定义的关键字，宏名是需要替换的标识符，字符串是被指定用来替换的字符序列。

例如：

```
#define  PI  3.1415926
```

程序中可以使用标识符PI，编译预处理后产生一个中间文件，文件中的所有PI被替换为3.1415926。

说明：

（1）#define、宏名和字符串之间一定要有空格。

（2）宏名一般用大写字母表示，以区别于普通标识符。

（3）宏被定义以后，一般不能再重新定义，但可以用#undef来终止宏定义。

（4）一个定义过的宏名可以用来定义其他新的宏，但要注意其中的括号。例如：

```
#define A   20
#define B   (A+10)
```

在C++中，虽然用宏定义可以定义符号常量，但常用const来定义符号常量。

例如，const double PI=3.1415926;与#define PI 3.1415926 都是将标识符 PI 定义为3.1415926，但是两种又是有区别的。主要区别是，用const定义的符号具有一定的数据类型，而用# define命令仅产生文本的简单替换，而不检查数据类型和内容是否正确。例如：

```
const double e =2.71828;
```

将e定义为一个double型的常量。

2．带参数的宏定义

例如：

```
#define MAX(a,b)    a>b?a:b
```

如果在程序中出现如下语句：

```
S=MAX(4, 6);
```

则被替换为

```
S=4>6?4:6;
```

对于带参数的宏的展开只是将语句中宏名后面括号内的实参字符串代替#define 命令行中的形参，如上例中MAX(4,6)在展开时，4对应a，6对应b，替代宏定义中的字符串a>b?a:b，得到4>6?4:6。

如果有如下宏定义:

```
#define SQR(a)   a*a
```

有如下语句：

```
z=SQR (x+y);
```

这时把形参x+y代替a*a中的a，成为

```
z=x+y*x+y;
```

请注意，在x+y外面没有括号，显然这与设计者的原意不符，原意是希望得到：

```
z=(x+y)*(x+y);
```

为了得到这个结果，应当在宏定义时，在字符串的形参外面加上一个括号，避免歧义，即

```
#define SQR(a)   (a)*(a)
```

这样，再对 z=SQR (x+y); 进行宏展开时，使用 x+y 代替(a)*(a)中的 a，则有

```
z=(x+y)*(x+y);
```

3. 内联函数与宏定义

内联函数具有与#define 宏定义相同的作用和相似的机理，但消除了#define 的不安全因素。请比较下面两个例子。

【例 5.10】 使用带参数的宏定义完成某个数乘 2 的功能。

程序如下：

```
#include <iostream.h>
#define doub(x)   x*2
int main()
{
    for(int i=0;i<3;i++)
      cout<<i<<"doubled is:"<<doub(i)<<endl;
    cout<<"2+3 doubled is:" <<doub(2+3)<<endl;
    return 0;
}
```

程序运行结果：

```
0 doubled is: 0
1 doubled is: 2
2 doubled is: 4
2+3 doubled is: 8
```

从运行结果看，前 3 个结果是正确的，但第 4 个结果期望值是(2+3)*2=10，但实际的运行结果却是 8，其原因是宏定义的代码在程序中是被直接置换的。编译程序将语句

```
cout<<"2+3 doubled is:" <<doub(2+3)<<endl;
```

解释为

```
cout<<"2+3 doubled is:" <<2+3*2<<endl;
```

因此，该语句的执行结果为：

```
2+3 doubled is: 8
```

请读者思考一下，如何修改宏定义，使其有正确的运行结果。

使用内联函数替代宏定义，就可以消除宏定义的不安全因素。将上例使用内联函数完成所要求的功能。

【例 5.11】 使用内联函数完成某个数乘 2 的功能。

程序如下：

```
#include <iostream.h>
inline int doub(int x)
```

```
{
    return x*2;
}
int main()
{
    for(int i=0;i<3;i++)
       cout<<i<<"doubled is:"<<doub(i)<<endl;
    cout<<"2+3 doubled is:" <<doub(2+3)<<endl;
}
```

程序运行结果：

```
0 doubled is: 0
1 doubled is: 2
2 doubled is: 4
2+3 doubled is: 10
```

可以看出，运行结果正确。

5.3.2 文件包含命令

所谓“文件包含”是指将另一个源文件的全部内容包含到当前的源文件中。C++中，文件包含命令的一般格式为：

```
#include  <文件名>  或  #include  "文件名"
```

这里文件名一般以.h 为扩展名，称为“头文件”。文件包含的两种格式的区别：将文件名用“<>”括起来，表示包含那些由 C++系统提供的放在指定子目录中的头文件；将文件名用双引号括起来，表示包含用户自己定义的放在应用程序当前目录或其他目录下的头文件或源文件。

文件包含可以将头文件中的内容直接引入，而不必再重复定义，减少了重复劳动，节省了编程时间。在图 5-1 中，程序 A 模块要调用程序 B 模块，因此在 file1.cpp 文件中声明了包含文件 file2.cpp。图 5-1（c）表示编译器进行编译的顺序。使用文件包含命令可以减少程序员重复编写代码。

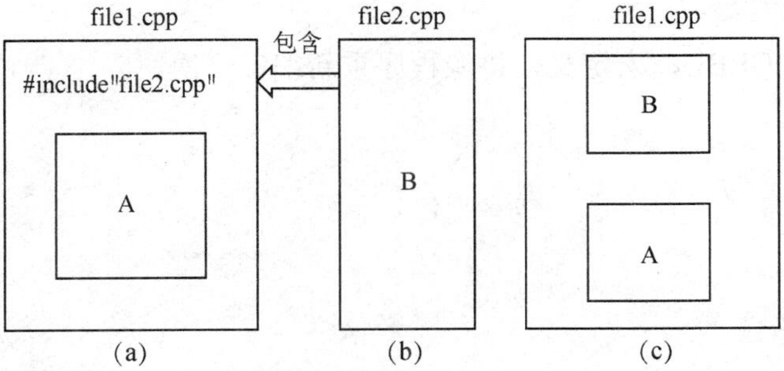

图 5-1 包含文件示意图

文件包含中的“头文件”是指存放与标准函数相关信息的文件，或存放符号常量、类型定义、类和其他复杂类型的定义的文件，或者存放与程序环境相关信息的文件，文件名的后缀是.h。有些头文件由系统提供，如 iostream.h 是系统提供的有关输入/输出操作信息的头文件。头文件也可以由用户根据需要自己编写。

说明：

（1）文件包含命令一般都被放在程序最前端，以便后面程序对它们引用。

（2）一条#include 命令只能包含一个文件，若想包含多个文件，则应使用多条包含命令。例如：

```
#include <iostream.h>
#include <math.h>
```

5.3.3 条件编译命令

在一般情况下，源程序中的所有语句都会参加编译，但是有时会希望根据一定的条件编译源文件的部分语句，这就是“条件编译”。条件编译使同一源程序在不同的编译条件下得到不同的目标代码。

在 C++中，常用的条件编译命令有如下 3 种。

（1）#ifdef 格式

```
#ifdef 标识符
    程序段 1
#else
    程序段 2
#endif
```

该条件编译命令的功能：如果在程序中#define 定义了指定的标识符，则用程序段 1 参与编译，否则用程序段 2 参与编译。

例如，在调试程序时常常要输出调试信息，而调试完成后不需要输出这些信息，则可以把输出调试信息的语句用条件编译指令括起来。格式如下：

```
#ifdef   DEBUG
cout<<"a= "<<a<<'\t' <<"x= "<<x<<endl;
#endif
```

在程序调试期间，在该条件编译指令前增加宏定义：

```
#define   DEBUG   1
```

调试好后，删除 DEBUG 宏定义，将源程序重新编译一次。

（2）#ifndef 格式

```
#ifndef 标识符
        程序段 1
#else
        程序段 2
#endif
```

该条件编译命令的功能：如果在程序中未定义指定的标识符，则用程序段 1 参与编译，否则用程序段 2 参与编译。

（3）#if 格式

```
#if 常量表达式 1
    程序段 1
#elif 常量表达式 2
    程序段 2
...
```

```
#elif 常量表达式 n
    程序段 n
#else
    程序段 n+1
#endif
```

该条件编译命令的功能：依次计算常量表达式的值，当表达式的值为真时，用相应的程序段参与编译；如果全部表达式的值都为假，则用 else 后的程序段参与编译。

【例 5.12】 分析下列程序的结果。

程序如下：

```
#include <iostream.h>
#define   k   -5
int main( )
{
  #if k>0
    cout<<"a>0"<<endl;
  #elif k<0
    cout<<"a<0"<<endl;
  #else
    cout<<"a=0"<<endl;
  #endif
  return 0;
}
```

程序运行结果：

```
a<0
```

思考：如果将#define k -5 更改为 #define k 5，将会对程序的运行结果有什么影响？

5.4 程序的多文件组织

5.4.1 头文件

考虑标识符在其他文件中的可见性，使用头文件是很有效的方法。例如：

```
# include <iostream.h>
```

iostream.h 是系统定义的一个文件。这种以.h 命名的文件称为头文件，系统定义的头文件中定义了一些常用标识符和函数，用户只要将头文件包含进自己的文件，就可使头文件中定义的标识符在用户文件中变得可见，也就可以直接使用头文件中定义的标识符和函数了。

除了系统定义的头文件外，用户还可以自定义头文件。具体地说，头文件中可以包括用户构造的数据类型（如枚举类型）、外部变量、函数声明（原型）、常量等具有一定通用性或常用的量，而一般性的变量和函数定义不宜放在头文件中。

5.4.2 多文件结构

在开发较大的程序时，通常将其分解为多个小的程序，每个较小的程序用一个源程序文件建立。程序经过建立、编译、连接，成为一个完整的可执行程序。多文件结构通过工程进行管理，在工程中建立若干用户定义的头文件.h 和源程序文件.cpp。头文件中定义用户自定义的数据类型，所有的程序实现则放在不同的源程序文件中。编译时每个源程序文件单独编译，如果源程序文件中有编译预处理指令，则首先经过编译预处理生成临时文件存放在内存中，然后对临时文件进行编译生成目标文件.obj，编译后撤销临时文件，所有的目标文件经连接器连接，最终生成一个完整的可执行文件.exe。图 5-2 是一个多文件系统的开发过程。

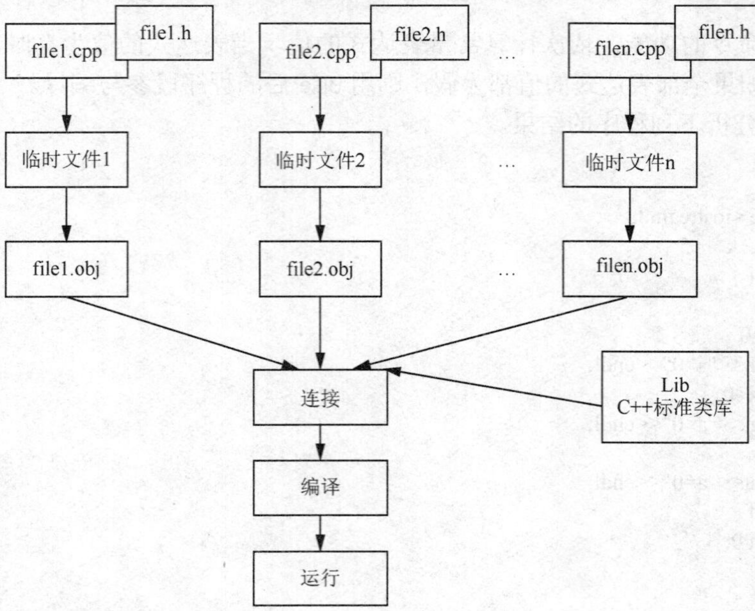

图 5-2　一个多文件系统的开发过程

5.4.3　多文件结构程序示例

【例 5.13】 程序采用多文件形式实现如下功能。

在两个源程序文件中分别实现计算三角形面积、圆面积。主函数在另一个源程序文件中，并调用以上计算函数输出图形的面积信息。

头文件——my.h 文件：

```
#include <iostream.h>
#include <math.h>
double triangle_area(double,double,double);      //函数声明
double circle_area(double);                       //函数声明
#define   PI   3.14159
```

计算三角形面积源程序文件——triangle.cpp：

```
#include "my.h"
double triangle_area(double a,double b, double c)
{
    double t,area;
    t=(a+b+c)/2;
    area=sqrt(t*(t-a)*(t-b)*(t-c));
    return area;
}
```

计算圆面积源程序文件——circle.cpp：

```
#include "my.h"
double circle_area(double r1)
{
        double area;
        area=PI*r1*r1;
        return area;
}
```

调用以上计算函数输出图形面积信息的源程序文件——main.cpp：

```
#include "my.h"
int main()
{
       double a,b,c;
       double r;
       cout<< "请输入三角形的三个边长: ";
       cin>>a>>b>>c;
       if(a+b<=c||a+c<=b||b+c<=a)
            cout<< "输入的三边值不能构成三角形!"<<endl;
       else
            cout<< "三角形的面积="<<triangle_area(a,b,c)<<endl;
       cout<< "请输入圆的半径: ";
       cin>>r;
       cout<< "圆的面积="<<circle_area(r)<<endl;
       return 0;
}
```

程序运行结果：

```
请输入三角形的三个边长: 3   4   5↙     (输入)
三角形的面积=6
请输入圆的半径: 2↙
圆的面积=12.56
```

在开发时分别编辑头文件 my.h 和 3 个源程序文件。由于主函数需要输出，所以 main.cpp 文件通过包含 my.h 头文件间接包含 iostream.h 文件。并且，主函数要调用别的文件中计算圆和三角形面积函数，所以需要用到这些函数声明，而这些声明也加到头文件 my.h 中。

在实际程序开发过程中，经常会使用多文件程序结构，如会用到第三方提供的库函数和头文件，这时需要对 Visual C++ 6.0 IDE 的头文件目录和库文件目录进行设置。通过“工具”菜单→“选项”，打开“选择”对话框，单击“目录”选项卡，如图 5-3 所示。图 5-3 中，当“S 显示目录为”下拉列表框选择“Include files”时，按钮实现头文件增加、删除、上移、下移的设置；当“S 显示目录为”下拉列表框选择“Library files”时（如图 5-4 所示），按钮实现关于库文件的设置。

在一些程序设计的实际过程中，经常需要使用第三方提供的库函数，因此必须按图 5-4 的方式设置 DLL 或 Lib 库文件所在的路径，还需要在 Link 选项中添加要链接的 DLL 或 Lib 库文件，如图 5-5 所示。例如，使用 Trip 非关系数据库系统提供的 DLL、Lib 库时，可以通过“工程”菜单→“设置”，打开“Project Settings”对话框，将需要的 DLL、Lib 库添加到“对象/库模块”文本框中。

图 5-3　头文件目录的设置方法

图 5-4　库文件的设置方法

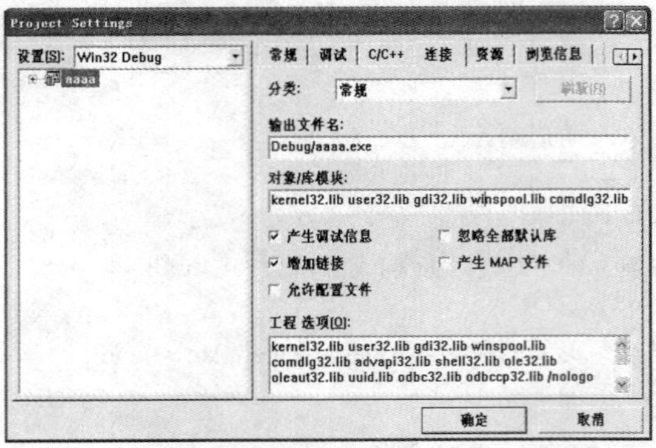

图 5-5　添加要链接的 DLL 或 Lib 库文件

5.5　多文件程序的创建与调试

5.5.1　多文件程序的创建

在 Visual C++ 6.0 中，一个工程可以包含若干用户定义的头文件.h 和源程序文件.cpp。下面介绍如何在 Visual C++ 6.0 集成环境中创建多文件程序。以本章例 5.13 为例，步骤如下。

（1）创建工程，打开 Visual C++ 6.0，选择“文件”→“新建”→“工程”选项卡。创建一个工程名为“Test”的 Win32 Console Application 工程，如图 5-6 所示。

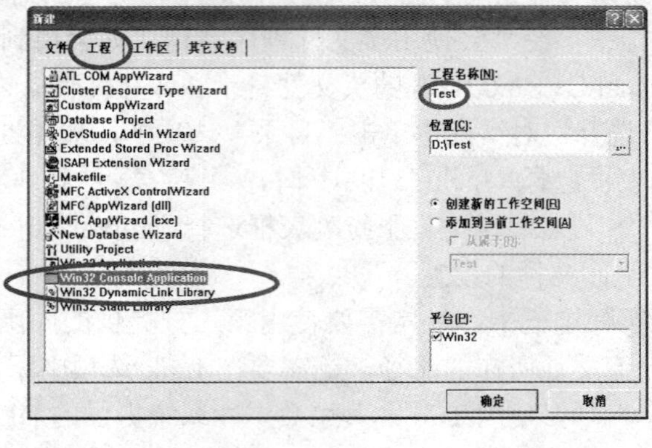

图 5-6　创建 Win32 Console Application 工程

（2）添加头文件。选择“文件”→“新建”→“文件”选项卡。在列表中选择“C/C++ Header File”选项。勾选“添加到工程”复选框，并在下拉列表框中选择要添加的工程名。在“文件名”文本框中输入头文件的文件名“my”，单击“确定”按钮，如图 5-7 所示。这样就在工程“Test”中添加了一个头文件“my.h”。如果需要添加其他头文件，重复此步骤即可。

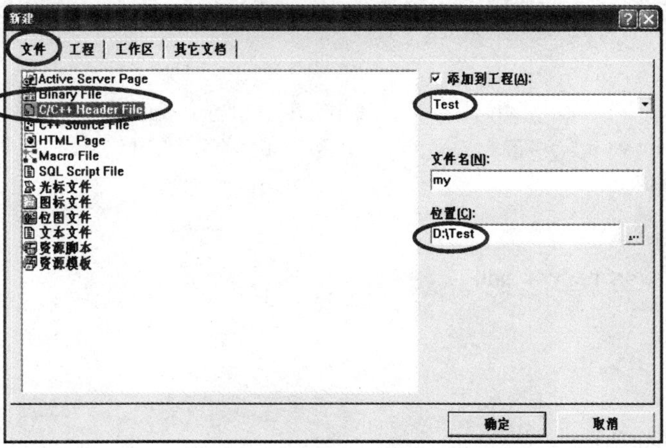

图 5-7　添加头文件

（3）添加源文件。选择“文件”→“新建”→“文件”选项卡。在列表中选择“C++ Source File”选项。勾选“添加到工程”复选框，并在下拉列表框中选择要添加的工程名。在“文件名”文本框中输入源文件的文件名“circle”，单击“确定”按钮。这样就在工程“Test”中添加了一个计算圆面积的源程序文件“circle.cpp”源文件。重复此步骤，添加计算三角形面积的源程序文件“triangle.cpp”和计算并输出图形面积信息的源程序文件“main.cpp”。

（4）打开“工作空间”窗口，选择“File View”选项卡，可以查看工程“Test”的程序文件结构，如图 5-8 所示。该程序中有 3 个 C++源文件和 1 个 C++头文件。

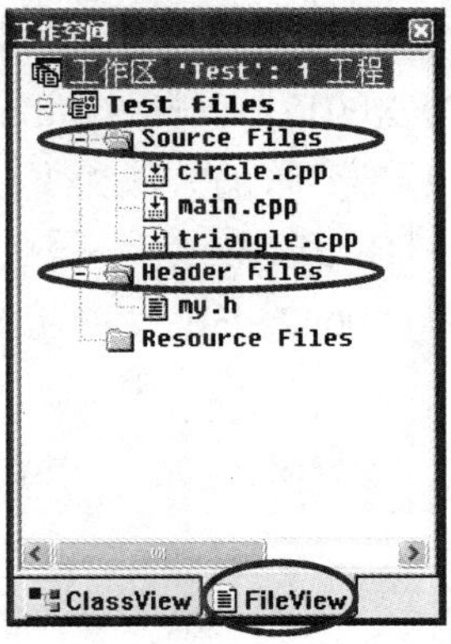

图 5-8　“Test”程序文件结构

（5）编译运行。选择“编译”工具栏中的编译运行按钮 ! 。

5.5.2　多文件程序的调试

一个 C++程序可能包含寄存器变量、静态局部变量、自动局部变量和全局变量。程序员可以使用“调试”工具栏上的变量窗口（Variables）、观察窗口（Watch）、寄存器窗口（Register）

或内存窗口（Memory）查看不同存储类型变量的值。下面通过一个例子介绍如何使用“调试”工具栏查看不同存储类型变量的值，以及变量的内存地址。

（1）创建工程，添加源文件，并输入如下代码。

```
#include <iostream.h>
int n;                          //全局变量 n
void f( )
{
        int x=0;                //初始化多次，栈中分配、相当于 auto int x=0;
        static int y=3;         //静态局部变量，仅初始化一次，静态区分配存储单元
        x=x+1;
        y=y+1;
        n=x+y;
        cout<<x<<'\t'<<y<<endl;
}
int main( )
{
        int i;
        for(i=0;i<3;i++)
        {
                f( );                   //f()函数被调用
                cout<<"n="<<n<<endl;
        }
        return 0;
}
```

（2）单击“调试”工具栏上的“Step Over”按钮，直到程序运行指示箭头⇨指向 f()函数被调用行，单击“Step Into”按钮进入到函数 f()中，这时⇨指向 f()函数体。单击“Step Over”按钮继续单步执行程序，使程序运行至 n=x+y;语句位置。

（3）这时可以通过变量窗口查看自动局部变量 x 的值。在观察窗口中输入“n”，可以观察全局变量 n 的值。可以发现，在变量窗口中没有 f()函数的静态局部变量 y 的值。如果在变量窗口中输入“y”，则会出现“CXX0017:Error：symbol“y” not found”的错误。

在 Visual C++ 6.0 中查看静态局部变量的方法如下。

① 单击“调试”工具栏上的“Disassembly”按钮，打开 Disassembly 窗口，如图 5-9 所示。找到静态局部变量 y 的地址“0042ad50”。关闭 Disassembly 窗口，如果不关闭，单步执行会在此窗口中进行。

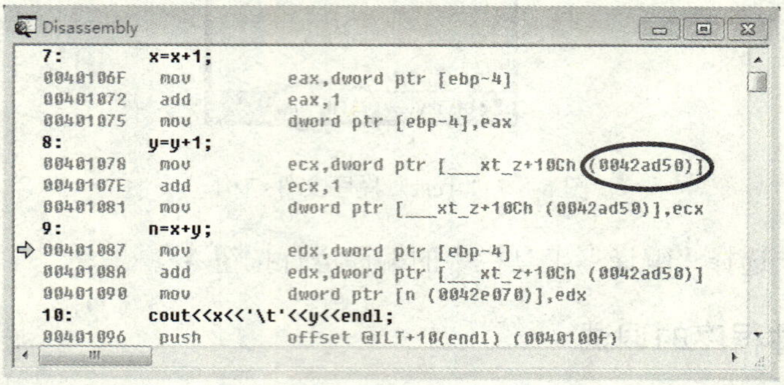

图 5-9 Disassembly 窗口

② 单击“调试”工具栏上的“Memory”按钮，打开 Memory 窗口，如图 5-10 所示。在地址栏中输入静态局部变量 y 的地址“0042ad50”便可以查看 y 的值。也可通过此方式查看其他变量的地址和值。

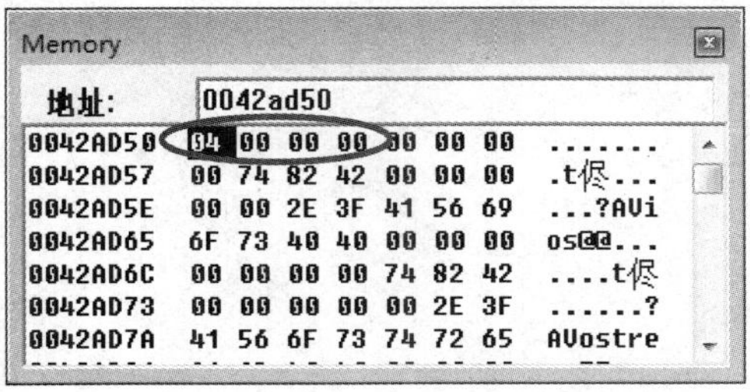

图 5-10　Memory 窗口

（4）继续单步执行程序，可以观察到程序运行期间自动局部变量、全局变量、静态局部变量值的变化。

习　题　五

一、选择题

1. 有一个 int 型变量，在程序中频繁调用，最好把它定义为______。

A．register　　B．auto　　C．extern　　D．static

2. 一个程序源文件中全局变量的作用范围为______。

A．本文件的全部范围　　B．本程序的全部范围

C．本函数的全部范围　　D．从定义该变量位置开始至文件结束

3. 在一个 C++源程序文件中，若要定义一个只允许本源文件中所有函数使用的全局变量，则该变量需要使用的存储类别是______。

A．extern　　B．register　　C．auto　　D．static

二、简答题

1. 有几种类型的作用域？作用域的用途是什么？
2. C++有哪几种存储类型？
3. 自动局部变量、静态局部变量、静态全局变量和外部全局变量的区别。

三、阅读题

1. 分析下面程序的运行结果。

```
#include<iostream.h>
int  x=1;
void addone()                    /*  Increment  external  integer x.  */
{
     x=x+1;
     cout<<x<<endl;
```

```
}
void subone()                              /* Decrement    external    integer x. */
{
    x=x-1;
    cout<<x<<endl;
}
int main()
{
    int    x=0;
    cout<<x<<endl;
    addone();
    subone();
    cout<<x<<endl;
    return 0;
}
```

2. 分析下面程序的运行结果。

```
#include<iostream.h>
int n=1;
void func();
int    main()
{
    static int x=5;    int y;    y=n;
    cout<<"MAIN:    "<<x<<' '<<y<<' '<<n<<endl;
    func();
    cout<<"MAIN:    "<<x<<' '<<y<<' '<<n<<endl;
    func();
    return 0;
}
void func()
{
    static int x=4;    int y=10;
    x=x+2;    n=n+10;    y=y+n;
    cout<<"FUNC:    "<<x<<' '<<y<<' '<<n<<endl;
}
```

第6章 数组

在C++语言中，数组是一种非常重要的数据类型，属于构造类型。利用数组类型可以描述许多有意义的对象，如用整型或实型数据组成的一维数组可描述一个向量，而一个矩阵可以被描述为由若干向量组成的二维数组；字符型数组则可用来描述一行正文等。

数组是由一组具有相同数据类型的元素按照一定规则组成的集合。在计算机中，数组元素在内存中占一片连续的存储空间，数组名是这块存储空间的首地址。在程序中用数组名标志这一组数据，下标指明数组中各元素的序号，用数据名加下标来标志数组中的每个元素。在需要处理大量相同类型的数据时，数组和循环语句结合使用，使程序书写简洁。

通过本章学习，应该重点掌握以下内容：

- 一维数组的定义和应用
- 二维数组及多维数组的定义和应用
- 字符数组的定义和应用
- 数组作为函数参数
- 数组应用实例

6.1 数组的概念

前面学习了基本数据类型、程序控制结构和函数的定义与调用，但仍然不能编写较复杂的程序。特别是对于具有基本数据类型的简单变量来说，它们各自是独立的，变量之间没有内在的联系。各个变量在内存中所占存储单元的地址也没有什么联系，可能是连续的，也可能是不连续的。例如，要计算一个班 50 个学生的平均成绩，并输出低于平均成绩的分数和人数。如果用 50 个简单变量来表示 50 个学生的成绩，将无办法利用循环控制结构访问每一个变量。如果用一个变量表示学生的成绩，可以利用循环控制结构求出 50 个学生的总分及平均分，但是在输出低于平均成绩的分数和人数时，又需要重新输入 50 个学生的成绩，因此需要找出一种好的解决方案。

借鉴数学中数列、矩阵和 *N* 维向量的概念和思维方法，C++中提供了构造数据类型——数组的定义方法。

6.1.1 数组与数组元素

数组是一种构造的数据类型，是由一组具有相同数据类型的元素组成的集合。数组的类型就是这组元素的数据类型。构成数组的元素在内存中占用一组连续的存储单元。用数组名标志这一组数据，用下标来指明数组中各元素的序号。

要访问一个数组中的某一个元素必须给出两个要素，即数组名和下标。数组名和下标唯一地标志一个数组中的一个元素。

引入数组就不需要在程序中定义大量的变量，大大减少了程序中变量的数量，使程序精炼，而且数组含义清楚，使用方便，明确地反映了数据间的联系。许多好的算法都与数组有关。熟练地使用数组，可以提高编程和解题的效率，加强了程序的可读性。

6.1.2 数组的维数

像数列一样，能够用一个下标决定元素位置的数组称为一维数组；能够用两个下标决定元素位置的数组称为二维数组，如矩阵；需要由 *N* 个下标才能决定元素在数组中的位置，这样的数组称为 *N* 维数组，如 *N* 维向量。

二维和二维以上的数组称为多维数组，常用的是一维和二维数组。

6.2 一维数组的定义及应用

6.2.1 一维数组的定义和初始化

1. 一维数组的定义

定义一维数组的语法格式为：

```
类型 数组名[常量表达式];
```

其中，类型是数组类型，即数组中各元素的数据类型，可以是整型、浮点型、字符型等基本类型。数组名是一个合法的标识符，代表数组元素在内存中的起始地址，它的命名规则与变量名的命名一样。常量表达式又称下标表达式，表示一维数组中元素的个数，即数组长度（也称为数组大小），下标表达式用一对方括号“[ ]”括起来。方括号的个数代表数组的维数，一个方括号表示一维数组。

例如，下面分别定义了一个具有 8 个元素的字符型数组 a、一个具有 10 个元素的整型数组 b 和一个具有 15 个元素的单精度数组 c。

```
char a[8];
int b[10];
float c[15];
```

对上面定义的数组 b，也可以采用下面这种定义方法：

```
const int size=10;
int b[size];
```

说明：

（1）在定义数组时，方括号中的常量表达式必须是常量，不能用变量来描述数组定义中的元素个数。例如，下面的定义方式是不合法的：

```
int b[n];
```

（2）常量表达式的值表示元素的个数，即数组长度。例如，在“float c[15];”中，15 表示 c 数组有 15 个元素，下标从 0 开始，这 15 个元素是 c[0],c[1],c[2],c[3],c[4],c[5],c[6],c[7],c[8],c[9], c[10], c[11], c[12], c[13], c[14]。注意，最后一个元素是 c[14]而不是 c[15]。

（3）数组元素在内存中是按顺序连续存储的，对于一维数组就是简单地按下标顺序存储。

2. 一维数组的初始化

在定义数组时，可以对其中的全部或部分元素指定初始值，这称为数组的初始化。初始化的语法格式为：

```
类型 数组名[常量表达式]={值 1,值 2,…,值 n};
```

（1）在定义数组时分别对数组的全部元素赋予初值。例如：

```
int b[10]={0,1,2,3,4,5,6,7,8,9};
```

（2）可以只给一部分元素赋值。例如：

```
int b[10]={0,1,2,3,4};
```

初始化后，b[0]，b[1]，b[2]，b[3]，b[4]被显式初始化，得到初始值为 0，1，2，3，4；而 b[5]，b[6]，b[7]，b[8]，b[9]取系统默认值。

（3）如果想使一个数组中的全部元素值为 1，可以写成

```
int b[10]={1,1,1,1,1,1,1,1,1,1};
```

不能给数组整体赋初值。例如：

```
int b[10]={1*10};  //错误
```

（4）在对全部数组元素赋初值时，可以不指定数组长度。例如：

```
int b[]={1,2,3,4,5};
```

相当于：

```
int b[5]={1,2,3,4,5};
```

6.2.2 一维数组的操作

1. 一维数组元素的访问

数组在定义后即可以对数组的元素进行访问，其访问形式为：

```
数组名[下标]
```

数组元素的访问是指访问下标所标志的元素。访问数组元素时需要数组名和该元素的下标。下标的范围为 0～N-1（N 为定义数组时，数组元素的个数）。下标可以是整型常量、整型变量或整型变量表达式，如 b[2+1]、b[i+j]等（i 和 j 为整型变量）。例如：

```
b[2]=10;            //将 10 赋给数组中的 b[2]元素。
b[i]=b [2];         //将 b[2]元素的值赋给 b[i]元素
cout<<b[i+2];       //输出 b[i+2]元素的值
```

2. 用“=”赋值

与数组元素的初始化不同，在给数组元素进行赋值时，必须逐一赋值。

例如，对于下述的数组初始化：

```
int b[5]={1,2,3,4,5};
```

其等价的赋值形式如下：

```
int b[5];
b[0]=1;
b[1]=2;
b[2]=3;
b[3]=4;
b[4]=5;
```

若要在数组之间进行赋值，必须一个元素一个元素的赋值，不能将一个数组整个赋值给另一个数组。

例如，将上述数组 b 的值赋给另一个同样大小、相同数据类型的数组 c，可以利用下面的循环完成赋值操作：

```
int b[5]={1,2,3,4,5};
int c[5];
c=b;                          //错误
for (i=0;i<5;i++)   c[i]=b[i];
```

3. 用 cin 流对象赋值

其语法格式为：

```
cin>>数组名[下标];
```

数组的输入往往是利用循环结构实现的。例如：

```
float c[15];
```

```
for(int i=0;i<15;i++)    cin>>c[i];
```

4．用 cout 流对象输出数组元素

其语法格式为：

```
cout<<数组名[下标];
```

数组的输出往往是利用循环结构实现的。例如：

```
float c[15];
for(int i=0;i<15;i++)    cout<<c[i];
```

6.2.3 数组的越界问题

在给数组元素赋值或对数组元素进行访问时，一定要注意下标的值不要超过数组的范围，否则会产生数组越界问题。因为当数组下标越界时，编译器并不认为它是一个错误，但这往往会带来非常严重的后果。

例如，定义了一个整型数组 b。

```
int b[10];
```

数组 b 的合法下标为 0～9。如果程序要求给 b[10]赋值，将导致程序出错，甚至系统崩溃。

思考：读者计算一下系统给数组 b 分配了多少字节的内存单元，b[10]元素占用的是哪一个内存单元。可以使用 Visual C++ 6.0 IDE 的调试工具验证你的判断。

程序中常用下面的式子确定数组的大小（元素个数），预防数组越界情况的发生。

假定对于一个整型数组 b，它的大小为：

```
sizeof(b)/sizeof(int)
```

sizeof(b)表示求数组 b 在内存中所占字节数，sizeof(int)表示求整型数据在内存中所占字节数。使用上面的式子，可以使计算数组大小的 C++代码在 16 位机器、32 位和 64 位机器之间移植。

6.2.4 一维数组的应用

数组是程序设计中最常用的一种数据结构，离开了数组，许多问题可能会变得较为复杂，或难以解决。本节从几个最常用的方面介绍数组的实际应用。

1．数据统计和处理

利用数组中存储的信息，可以对数据进行各种统计和处理。例如，求最大值、最小值和平均值，对数据和信息进行分类统计等。

【例 6.1】 计算一个班 50 个学生的平均成绩，然后输出低于平均成绩的分数和人数。

分析：用数组 score[50]表示 50 个学生的考试成绩，然后用变量 sum 表示 50 个学生考试成绩的累加和，除以 50 后得到的平均成绩存放在变量 ave 中，最后输出 ave，并用 ave 与每个学生的考试成绩比较，如果成绩低于平均成绩则输出，同时计数器 count 加 1，结束前输出低于平均成绩的人数 count。

程序如下：

```
#include <iostream.h>
int main()
```

```
{   float ave,score[50];
    float sum=0;
    int i,count;
    cout<<"Please input 50 student's score:"<<endl;
    for(i=0;i<50;i++)
        cin>>score[i];
    for(i=0;i<50;i++)
        sum+=score[i];
    ave=sum/50;
    cout<<"average="<<ave<<endl;
    cout<<"the scores which are below the average:";
    count=0;
    for(i=0;i<50;i++)
        if(score[i]<ave)
        {   cout<<score[i]<<"    ";
            count++;
        }
    cout<<"the number which are below the average:";
    cout<<count;
    return 0;
}
```

思考：如果每个班学生不是固定的 50 个学生，程序如何编写？

【例 6.2】 计算机随机产生 100 以内的 10 个数据，编程找出其中的最大数、最小数和平均值，并输出高于平均值的数据及其个数。

分析：借助“打擂”的思想求最大数、最小数。数组中的 10 个数由随机数函数 rand()产生。rand()函数产生数的范围是 0～32767，所以对 100 取余可得以 100 以内的数据。

程序如下：

```
#include <stdlib.h>
#include <iostream.h>
#include <time.h>
const int SIZE=10;
int main()
{
    int arr[SIZE];
    int i,high,low,n=0,sum;
    float average;
    srand(time(0));              //srand()函数以当前时间产生随机种子
    for(i=0; i<SIZE; i++)        //生成 100 以内的随机数
        arr[i]=rand()%100;
    for(i=0; i<SIZE; i++)
        cout<<arr[i]<<'\t';
    cout<<endl;
    high=arr[0];                 //最大数和最小数均为数组的第 0 个元素
    low=arr[0];
    sum= arr[0];
    for(i=1; i<SIZE; i++)
```

```
{
    if(arr[i]>high)     high=arr[i];                //查找最大数
    if(arr[i]<low)      low=arr[i];                 //查找最小数
    sum+= arr[i];                                   //数据累加
}
cout<<"highest value is "<<high<<endl;              //输出最大数
cout<<"lowest value is "<<low<<endl;                //输出最小数
average=(float)sum/i;
for(i=0; i<SIZE; i++)
   if (arr[i]> average)
   {
        cout<<arr[i]<<'\t';                         //将高于平均值的数据输出
        n ++;                                       //对高于平均值的数据进行计数
   }
cout<<endl<<"higher counter is:"<<n<<endl;  //输出高于平均值的数据个数
return 0;
}
```

思考： 本例所涉及的算法虽然简单，但它却具有一定的代表性。可以将本例分解为几个相互独立的问题。例如，求累加和问题、求均值问题、求最大数和最小数问题、计数问题等。

2．递推问题

递推算法可以用循环结构来实现，这在第 3 章已有介绍。该算法的核心是通过前项计算后项，从而将一个复杂的问题转换为一个简单过程的重复执行。由于一个数组本身就包含了一系列变量，因此利用数组可以简化递推算法。

【例 6.3】 用数组来求 Fibonacci 数列问题。Fibonacci 数列是 1，1，2，3，5，8，13，21，34，…数列。

分析： 可以用 20 个元素代表数列中的 20 个数，从第 3 个数开始，可以直接用表达式 f[i]=f[i−2]+f[i−1]求出各数。

程序如下：

```
#include <iostream.h>
#include <iomanip.h>
int main( )
{   nt i;
    int f[20]={1,1};                        //f[0]=1,f[1]=1
    for(i=2;i<20;i++)
        f[i]=f[i-2]+f[i-1];                 //在 i 的值为 2 时，f[2]=f[0]+f[1]，依此类推
    for(i=0;i<20;i++)                       //此循环的作用是输出 20 个数
    {
        if(i%5==0)    cout<<endl;           //控制换行，每行输出 5 个数据
        cout<<setw(8)<<f[i];                //每个数据输出时占 8 列宽度
    }
    cout<<endl;                             //最后执行一次换行
    return 0;
}
```

用数组解决递推问题，不仅简化了代码设计，更重要的是大大地提高了程序的可读性。

3．排序问题

排序是数组应用中最重要的内容之一。排序的方法很多，如比较法、选择法、冒泡法、插入法及 Shell 排序等。下面介绍最常用的冒泡法。

【例 6.4】 编写程序，用冒泡法对 10 个数排序（按由小到大顺序）。

冒泡法的思路是：对数组做多轮比较调整遍历，每轮遍历是对遍历范围内的相邻两个数进行比较和调整，将小的数调整到前边，大的数调整到后边（设从小到大排序）。定义 int a[10] 存储从键盘输入的 10 个整数。对数组 a 中的 10 个整数的冒泡法排序的算法如下。

第 1 轮遍历：第 1 次是 a[0]与 a[1]比较，如果 a[0]比 a[1]大，则 a[0]与 a[1]互相交换位置；若 a[0]不比 a[1]大，则不交换。

第 2 次是 a[1]与 a[2]比较，若 a[1]比 a[2]大，则 a[1]与 a[2]互相交换位置。

第 3 次是 a[2]与 a[3]比较，若 a[2]比 a[3]大，则 a[2]与 a[3]互相交换位置。

……

第 9 次是 a[8]与 a[9]比较，若 a[8]比 a[9]大，则 a[8]与 a[9]互相交换位置；第 1 轮遍历结束后，使数组中的最大值被调整到 a[9]。

第 2 轮遍历和第 1 轮遍历类似，只不过因为第 1 轮遍历已经将最大值调整到了 a[9]中，所以第 2 轮遍历只需要比较 8 次。第 2 轮遍历结束后，使数组中的次大值被调整到 a[8]。依次类推，直到所有的数按从小到大的顺序排列。

冒泡法的基本思想参见图 6-1，黑体数字表示正在比较的两个数，最左列为最初的情况，最右列为完成后的情况。

A[1]		**8**	5	5	5	5	**5**	2	2	2	**2**	2	2	**2**	
A[2]		**5**	**8**	2	2	2	**2**	**5**	4	4	**4**	**4**	3	**3**	
A[3]		2	**2**	**8**	4	4	4	**4**	**5**	3	3	**3**	4	4	
A[4]		4	4	**4**	**8**	3	3	3	**3**	5	5	5	5	5	
A[5]		3	3	3	**3**	8	8	8	8	8	8	8	8	8	
		第1轮					第2轮				第3轮			第4轮	

图 6-1　冒泡排序示意图

可以推知，如果有 n 个数，则要进行 n−1 轮比较和交换。在第 1 轮中要进行 n−1 次两两比较，在第 j 轮中要进行 n−j 次两两比较。

冒泡法排序（10 个数按升序排列）算法的 N-S 图如图 6-2 所示。

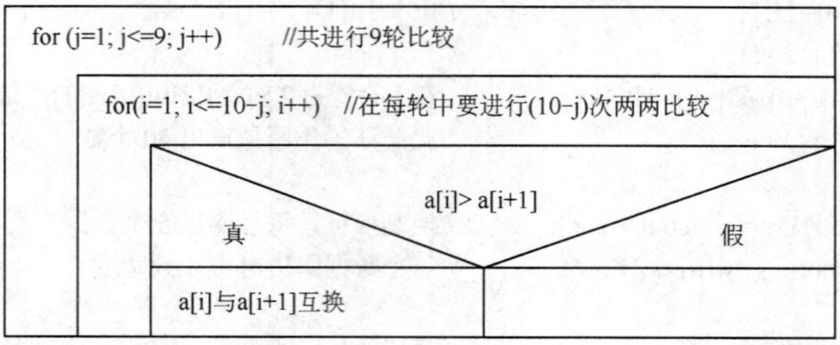

图 6-2　冒泡法排序 N-S 图

根据以上 N-S 图写出程序。程序中定义数组的大小为 11，本例中不用 a[0]，只用 a[1]到

a[10]，以符合人们的习惯。

程序如下：

```
#include <iostream.h>
int main( )
{
  int a[11];
  int i,j,t;
  cout<<"input 10 numbers ："<<endl;
  for (i=1;i<=10;i++)                          //输入 a[1]～a[10]
    cin>>a[i];
  cout<<endl;
  for (j=1; j<=9; j++)                         //共进行 9 轮比较
    for(i=1; i<=10-j; i++)                     //在每轮中要进行(10-j)次两两比较
        if (a[i]>a[i+1])                       //如果前面的数大于后面的数
            {t=a[i];a[i]=a[i+1];a[i+1]=t;}     //交换两个数的位置，使小数上浮
  cout<<"the sorted numbers ："<<endl;
  for(i=1;i<=10;i++)                           //输出 10 个数
    cout<<a[i]<<"     ";
  cout<<endl;
  return 0;
}
```

6.3 字符数组的定义及应用

用来存放字符数据的数组称为字符数组，字符数组中的一个元素存放一个字符。字符数组具有数组的属性。由于字符串应用广泛，C++专门为它提供了许多函数。

6.3.1 字符数组和字符串

1．定义字符数组的方法

定义字符数组的方法与前面介绍的类似。例如：

```
char c[10];
c[0]='I';c[1]=' ';c[2]='a';c[3]='m';c[4]=' ';
c[5]='h';c[6]='a';c[7]='p';c[8]='p';c[9]='y';
```

对字符数组进行初始化，最容易理解的方式是逐个字符赋给数组中各元素。例如：

```
char c[10]={'I',' ','a','m',' ','h','a','p','p','y'};
```

把 10 个字符分别赋给 c[0]~c[9]这 10 个元素。

如果花括号中提供的初值个数大于数组长度，则按语法错误处理。如果初值个数小于数组长度，则只将这些字符分别赋给数组中前面的元素，其余后边的元素为默认值。如果提供的初值个数与预定的数组长度相同，在定义时可以省略数组长度，系统会自动根据初值个数确定数组长度。例如：

```
char c[]={'I',' ','a','m',' ','h','a','p','p','y'};   //相当于 char c[10]={'I',' ','a','m',' ','h','a','p','p','y'};
```

2．字符数组的赋值与访问

只能对字符数组的元素赋值，而不能用赋值语句对整个数组赋值。例如：

```
char c[5];
c={'C','h','i','n','a'};                    //错误，不能对整个数组一次赋值
                                            //c 是数组名，表示数组的首地址，不能作为左值
c[0]='C'; c[1]='h';c[2]='i';c[3]='n';c[4]='a';          //对数组元素赋值，正确
```

如果已定义了 a 和 b 是具有相同类型和长度的数组且 b 数组已被初始化，请分析下列语句：

```
a=b;                                        //错误，不能对整个数组整体赋值
a[0]=b[0];                                  //正确，访问数组元素
```

3．字符串和字符串结束标志

用一个字符数组可以存放一个字符串中的字符。例如：

```
char str[12]={'I',' ','a','m',' ','h','a','p','p','y'};
```

为了测定字符串的实际长度，C++规定了一个“字符串结束标志”，以字符“\0”代表。对一个字符串常量，系统会自动在所有字符的后面加一个“\0”作为结束符。例如，字符串“I am happy”共有 10 个字符，但在内存中它共占 11 个字节，最后一个字节“\0”是由系统自动加上的。

如果用以下语句输出一个字符串：

```
cout<<"How do you do?";
```

系统在执行此语句时逐个输出字符，那么它如何判断应该输出到哪个字符结束呢？

在程序中依据检测“\0”的位置来判定字符串是否结束，而不是根据数组的长度来决定字符串长度。当然，在定义字符数组时应估计实际字符串长度，以保证字符数组长度始终大于字符串实际长度。如果在一个字符数组中先后存放多个不同长度的字符串，则应使数组长度大于最长的字符串的长度。

可以使用字符串常量来初始化字符数组。例如：

```
char str[]={"I am happy"};
```

也可以省略花括号，直接写成：

```
char str[]="I am happy";
```

不是用单个字符作为初值，而是用一个字符串（注意，字符串的两端是用双撇号而不是单撇号括起来的）作为初值。显然，这种方法直观、方便，符合人们的习惯。注意，数组 str 的长度不是 10，而是 11（因为字符串常量的最后由系统加上了一个“\0”）。因此，上面的初始化与下面的初始化等价：

```
char str[]={'I',' ','a','m',' ','h','a','p','p','y','\0'};
```

如果有 char str[10]="China";，则数组 str 的前 5 个元素为'C','h','i','n','a'，第 6 个元素为'\0'，后 4 个元素为系统默认值。

4．字符数组的输入/输出

字符数组的输入/输出可以有以下两种方法。

（1）逐个字符输入/输出。

```
char a[5];
int i;
for (i=0;i<5,i++) cin>>a[i];
```

（2）将整个字符串一次输入或输出。例如，有以下程序段：

```
char str[20];
cin>>str;                    //用字符数组名输入字符串
cout<<str;                   //用字符数组名输出字符串
```

在运行时输入一个字符串。例如：

```
zhengzhou↙
```

输出时，逐个输出字符直到遇到结束符“\0”，结束输出。输出结果为：

```
zhengzhou
```

如前所述，字符数组名 str 代表字符数组第一个元素的地址，执行“cout<<str;”的过程是从 str 所指向的数组的第一个元素开始逐个输出字符，直到遇到“\0”为止。

输入字符串时，遇到空格字符或换行字符（“Enter”键），认为一个字符串结束，接着的非空格字符作为一个新的字符串的开始。当把输入的一行字符（包括空格字符）作为一个字符串送到字符数组中时，要使用 C++提供的 cin 流中的 getline()函数：

```
cin.getline(字符数组名 str, 字符个数 n, 结束符'\n');
```

该函数的第一个参数 str 为字符数组名，第二个参数 n 为允许输入的最大字符个数。

功能：一次连续读入多个字符（可以包括空格），直到读满 n 个，或遇到指定的结束符（默认为“\n”）。读入的字符串存放于字符数组 str 中，但不存储结束符。

例如：

```
char city[80];
char state[80];
cin.getline(city , 80 , ',');        //以逗号“,”为结束符
cin.getline(state, 80, '\n');        //以回车“\n”为结束符，等价于 cin.getline(state, 80);
cout << "City: " << city << "  State: " << state << endl;
```

程序运行结果：

```
输入：Zheng   Zhou, China↙
输出：City: Zheng Zhou      State: China
```

6.3.2 字符串处理函数

由于字符串使用广泛，C++提供了一些字符串函数，使用户能很方便地对字符串进行处理。几乎所有版本的 C++编译器都提供了下面这些函数，它们放在标准函数库中，在 string.h 头文件中说明。如果程序中使用这些字符串函数，应该用#include 命令把 string.h 头文件包含到源代码文件中。下面介绍几种常用的字符串处理函数。

1. 字符串连接函数 strcat

其函数原型为：

```
char * strcat(char *str1,const *str2);
```

函数原型的形参和函数返回类型是以字符指针形式实现的，有关指针的知识详见第 8 章内容。数组名本身就是指针，所以函数原型中用指针描述的地方可以用数组代替，下面其他函数原型描述同样如此。

该函数的作用：将第二个字符数组中的字符串连接到第一个字符数组的字符串后面。第二个字符数组被指定为 const，以保证该数组中的内容不会在函数调用期间修改。连接后的字符串放在第一个字符数组中，函数调用后得到的函数值，就是第一个字符数组的地址。例如：

```
char str1[30]= "we are students , ";
char str2[]="we studies in Henan. ";
cout<<strcat(str1，str2));              //输出结果为 we are students , we studies in Henan.
```

2. 字符串复制函数 strcpy

其函数原型为：

```
char *strcpy(char *str1, const char *str2);
```

该函数的作用是将第二个字符数组中的字符串复制到第一个字符数组中，将第一个字符数组中的相应字符覆盖。例如：

```
char str1[10]，str2[]="Zhengzhou";
strcpy(str1，str2);                  //str1[]=="Zhengzhou"
```

执行后，str2 中的 9 个字符“Zhengzhou”和“\0”（共 10 个字符）复制到数组 str1 中。

说明：

（1）只能通过调用 strcpy 函数来实现将一个字符串赋给一个字符数组，而不能用赋值语句将一个字符串常量或字符数组直接赋给一个字符数组。

（2）可以用 strncpy 函数将一个字符串中前若干个字符复制到字符数组中。

strncpy()函数原型为

```
char *strncpy(char *str1, char *str2, int n);
```

例如，strncpy(str1,str2,2)，如果 str2="China"，那么 str1=="Ch"。

3. 字符串比较函数 strcmp

其函数原型为：

```
int strcmp(const char *str1,const char *str2);
```

该函数的作用是比较两个字符串。由于这两个字符数组只参加比较而不应改变其内容，因此两个参数都加上 const 声明。以下写法是合法的：

```
strcmp(str1，str2);
strcmp("China"，"Korea");
strcmp(str1，"Beijing");
```

比较的结果由函数值返回：

（1）如果字符串 1=字符串 2，则函数值为 0。

（2）如果字符串 1>字符串 2，则函数值为一正整数。

（3）如果字符串 1<字符串 2，则函数值为一负整数。

字符串比较的规则与其他语言中的规则相同，即对两个字符串自左至右逐个字符相比（按 ASCII 码值大小比较），直到出现不同的字符或遇到“\0”为止。如果全部字符相同，则认为相等；若出现不相同的字符，则以第一个不相同的字符的比较结果为准。

注意，对两个字符串比较，不能用以下形式：

```
if(str1>str2) cout<<"yes";
```

也不能使用

```
if(str1= =str2) cout<<"yes";
```

字符数组名 str1 和 str2 代表数组地址，上面写法表示将两个数组地址进行比较，而不是对数组中的字符串内容进行比较。对两个字符串比较应该用以下形式：

```
if(strcmp(str1,str2)>0) cout<<"yes";
```

4. 字符串长度函数 strlen

其函数原型为：

```
int strlen(const char *string);
```

该函数的作用是测试字符串长度。其函数值为字符串中的实际长度，不包括“\0”在内。例如：

```
char str[10]="China";
cout<<strlen(str);
```

输出结果不是 10，也不是 6，而是 5。

以上是几种常用的字符串处理函数，除此之外还有其他一些字符串函数，详见附录 B。

6.3.3 字符数组应用举例

【例 6.5】 输入一个字符串，把其中的字符按逆序输出。

分析：首先将字符串存放在字符数组中，计算出字符串的长度为 n 后，将 a[0] 和 a[n−1] 互换，a[1] 和 a[n−2]互换，…，a[i] 和 a[n−i−1] 互换，直到一半即可。

程序如下：

```
#include <iostream.h>
#include <string.h>
int main()
{
    int i,n;
    char a[30],temp;
    cout<<"Please input a string:"<<endl;
    cin>>a;
    n=strlen(a);
    for(i=0;i<n/2;i++)
        {temp=a[i];a[i]=a[n-i-1];a[n-i-1]=temp;}
    for(i=0;i<n;i++)
        cout<<a[i];
    cout<<endl;
    return 0;
}
```

【例 6.6】 应用字符数组实现两个字符串的连接。

方法一： C++提供的字符串处理函数中有字符串连接函数，可以实现两个字符串的连接。

程序如下：

```
#include <iostream.h>
#include <string.h>
int main( )
{     char str1[40],str2[20];          //定义字符数组 str1、str2
      cout<<"Input two strings:\n";
      cin.getline(str1,20);            //输入字符串 1 到 str1 中
      cin.getline(str2,20);            //输入字符串 2 到 str2 中
      strcat(str1,str2);               //将 str1、str2 连接后存入 str1
      cout<<str1<<endl;                //输出 str1
      return 0;
}
```

方法二： 不使用字符串连接函数 strcat 连接两个字符串。

字符数组 str1、str2 保存原有的两个字符串，仍然用 str1 保存连接后的字符串，所以找到 str1 中原有的字符串尾部，将 str2 保存的原有字符串中的字符逐个赋值到 str1 尾部的相应位置。

程序如下：

```
#include <iostream.h>
int   main( )
{     char str1[40],str2[20];              //定义字符数组 str1、str2
      int i,j;
      cout<<"Input two strings:\n";
      cin.getline(str1,20);                //输入字符串 1 到 str1 中
      cin.getline(str2,20);                //输入字符串 2 到 str2 中
      i=0;                                 //使 i 指向 str1 的第一个元素
      while (str1[i]!='\0')                //判断 str1 是否结束
          i++;                             //str1 没有结束，使 i 指向下一个元素
      j=0;                                 //使 j 指向 str2 的第一个元素
      while (str2[j]!='\0')                //判断 str2 是否结束
      {   str1[i]=str2[j];                 //str2 没有结束，将 str2[j]赋给 str1[i]
          i++;                             //使 i 指向 str1 的下一个元素
          j++;                             //使 j 指向 str2  的下一个元素
      }
      str1[i]='\0';              //在 str1 末尾添加结束标志“\0”
      cout<<str1<<endl;    //输出 str1
      return 0;
}
```

6.4 二 维 数 组

具有两个下标的数组称为二维数组。有些数据要依赖两个因素才能唯一地确定。例如，有 25 个学生，每个学生有 4 门课的成绩。显然，成绩数据是一个二维表，若要表示这组数据，就需要指出学生序号和课程序号这两个因素。在 C++中以 s[20][4]表示。

6.4.1　二维数组的定义

1. 二维数组的定义

二维数组定义的一般格式为：

```
类型标识符 数组名[常量表达式][常量表达式]
```

例如：

```
float a[25][4],b[55][10];
```

定义 a 为 25×4（25 行 4 列）的单精度数组，b 为 55×10（55 行 10 列）的单精度数组。C++对二维数组采用这样的定义方式，使人们可以把二维数组看做是一种特殊的一维数组，它的元素又是一个一维数组。例如，可以把 a 看做是一个一维数组，它有 25 个元素，即 a[0],a[1], a[2], …, a[24]。每个元素又是一个包含 4 个元素的一维数组，如 a[0]可以看成由 4 个元素 a[0][0], a[0][1], a[0][2], a[0][3]组成的一维数组。a[0], a[1], a[2], …, a[24]是 25 个一维数组的名字。

C++中，二维数组中元素排列的顺序是按行存放，即在内存中先顺序存放第一行的元素，然后再存放第二行的元素。

C++允许使用多维数组。有了二维数组的基础，再掌握多维数组是不困难的。例如，定义三维数组的方法是

```
float a[2][3][4];
```

定义 float 型三维数组 a，它有 2×3×4=24 个元素。多维数组元素在内存中的排列顺序是第一维的下标变化最慢，最右边的下标变化最快。例如，上述三维数组的元素排列顺序为

a[0][0][0]→a[0][0][1]→a[0][0][2]→a[0][0][3]→a[0][1][0]→a[0][1][1]→a[0][1][2]→a[0][1][3]→a[0][2][0]→a[0][2][1]→a[0][2][2]→a[0][2][3]→a[1][0][0]→a[1][0][1]→a[1][0][2]→a[1][0][3]→a[1][1][0]→a[1][1][1]→a[1][1][2]→a[1][1][3]→a[1][2][0]→a[1][2][1]→a[1][2][2]→a[1][2][3]

2. 二维数组的访问

二维数组的元素的表示形式为：

```
数组名 [下标][下标]
```

如 a[2][3]。下标可以是整型常量表达式，也可以是整型变量表达式，如 a[2-1][2*2-1]、a[i][j]。不要写成 a[2,3]、a[2-1,2*2-1]形式。

数组元素可以出现在表达式中，也可以被赋值。例如：

```
b[1][2]=a[2][3]/2;
```

在使用数组元素时，应该注意下标值应在已定义的数组大小的范围内。常出现的错误：

```
int a[3][4];                    //定义 3 行 4 列的数组
⋮
a[3][4]=15;                     //错误，越界访问
```

定义 a 为 3×4 的数组，它可用的行下标值最大为 2，列下标值最大为 3，因此最大下标编号的元素为 a[2][3]，a[3][4]就超过了数组的范围。

请严格区分在定义数组时用的 a[3][4]和访问元素时的 a[3][4]的区别。前者 a[3][4]用来定

义数组的维数和各维的大小，后者 a[3][4]中的 3 和 4 是下标值，a[3][4]代表第 4 行第 5 个元素。

6.4.2 二维数组的初始化

可以用下面的方法对二维数组初始化。

（1）分行给二维数组赋初值。例如：

```
int a[3][4]={{1,2,3,4},{5,6,7,8},{9,10,11,12}};
```

这种赋初值的方法比较直观，把第 1 个花括号内的数据赋给第 1 行元素，把第 2 个花括号内的数据赋给第 2 行元素，……，即按行赋初值。

（2）可以将所有数据写在一个花括号内，按数组排列的顺序对各元素赋初值。例如：

```
int a[3][4]={1,2,3,4,5,6,7,8,9,10,11,12};
```

效果与前相同，但以第 1 种方法为好，一行对一行，界限清楚。用第 2 种方法时，将二维数组看成了一个一维数组，如果数据多，写成一大片，容易遗漏，也不易检查。

（3）可以对部分元素赋初值。例如：

```
static int a[3][4]={{1},{5},{9}};
```

它的作用是只对各行第 1 列的元素赋初值，其余元素值自动置为 0。赋初值后数组各元素为：

```
1 0 0 0
5 0 0 0
9 0 0 0
```

也可以对各行中的某一元素赋初值：

```
static int a[3][4]={{1},{0,6},{0,0,11}};
```

初始化后的数组元素如下：

```
1 0 0  0
0 6 0  0
0 0 11 0
```

这种方法对非 0 元素少时比较方便，不必将所有的 0 都写出来，只需输入少量数据。也可以只对某几行元素赋初值：

```
static int a[3][4]={{1},{5,6}};
```

赋初值后数组元素为：

```
1 0 0 0
5 6 0 0
0 0 0 0
```

（4）如果对全部元素都赋初值（即提供全部初始数据），则定义数组时对第一维的长度可以不指定，但第二维的长度不能省。例如：

```
int a[3][4]={1,2,3,4,5,6,7,8,9,10,11,12};
```

可以写成：

```
int a[][4]={1,2,3,4,5,6,7,8,9,10,11,12};
```

系统会根据数据总个数和数据类型分配存储空间，一共 12 个数据，每行 4 列，共 3 行。在定义时也可以只对部分元素赋初值而省略第一维的长度，但应分行赋初值。例如：

```
static int a[ ][4]={{0,0,3},{},{0,9}};
```

这样的写法，能通知编译系统数组共有 3 行。数组各元素为：

```
0  0  3  0
0  0  0  0
0  9  0  0
```

6.4.3 二维字符数组

定义二维字符数组的语法格式为：

```
char   数组名[常量表达式 1][常量表达式 2];
```

二维字符数组的每一行可以存放一个字符串，所以初始化时可以用多个字符串常量。例如：

```
char a[3][6]={"China","Japan","Korea"};
```

【例 6.7】 输出一个钻石图形。

程序如下：

```
#include<iostream.h>
int main()
{   static char diamond[][5]={{' ',' ','*'},   {' ','*',' ','*'}, {'*',' ',' ',' ','*'}, {' ','*',' ','*'}, {' ',' ','*'}};
    int i,j;
    for (i=0;i<5;i++)
    {
        for(j=0;j<5;j++)
            cout<<diamond[i][j];
        cout<<endl;
    }
    return 0;
}
```

程序运行结果：

```
  *
 * *
*   *
 * *
  *
```

【例 6.8】 从键盘输入 3 个字符串，找出其中的最大者。

程序如下：

```
#include <iostream.h>
#include <string.h>
int main( )
{    char str[3][20],string[20];          //定义字符数组 str[3][20]和 string[20]
     int i;
     cout<<"Input three strings:\n";
     for (i=0;i<3;i++)
          cin.getline(str[i],20);         //输入 3 个字符串存放在 str[3][20]中
     if (strcmp(str[0],str[1])>0)         //找出 str[0]和 str[1]中的大者，存入 string
          strcpy(string,str[0]);
     else
          strcpy(string,str[1]);
     if (strcmp(str[2],string)>0)         //若 str[2]比 string 大，则 str[2]存入 string
          strcpy(string,str[2]);
     cout<<string<<endl;                  //输出 string
     return 0;
}
```

程序运行后，提示：

```
Input three strings:
we ↙
you↙
they↙
```

输出结果：

```
you
```

6.4.4 二维数组应用

【例 6.9】 将一个二维数组行和列元素互换，存到另一个二维数组中。例如：

$$a=\begin{Bmatrix}1 & 2 & 3\\4 & 5 & 6\end{Bmatrix} \qquad b=\begin{Bmatrix}1 & 4\\2 & 5\\3 & 6\end{Bmatrix}$$

程序如下：

```
#include <iostream.h>
int main( )
{
    int a[2][3]={{1,2,3},{4,5,6}};
    int b[3][2],i,j;
    cout<<"array a: "<<endl;
    for (i=0;i<2;i++)
    {
```

```
        for (j=0;j<3;j++)
        {   cout<<a[i][j]<<" " ;
            b[j][i]=a[i][j];
        }
        cout<<endl;
    }
    cout<<"array b: "<<endl;
    for (i=0;i<3;i++)
    {
        for(j=0;j<2;j++)
            cout<<b[i][j]<<" ";
        cout<<endl;
    }
    return 0;
}
```

程序运行结果：

```
array a:
1  2  3
4  5  6
array b:
1  4
2  5
3  6
```

【例 6.10】 求下面 5×5 矩阵的上三角元素的和。

分析：上三角元素的特点是每一行的列标大于或等于行标，可以逐行遍历，将符合条件的元素相加。

$$a=\begin{Bmatrix} 1 & 2 & 3 & 4 & 5 \\ 6 & 7 & 8 & 9 & 10 \\ 11 & 12 & 13 & 14 & 15 \\ 16 & 17 & 18 & 19 & 20 \\ 21 & 22 & 23 & 24 & 25 \end{Bmatrix}$$

程序如下：

```
# include <iostream.h>
int main()
{  int i,j,s=0,n=1;
   int a[5][5];
   //初始化数组并输出
   for(i=0;i<5;i++)
     { for(j=0;j<5;j++)
        { a[i][j]=n++;
          cout<<a[i][j]<<'\t';
        }
```

```
            cout<<endl;
        }
    //计算上三角元素的和
    for(i=0;i<5;i++)
        for(j=0;j<5;j++)
            if(j>=i)
                s=s+a[i][j];
    cout<<"上三角元素的和为："<<s<<endl;
    return 0;
}
```

程序运行结果：

```
上三角元素的和为：155
```

【例 6.11】 有一个 3×4 的矩阵，编程求出其中值最大的那个元素的值，以及其所在的行号和列号。

分析：开始时把 a[0][0]的值赋给变量 max，然后让下一个元素与它比较，将二者中值大者保存在 max 中，然后再让下一个元素与新的 max 相比，直到最后一个元素比完为止。最后 max 的值就是数组所有元素中的最大值。

程序如下：

```
#include <iostream.h>
int main( )
{   int i,j,row=0,colum=0,max;
    int a[3][4]={{5,12,23,56},{19,28,37,46},{-12, -34,6,8}};
    max=a[0][0];                    //使 max 开始时取 a[0][0]的值
    for (i=0;i<=2;i++)              //第 0 行～第 2 行
    for (j=0;j<=3;j++)              //第 0 列～第 3 列
        if (a[i][j]>max)            //如果某元素大于 max
        {
            max=a[i][j];            //max 将取该元素的值
            row=i;                  //记下该元素的行号 i
            colum=j;                //记下该元素的列号 j
        }
    cout<<"max="<<max<<",row="<<row<<",colum="<<colum<<endl;
    return 0;
}
```

程序运行结果：

```
max=56，row=0，colum=3
```

【例 6.12】 找出一个二维数组中的鞍点，即该位置上的元素在该行最大，在该列最小（也可能没有鞍点）。

分析：先找出二维数组某一行中的最大元素，再判断此元素是否是所在列中的最小值，即可知本行有无鞍点，重复直到所有的行都判断一遍。

二维数组数据如下：

1	2	3	13
5	6	7	8
9	10	11	12

程序如下：

```
#include <iostream.h>
int main()
{    const int n=3,m=4;
     int i,j,max,maxj,a[n][m]={1,2,3,13,5,6,7,8,9,10,11,12};
     bool flag;
     for (i=0;i<n;i++)
     {    max=a[i][0]; maxj=0;
          for (j=0;j<m;j++)
               if (a[i][j]>max)
               {     max=a[i][j];
                     maxj=j;
               }
          flag=true;
          for (int k=0;k<n;k++)
              if (max>a[k][maxj])
               {flag=false;
                break;}
          if(flag) {cout<<"鞍点 a["<<i<<"]["<<maxj<<"]="<<max<<endl;break; }
     }
     if(!flag) cout<<"鞍点不存在!"<<endl;
     return 0;
}
```

程序运行结果：

```
鞍点 a[1][3]=8
```

【例 6.13】 编写一个程序，统计某个班每名学生语文、数学、英语的平均成绩。要求按学号从小到大的顺序依次输入每名学生的成绩，最后统计每名学生的平均成绩，并列表输出。

分析：可将 *n* 名学生 *m* 门课程的成绩视为一个 *n* 行×*m* 列的二维数组。统计每名学生的总成绩，或统计各门课程的平均成绩，相当于统计一个二维数组各行元素的和，各列元素的平均值。

本例中每名同学需要处理的是学号、三门课程（语文、数学、英语）的成绩和平均成绩，共 5 个实数类型数据，而一个班级可能有若干名学生，所以用二维数组来处理是最方便的，定义 float s[N][M]; 第一维行表示学生，第二维列表示每一个学生的成绩、总成绩和平均成绩。例如，第 3 名学生的数学成绩是 score[2][1]这个元素。

程序如下：

```
#include <iostream.h>
#include <iomanip.h>
#define N 5
#define M 5
```

```
int main()
{   int s[N][M];
    float sum;
    int i,j;
    cout<<"Input data:\n";          //输入数据
    for (i=0;i<N;i++)               //输入 5 名学生的学号与 3 门课的成绩
      for (j=0;j<M-1;j++)
          cin>>s[i][j];
    for (i=0;i<N;i++)               //处理数据
    {   sum=0.0;
        for (j=1;j<M-1;j++)         //计算每名学生的总成绩
            sum=sum+s[i][j];
        s[i][j]=sum/(M-2);          //计算每名学生的平均成绩
    }
    cout<<setw(5)<<" 学号"<<" 语文  数学  英语   平均成绩"<<endl;
    cout<<"------------------------------\n";
    for (i=0;i<N;i++)
    {   for (j=0;j<M;j++)           //输出每个学生的学号与成绩
            cout<<setw(6)<<s[i][j];
        cout<<endl;
    }
    cout<<"------------------------------\n";
    return 0;
}
```

程序运行后，在 Input data:提示后输入以下数据：

```
1001    90  80  85
1002    70  75  80
1003    65  70  75
1004    85  50  60
1005    80  90  70
```

程序运行结果：

```
学号    语文    数学    英语   平均成绩
-----------------------------------------------
1001     90      80      85      85
1002     70      75      80      75
1003     65      70      75      70
1004     85      50      60      65
1005     80      90      70      80
---------------------------------------------
```

可以将二维数组看成是一个 m 行 n 列的矩阵，以进行有关行列式操作，如求各行、各列的和，对矩阵中对角线上的元素或上、下三角形中的元素进行操作，又如求两个矩阵的和、差或乘积，求矩阵的逆等。

6.5 数组作为函数参数

常量和变量可以用做函数实参，向函数的形参传递数据。同样，数组元素也可以做函数实参，其用法与变量相同，也可将数组作为实参将这个数组传给函数。数组作为函数参数时，传递的只是实参数组的首地址，并没有产生一个新的形参数组，实参数组与形参数组实际占用同一块内存单元。

6.5.1 向函数传递一维数组

向函数传递一维数组时，实参与形参都用数组名。在对形参数组声明时，不必指定数组的大小。

【例 6.14】 一维数组作为函数的形参。

程序如下：

```
#include <iostream.h>
int  sum(int array [], int);
int main()
{
   static int a[5]={2,3,6,8,10};
   int  sumOfArray;
   sumOfArray=sum(a, 5);
   cout<<"数组元素的和等于"<<sumOfArray<<endl;
   return 0;
}
int sum(int array[], int len)
{
     int s=0;
     for(int i=0; i<len; i++)
     s+=array[i];
     return s;
}
```

程序运行结果：

```
数组元素的和等于 29
```

sum()函数以整数数组作为第一个参数，以整数作为第二个参数。由于传递数组名实际上传递的是数组的首地址，所以在函数原型中，数组参数的书写形式无须在方括号中写明数组大小。如果写明了数组大小，编译器将忽略之。形参数组的方括号只是告诉函数，该参数是数组的起始地址。

传递数组时应注意形参、实参数组类型必须一致。

【例 6.15】 用选择法对数组中的 10 个整数按由大到小排序。

选择法的基本思想：从待排序的数据元素集合中选取最大的数据元素并将它与原始数据元素集合中的第一个数据元素交换位置；然后从不包括第一个位置上数据元素的集合中选取最大的数据元素并将它与原始数据元素集合中的第二个数据元素交换位置；如此重复，直到数据元素集合中只剩下一个数据元素为止。定义 int a[10]存储从键盘输入的 10 个整数。对数组 a 的 10 个整数的选择法排序算法如下所述。

第 1 轮：引入一个标记 k 变量指向 A[0]元素（k=0），将 A[k]与 A[1]比较，若 A[k]<A[1]，则将 k 指向较大的 A[1]元素（k=1）。再将 A[k]与 A[2]~A[9]逐个比较，并在比较的过程中将 k 指向其中的较大数。完成比较后，k 指向 10 个数中的最大数。如果 k≠ 0，则交换 A[k]和 A[0]；如果 k=0，则表示 A[0]就是 10 个数中的最大数，不需要进行交换。

第 2 轮：将标记 k 变量指向 A[1]元素（k=1），将 A[k]与 A[2]~A[9]逐个比较，并在比较的过程中将 k 指向其中的较大数。完成比较后，k 指向余下 9 个数中的最大数。如果 k≠ 1，则交换 A[k]和 A[1]；如果 k=1，则表示 A[1]就是余下 9 个数中的最大数，不需要进行交换。

继续进行第 3 轮、第 4 轮、……，直到第 9 轮，方法同上。

选择法排序每轮最多进行一次交换，以 n 个数按降序排列为例，其 N-S 图如图 6-3 所示。

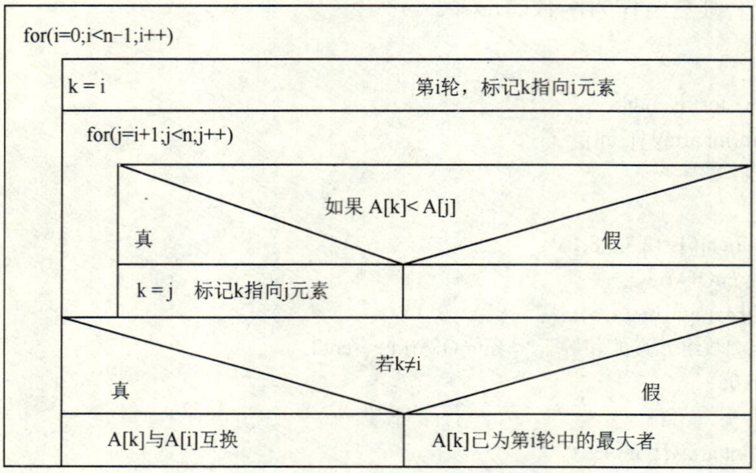

图 6-3 选择法排序算法的 N-S 图

根据此 N-S 图编写程序如下：

```
#include <iostream.h>
#include <iomanip.h>
void sort(int a[],int n)                                   //形参 a 是数组名
{   int i,j,k,t;
    for(i=0;i<n-1;i++)
    {
        k=i;
        for(j=i+1;j<n;j++) if (a[k]< a[j]) k=j;          //标记 k 指向大数
            if(k!=i)
            {
                t=a[i]; a[i]=a[k]; a[k]=t;                //交换 a[i]与 a[k]
            }
    }
}
int main()
{
```

```
    int i;
    int score[10];
    for(i=0;i<10;i++)
        cin>>score[i];
    sort(score,10);                    //函数调用，数组名作为实参
    for(i=0;i<10;i++)                  //输出 10 个已排好序的数
        cout<<setw(5)<<score[i];
    return 0;
}
```

此时对 sort 函数中 a 数组的排序操作实际上是对 score 数组的操作，所以在 main()函数中 score 数组被排序了。

6.5.2 向函数传递二维数组或多维数组

如果用二维数组名作为实参和形参，在对形参数组声明时，必须指定第二维（即列）的大小，并且应与实参的第二维大小相同。第一维的大小可以指定，也可以不指定。例如：

```
int array[3][10];              //形参数组的两个维都指定
或   int array[][10];          //第一维大小省略
```

二者都合法而且等价，但是不能把第二维的大小省略。下面的形参数组写法不合法：

```
int array[][];                 //不能确定数组的每一行有多少列元素
int array[3][];                //不指定列数就无法确定数组的结构
```

在第二维大小相同的前提下，形参数组的第一维可以与实参数组不同。例如，实参数组定义为：

```
int score[5][10];
```

而形参数组可以声明为：

```
int array[3][10];              //列数与实参数组相同，行数不同
int array[8][10];
```

这时形参二维数组与实参二维数组都是由相同类型和相同大小的一维数组组成的，实参数组名 score 代表其首元素（即第一行）的起始地址，系统不检查第一维的大小。

如果是三维或更多维的数组，处理方法类似。

【例 6.16】 有一个 3×4 的矩阵，求矩阵中所有元素中的最大值，要求用函数处理。

解此题的算法已在前边介绍过。

程序如下：

```
#include <iostream.h>
int max_value(int array[][4]);
int main( )
{
    int a[3][4]={{11,32,45,67},{22,44,66,88},{15,72,43,37}};
    cout<<"max value is: "<<max_value(a)<<endl;
    return 0;
}
```

```
int max_value(int array[][4])
{
    int i,j,max;
    max=array[0][0];
    for( i=0;i<3;i++)
      for(j=0;j<4;j++)
        if(array[i][j]>max) max=array[i][j];
    return max;
}
```

程序运行结果：

```
max value is 88
```

【例 6.17】 有 5 个字符串，要求用函数调用找出其中最大者。

程序如下：

```
#include <iostream.h>
#include <string.h>
void max_string(char str[][30],int i);                    //函数声明
int main( )
{
  int i;
  char countryname[5][30];
  for(i=0;i<5;i++)
      cin>>countryname[i];                                //输入 3 个国家名
  max_string(countryname,5);                              //调用 max_string 函数
  return 0;
}
void max_string(char str[][30],int n)
{
  int i;
  char string[30];
  strcpy(string,str[0]);                                  //使 string 的值为 str[0]的值
  for(i=0;i<n;i++)
      if(strcmp(str[i],string)>0)                         //如果 str[i]>string
  strcpy(string,str[i]);                                  //将 str[i]中的字符串复制到 string
  cout<<endl<<"the largest string is:  "<<string<<endl;
}
```

6.6 数组应用实例

【例 6.18】 约瑟夫环问题。

约瑟夫(josephus)环是这样的：假设有 n 个小孩坐成一个环，假如从第一个小孩开始数，如果数到 m 个小孩，则该小孩离开，问最后留下的小孩是第几个小孩？例如，总共有 6 个小孩，围成一圈，从第一个小孩开始，每次数 2 个小孩，则游戏情况如下。

小孩序号：1，2，3，4，5，6

离开小孩序号：2，4，6，3，1

最后留下的小孩的序号是 5。

分析：定义一个数组 Child，每个元素代表一个小孩，元素下标可以作为小孩的序号，如 Child[0]代表第一个小孩，Child[1]代表第 2 个小孩，依次类推。小孩坐成一个环，而数组是线性的，要数组能从尾部跳到头部可以采用“加 1 取模”法。例如，有 6 个小孩，那么下标 i 加 1 对 6 取模，下标 i=5（数组尾部）加 1 对 6 取模恰好为 0，即头元素下标。

程序如下：

```
#include <iostream.h>
int Josephus(int Child[ ],int n,int m) ;
int   main()
{
    const int num=6;
    int persons[num],winner;
    for(int i=0;i<num;i++) persons[i]=i+1;             //所有小孩的序号存在数组中
    winner=Josephus(persons,num,2);                    //数组名作为函数的参数
    cout<<"最后获胜小孩的序号:"<<winner<<endl;        //输出最后获胜小孩的序号
    return 0;
}
int Josephus(int Child[ ],int n,int m)
//Child 为保存小孩序号的数组；n 为小孩的个数；m 为数小孩的个数
{
     int i=-1,j=0,k=0;                //k 代表离开人数
     while(1)                         //开始数小孩，直到留下一个小孩
     {
          for(j=0;j<m;)               //在圈中数 m 个小孩
          {
               i=(i+1)%n;             //取下标加 1 的模，当 i 的值在 0 与 n-1 之间循环
               if(Child[i]!= -1)      //小孩在环中则数数有效
                    j++;
          }
          if(k==n-1) break;           //如果 k 等于 n-1，则此时数组中只留下一个小孩，跳出循环
          cout<<Child[i]<<"\t";       //输出离开小孩的序号，序号为 Child[i]中的值
          Child[i]=-1;                //离开的小孩用-1 做标记
          k=k+1;
     }
     cout<<endl;
     return(Child[i]);                //返回最后获胜小孩的序号
}
```

【例 6.19】 简单加密解密程序。

编程要求：短电文要求最长 80 个字符，电文允许出现键盘可以键入的英文字母。原始电文的输入，加密后文本输出，解密后文本输出，均在主函数中调用相应功能函数实现。

分析：字符的加密可以采用简单的替代法实现，如 a→c，b→d，…，y→a，z→b，即字母变成其后的第二个字母。注意，A 的 ASCII 是 65，a 的 ASCII 是 97。a→c 的变换只需 ASCII 加 2。

程序如下：

```
#include <iostream.h>
#include<string.h>
void encrypt (char a[])      //加密函数
{
    for(int i=0;i<strlen(a);i++)
    {
        a[i]=a[i]+2;
        if(a[i]>64+26 && a[i]<97)   a[i]-=26;          //实现 Y→A，Z→B
        if(a[i]>96+26)   a[i]-=26;                     //实现 y→a，z→b
    }
}
void dencrypt (char a[])     //解密函数
{
    for(int i=0;i<strlen(a);i++)
    {
        a[i]=a[i]-2;
        if(a[i]<65)   a[i]+=26;                       //实现 A→Y，B→Z
        if(a[i]<97&&a[i]>=95)   a[i]+=26;             //实现 a→y，b→z
    }
}
int   main()
{
    char input[80];
    cout<<"请输入原文：";
    cin.getline(input,80);
    cout<<"原文的密文为：";
    encrypt(input);                                   //调用加密函数
    cout<<input;
    cout<<endl<<"按该密码解密的原文为：";
    dencrypt(input);                                  //调用解密函数
    cout<<input<<endl;
    return 0;
}
```

程序运行结果：

```
请输入原文：CHINA↙
原文的密文为：EJKPC
按该密码解密的原文为：CHINA
```

6.7 断点调试的方法

断点调试是程序调试中经常用到的一种方法，利用断点调试可以告诉调试器在何处暂停程序的运行，以便查看程序的状态及浏览和修改变量的值等。在 Visual C++ 6.0 中用于 C++调试的断点可分为位置断点、条件断点、数据断点三种类型。下面通过例子介绍断点调试的方法。

1. 创建工程，输入以下代码

```
#include<iostream.h>              //第 1 行
int main()                        //第 2 行
```

```
{ int i;                        //第 3 行
  char s[6]="china";            //第 4 行
  cout<<s<<endl;                //第 5 行，输出字符串
  for(i=0;i<5;i++)              //第 6 行
     s[i]=s[i]-32;              //第 7 行，将小写转化为大写
  cout<<s <<endl;               //第 8 行，输出字符串
  return 0 ;                    //第 9 行
}                               //第 10 行
```

编译并运行程序，程序运行正常，将小写的“china”转换为大写的“CHINA”输出。本章学习了数组，知道数组是在内存中开辟连续的存储空间，并存储类型相同的数据，数组名就是该连续存储空间的首地址，下面通过断点调试，观察数组在内存中分配情况。

2. 设置位置断点

位置断点是程序运行到指定的代码所在的行号时，中断程序的执行进入调试状态，需要强调说明的是此时断点所在行的代码并没有被执行。在程序调试中经常设置位置断点进行断点调试。

将光标移动到第 5 行，按下“F9”键可以在光标所在行设置或取消断点，也可以通过工具栏上的按钮设置，或通过菜单“编辑”→“断点”，打开如图 6-4 所示的 Breakpoints 窗口。Breakpoints 窗口也可以通过快捷键“Ctrl+B”或“Alt+F9”打开，打开后单击“Break at”文本框的右侧的箭头（如图 6-5 所示），选择合适的位置信息。一般情况下，直接选择“Line xxx”选项就足够了，如果想设置的不是当前位置的断点，则可以选择“Advanced…”选项，然后填写函数、行号和可执行文件信息。以上都是设置位置断点的方法，设置完毕后，断点所在代码行的左端会出现一个红色的实心圆。

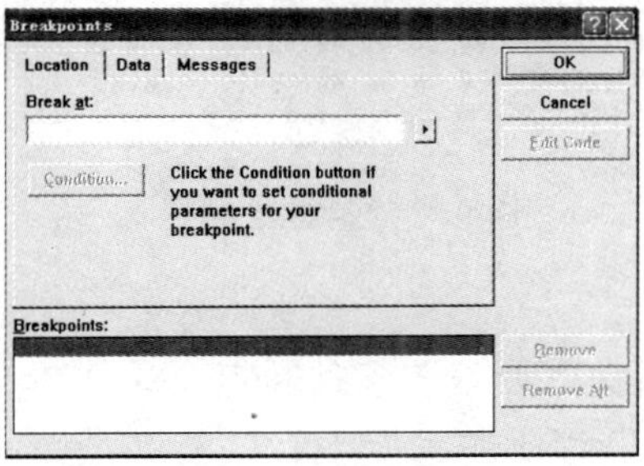

图 6-4　Breakpoints 窗口

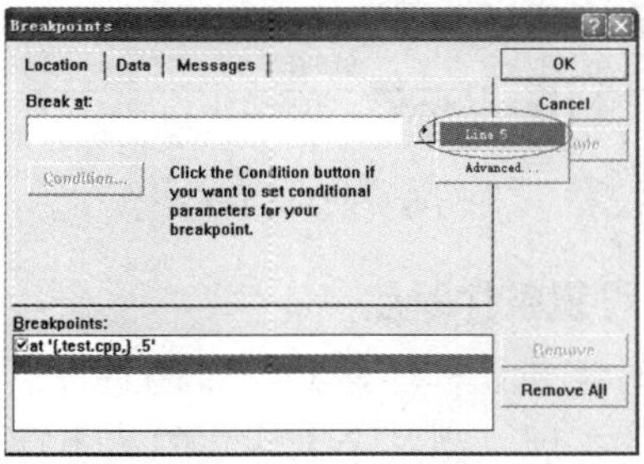

图 6-5　断点位置设置窗口

设置完毕按“F5”键，程序运行到断点处停止运行，并进入调试状态，默认状态下出现 Variables 窗口和 Watch 窗口，在 Variables 窗口中单击“Locals”选项卡，并展开 s，出现如图 6-6 所示的窗口。

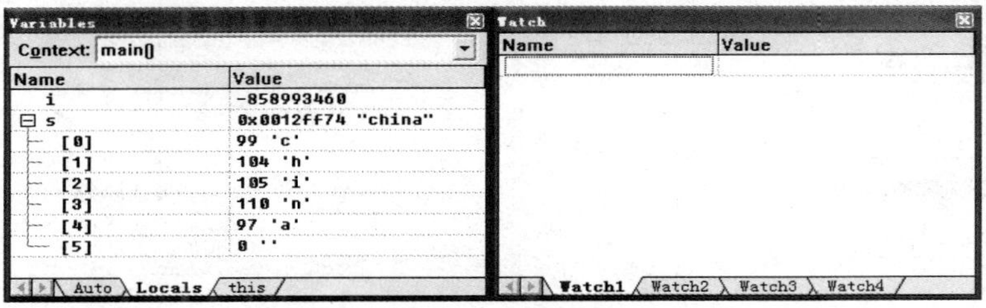

图 6-6　调试窗口

此时程序运行中各个变量值一目了然。当然，也可以在程序中，将光标放在想要查看的变量上面，能够很方便地看到变量的当前值，如图 6-7 所示为查看数组 s 的值。

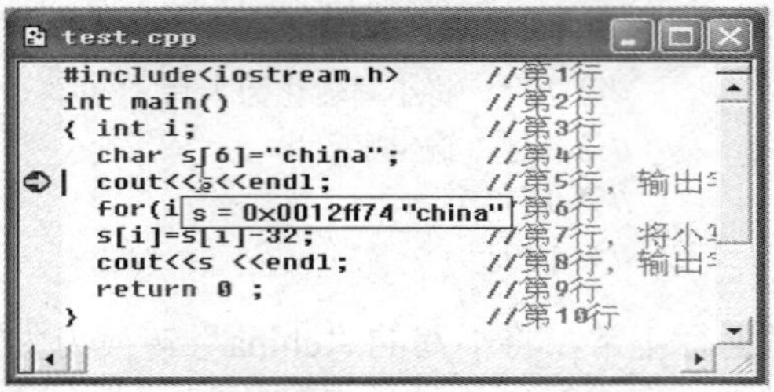

图 6-7　调试窗口下查看变量的值

可以看出此时 s 的值为 0x0012ff74，是个地址值，即数组的首地址，s[0]～s[4]分别存储“c”、“h”、“i”、“n”、“a”这 5 个字符的 ASCII 码，s[5]值为 0，即字符串结束标志“\0”（“\0”的 ASCII 码为 0）。那么这 6 个字符在内存中是否是连续存放的呢？可以在 Watch 窗口中输入&s[0]～&s[5]，其中“&”是地址运算符，查看该变量在内存中的首地址，如图 6-8 所示，说明数组元素在内存中是连续存放的。

当然，知道了数组的首地址，也可以通过 Memory 窗口查看到该字符串的值，如图 6-9 所示。

图 6-8　watch 窗口

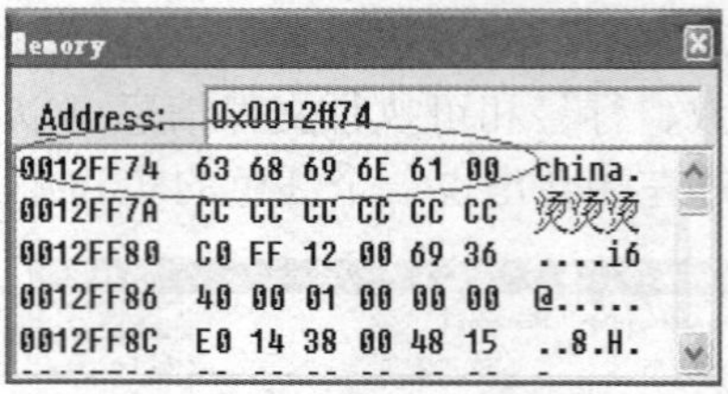

图 6-9　Memory 窗口

3. 设置条件断点

有时需要让程序达到一定的条件后执行断点调试，此时要设置条件断点。条件断点是位置断点的扩展，当某个表达式的值为真或改变数值时中断程序的运行。

在程序中第 7 行设置位置断点后，按“Ctrl+B”组合键出现 Breakpoints 窗口，然后单击“Breakpoints：”区域中已经设置好的相应的断点，如图 6-10 所示。单击“Condition”按钮，出现如图 6-11 所示的 Breakpoint Condition 窗口。

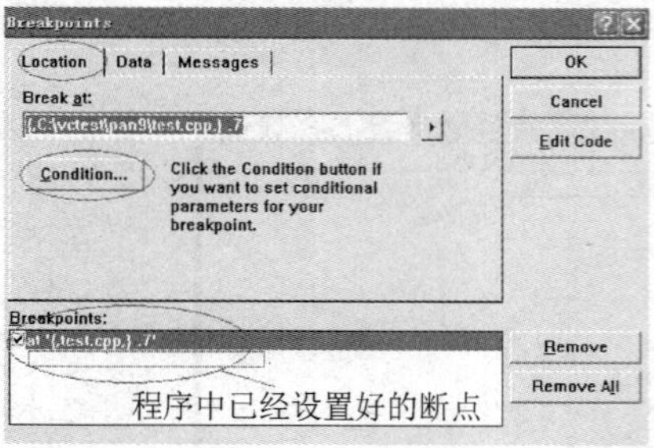

图 6-10　Breakpoints 窗口

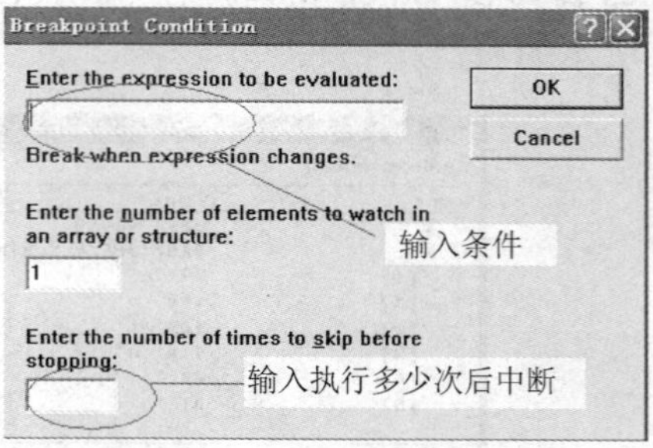

图 6-11　Breakpoint Condition 窗口

可以在图 6-11 窗口上面的“Enter the expression to be evaluated”文本框中输入符合 C++ 语言规范的条件表达式，当此条件为真时执行断点。可以在下面的“Enter the number of times to skip before stopping”文本框中输入循环执行多少次后执行断点。例如，本程序中要查看执行两次循环后的内存变化情况，可以输入条件表达式 i==2，按“F5”键执行断点调试，弹出如图 6-12 所示的窗口。

按“确定”按钮后 Variables 窗口如图 6-13 所示，可以看出前两个字符已经变为大写，等待执行下次循环，这个时候可以配合“F10”键单步调试，观察程序执行情况。

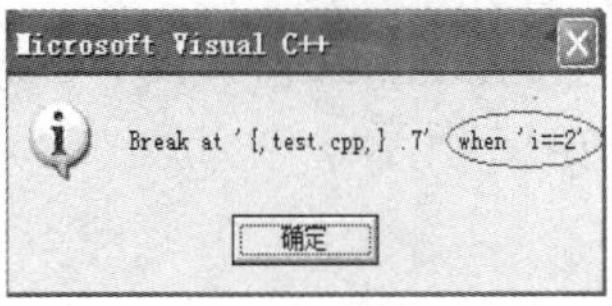

图 6-12　条件断点成立弹出窗口

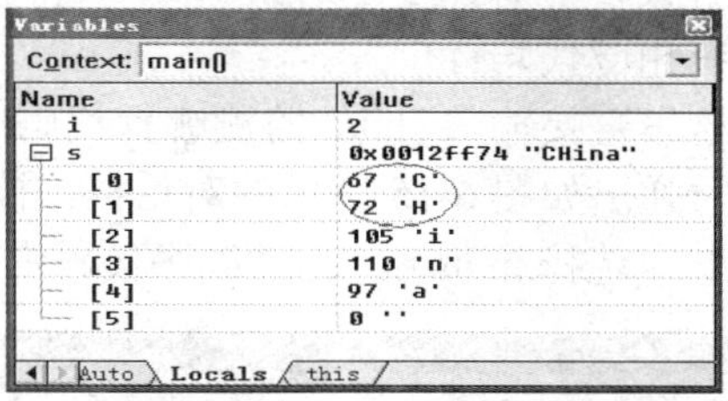

图 6-13　Variables 窗口

当然也可以在图 6-11 窗口中的“Enter the number of elements to watch in an array or structure”文本框中输入 2，同样可以达到调试的目的。

4. 设置数据断点

数据断点是当某个表达式的值为真或改变数值时中断程序的运行。数据断点经常这样使用，先设置一个断点并运行，当进入调试状态后，再设置数据断点，继续断点调试程序，看此时断点停在何处，说明此处代码修改了表达式的值或使表达式值为真。恰当运用数据断点可以快速帮用户定位何时、何处某个数据被修改了。

例如，有以下程序代码：

```
#include <iostream.h>
#include <string.h>
int main()
{ char str1[10];
  char str2[4];
  strcpy(str1,"american");
  cout<<"str1="<<str1;        //第 7 行
  cout<<endl;
  strcpy(str2,"chinese");     //第 9 行
  cout<<"str1="<<str1;
  cout<<endl;
  cout<<"str2="<<str2;
  cout<<endl;
  return 0;
}
```

程序运行结果：

```
str1=american
str1=ese
str2=chinese
```

第二次输出字符串 str1 时结果怎么被修改了，从程序表面上看不出哪行代码修改了 str1 的值，借助数据断点调试程序就很容易定位到该位置。

先在第 7 行设置一个位置断点，按“F5”键执行断点调试程序，运行到断点处，此时按“Ctrl+B”组合键弹出 Breakpoints 窗口。数据断点只能通过 Breakpoints 窗口设置。单击“Data”选项卡，设置数据断点，如图 6-14 所示。

在图 6-14 窗口的“Enter the expression to be evaluated”（输入表达式）文本框中可以直接输入变量或数组名，用来监测哪行代码改变了变量或数组的值；也可以输入一个表达式，当表达式为真时中断程序，如输入 str1[0]== 'e'，当字符数组第一个字符为“e”时中断程序，光标停留在相应代码行位置。

在这里直接输入 str1，监测哪行代码修改了 str1 的值。设置完毕，按“F5”键继续断点调试，此时弹出如图 6-15 所示的对话框，按“确定”按钮后，在 Variables 窗口的“Context”下拉列表框中选择 main()，此时程序代码中光标所处位置如图 6-16 所示。

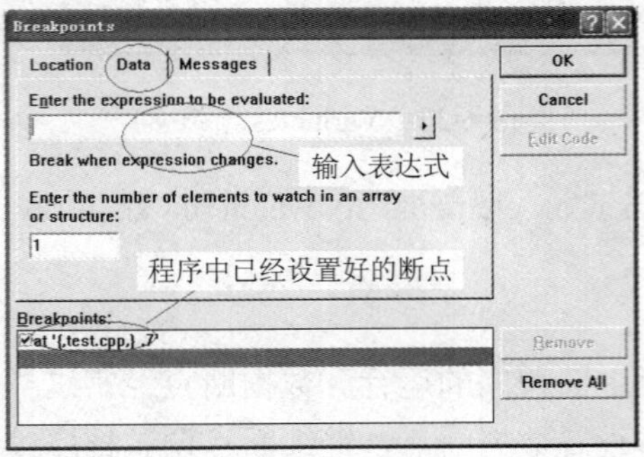

图 6-14　数据断点设置窗口

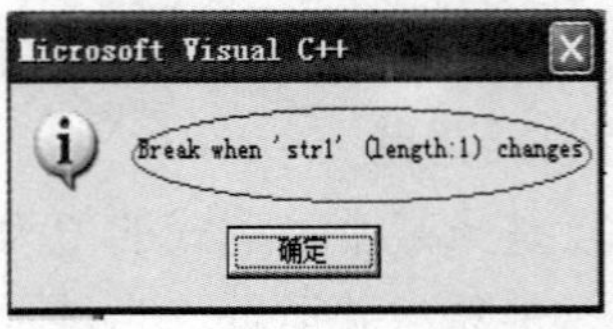

图 6-15　数据断点成立弹出窗口

说明第 9 行代码修改了 str1 的值，可是该行明明没有修改 str1 的值，但调试器指明是这一行，一般是不会错的，配合如图 6-17 所示的 Watch 窗口不难发现，str2 和 str1 在内存中开辟的空间是连续的，由于 C++对数组越界检查不严格，致使当运行第 9 行代码后，部分字符覆盖了 str1 的值，故输出以上结果。

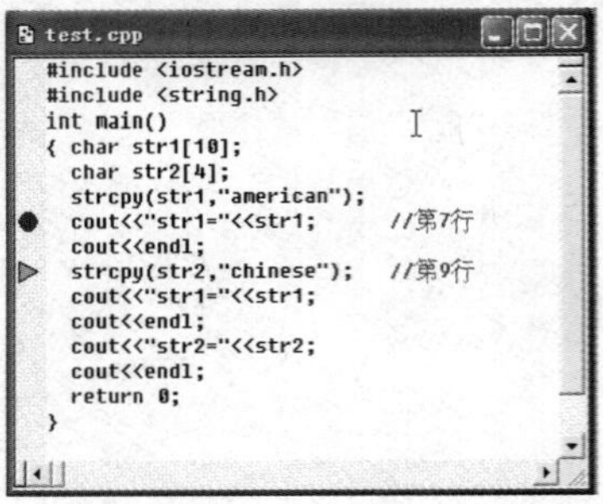

图 6-16　程序运行到数据断点位置

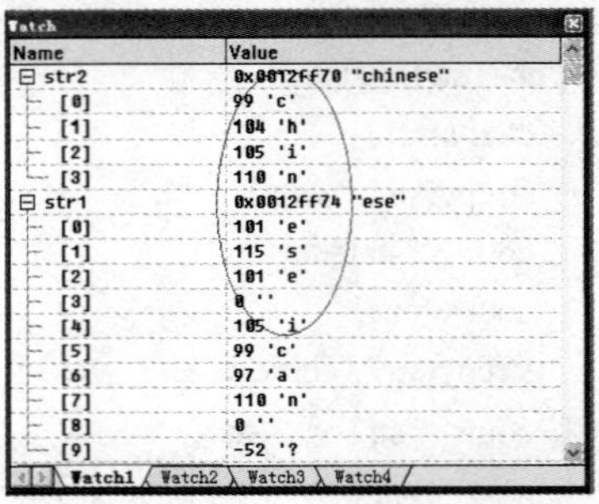

图 6-17　Watch 窗口

习　题　六

一、选择题

1. 下面关于数组的初始化正确的是______ 。

A．char str[]={'a', 'b', 'c'};

B．char str[2]={'a', 'b', 'c'};

C．char str[2][3]={{'a', 'b'}, {'e', 'd'},{'e', 'f'}};

D．char str[][]={'a', 'b', 'c'};

2. 设有数组定义 char array[]＝"China";，则数组 array 所占的空间为______ 。

A．4 个字节　　B．5 个字节　　C．6 个字节　　D．7 个字节

3. 在 C++语言中，定义数组后，使用数组元素时，数组下标可以是______ 。

A．整型常量　　B．整型表达式

C．整型常量或整型表达式　　D．任何类型的表达式

4. 以下定义数组的语句中正确的是______ 。

A．int　arr[1][4]={1,3,5,7,9};

B．float　t[3][]={{1},{2},{3}};

C．char　s[2][3]={{‘c’},{‘a’,’b’},{‘e’,’d’,’f’}};

D．long　s[][3]={0};

5. 以下不能对二维数组 a 进行正确初始化的语句是________。

A．int a[2][3]={0};　　B．int a[][3]={{1,2},{0}};

C．int a[2][3]={{1,2},{3,4},{5,6}};　　D．int a[][3]={1,2,3,4,5,6};

6. 在程序中判断字符串 str1 是否大于字符串 str2，应使用______ 。

A．if(str1>str2)　　B．if(strcmp(str1,str2)>0)

C．if(strcmp(str2,str1)==0)　　D．if(str1−str2>0)

7. 若有以下语句：static char x[ ]="12345"; static char y[ ]={'1', '2', '3', '4', '5'};，则正确的说法是________。

A．x 数组和 y 数组的长度相同　　B．x 数组的长度大于 y 数组的长度

C．x 数组的长度小于 y 数组的长度　　D．x 数组与 y 数组等价

8. 对说明语句 int a[10]={6,7,8,9,10}; 的正确理解是_________。

A．将 5 个初值依次赋值给 a[1]～a[5]

B．将 5 个初值依次赋值给 a[0]～a[4]

C．将 5 个初值依次赋值给 a[6]～a[10]

D．因为数组长度与初值的个数不同，所以此语句不正确

二、程序填空

1. 下面函数用来输出每一行的最大元素的值。

```
#define    N    3
#define    M    4
void   LineMax(int   x[N][M])
{  int i,j,p;
   for(i=0;i<N;i++)
   {  p=0;
      for(j=1;j<M;j++)
          if(x[i][p]<x[i][j])
```

```
        __________
        cout<<"The max value in line "<<i<<" is "<<________<<endl;
    }
}
```

2. 下列程序将数组 a 中的每 4 个相邻元素的和存放于数组 b 中。

```
#include <iostream.h>
int main()
{
    int a[10],m,n;
    float b[7];
    for (m=0;m<10;m++) cin>>a[m];
    for (m=0;m<7;m++)
     {
         _________;
         for (n=m;________;n++)
         b[m]=b[m]+a[n];
     }
    for (m=0;m<7;m++)
        cout<<b[m]<< "\t";
    return 0;
}
```

3. 下面程序按字母顺序比较两个字符串 ch1 和 ch2 的大小，若相等，则输出 0；否则输出其第一个不相等的字符的 ASCII 编码差值。

```
#include <iostream.h>
int main()
{
    char ch1[40],ch2[40];
    int r,j=0;
    cin.getline(ch1,40);
    __________
    while(ch1[j]!='\0'&& __________&&_________)
         j++;
    if(ch1[j]=='\0 '&& ch2[j]=='\0')
        r=__________;
    else
        r=ch1[j]-ch2[j];
    cout<<"the result is"<<r;
    return 0;
}
```

4. 已知数组 a 和 b 都是按由小到大顺序排列的有序数组，试将其合并后放入数组 c 中，使 c 也按由小到大顺序排列。

```
#define   M   10
#define   N   10
#include <iostream.h>
```

```
int  main()
{
  int a[M],b[N],c[M+N],j,k,l;
  for (k=0;k<M;k++) cin>>a[k];
  for (k=0;k<N;k++) cin>>b[k];
  _____________
  while(l<M+N &&_____&&_____)
  {
       if  (a[j]<b[k])
          {_______;  j++;l++; }
       else
          {_______;  k++;l++; }
  }
  while(l<M+N &&_____) c[l++]=b[k++];
  while(l<M+N && _____) c[l++]=a[j++];
  for(l=0;l<M+N;l++) cout <<c[l];
  return 0;
}
```

三、阅读程序，写出运行结果

1. 下面这段程序的运行结果是什么？

```
# include <iostream.h>
int  main()
{
     int  num[7]={20,3,-8,-19,5,23,-30};
     int  sum=0,i;
     for (i=0; i<7;i++)
          if (num[i]<0)
               sum=num[i]+sum;
     cout << "sum=      "<< sum << "\n";
     return 0;
 }
```

2. 下面这段程序的运行结果是什么？

```
# include <iostream.h>
int main()
{
     int  array[15],j;
     array[0]=0;
     array[1]=1;
     for (j=2;j<15;j++)
        array[j]=array[j-1]+array[j-2];
     cout << array[8] << " \n";
     return 0;
 }
```

3. 下面这段程序的运行结果是什么？

```
# include <iostream.h>
# include<string.h>
int main()
{
    char ch[30],c='b';
    int  i=0;
    cin >> ch ;
    while (ch[i]!='\0')
    {
        if (ch[i]==c)
            ch[i]=ch[i]-32;
        else if(ch[i]==c-32)
            ch[i]=ch[i]+32;
        i++;
    }
    cout << ch;
    return 0;
}
```

程序输入为：

BbNamE Byeb

4. 下面程序的运行结果是什么？

```
# include <iostream.h>
# include<string.h>
int  main()
{
    char  string[25],str[3][25];
    int  i ;
    for (i=0;i<3;i++)
        cin.getline(str[i],25);
    strcpy (string,str[0]);
    if (strcmp(str[1],string)>0)
        strcpy(string,str[1]);
    if (strcmp(str[2],string)>0)
        strcpy(string,str[2]);
    cout << string << "\n";
    return 0;
}
```

输入为：

I am a student
You are a teacher
She is a nurse

四、编程题

1. 随机产生 50 个介于 1 和 200 之间的数，存放到数组中，然后输出，每行输出 5 个数。

2. 用筛选法求 300 之内的所有素数。

3. 有一个已排好序的数组，现输入一个数，要求按原来排序的规律将它插入数组中。

4. 将一个数组中的值按逆序重新存放并输出。例如，原来顺序为 8,6,5,4,1，要求改为 1,4,5,6,8。

5. 打印出杨辉三角形（要求打印出 10 行）。

6. 从键盘输入 3 行文字，每行最多 80 个字符，用一个二维字符数组存放。分别统计出其中英文大写字、小写字母、数字、空格及其他字符的个数。

7. 编写程序，求矩阵 M[4][4]两条对角线元素值的和。

8. 读入 $m \times n$ 个实数放到 m 行 n 列的二维数组中，求该二维数组各行的平均值，分别放到一个一维数组中，并打印一维数组。

9. 10 个 30～100（包括 30，100）的正整数，求最大值、最小值、平均值，并显示整个数组的值和结果。

10. 随机产生 20 个学生的计算机课程的成绩（0～100），按照从大到小的顺序排序，分别显示排序前和排序后的结果。

第 7 章

结构体、共用体和枚举类型

在实际的信息处理过程中，有许多信息是由多个不同类型的数据组合在一起进行描述的，而且这些不同类型的数据互相联系组成了一个有机的整体。此时，就要用到一种新的构造类型——结构体（structure），简称结构。结构体的使用为处理复杂的数据结构（如链表等）提供了有效的手段，并为函数间传递不同类型的数据提供了方便。本章同时也介绍在相同存储区域内存储不同数据类型的构造类型——共用体（也称联合体）的相关概念及枚举类型。

通过本章学习，应该重点掌握以下内容：

- 结构体类型的基本概念、结构体变量的定义与使用
- 结构体数组的使用方法
- 掌握结构体与函数的数据传递
- 结构体数组应用
- 共用体的基本概念和使用方法
- 枚举类型的定义及使用方法

7.1 结构体的定义及使用

7.1.1 结构体的定义

对于一名学生，有如下不同类型的属性：学号、姓名、年龄、性别、成绩、住址等，如图 7-1 所示。由多个不同类型的数据组合在一起描述一名学生信息，在 C++语言中可以用结构体类型处理这些数据，但用户必须在程序中定义所需的结构体类型。

学 号	姓 名	年 龄	性 别	成 绩	住 址
整型	字符数组	整型	字符	浮点型	字符数组

图 7-1 学生信息

结构体类型的定义格式为：

```
struct 结构体名
{
        数据类型        成员名 1;
        数据类型        成员名 2;
            ⋮
        数据类型        成员名 n;
};
```

在大括号中的内容也称为“成员列表”或“域表”。其中，每个成员名的命名规则与变量名相同；成员的数据类型可以是基本变量类型和数组类型，也可以是指针类型，或另一个结构体类型。整个结构的定义用分号作为结束符。

对于学生信息可以建立如下结构体：

```
struct student
{   long num;
    char name[20];
    char sex;
    int   age;
    float score;
    char addr[30];
};
```

这样就可以用一个结构体数据类型的变量来存放某个学生的所有相关信息。

说明：结构体属于 C++语言的一种数据类型，与整型、实型相似，定义它时不分配存储空间，只有用它定义变量时才分配存储空间。

如果程序规模比较大，往往将结构体类型的定义集中写入一个头文件（以.h 为后缀）中。如果某个源文件需用到此结构体类型，则可用#include 命令将该头文件包含到本文件中，方便程序的修改和使用。

7.1.2 定义结构体变量的方法

结构体只是用户自定义的一种数据类型，因此要通过定义结构体类型的变量来使用这种类型。通常有以下三种形式定义一个结构体类型变量。

1. 先声明结构体类型，再定义变量

```
struct student
{
    long num;
    char name[20];
    char sex;
    int  age;
    float score;
    char addr[30];
};
student  student1，student2；或 struct student  student1，student2;
```

定义 student1、student2 为 student 类型变量。

定义结构体变量后，系统为变量分配内存单元。结构体变量 student1 和 student2 所分配的内存空间是各成员所占内存空间的总和。

注意，不同的编译器为结构体各成员变量分配内存的方法不同，导致在 Visual C++ 6.0 环境下，系统为 student1 分配 68 个字节，在 Turbo C 环境下分配 63 个字节。例如，Visual C++ 6.0 规定各成员变量存放的起始地址相对于结构的起始地址的偏移量必须为该变量的类型所占用的字节数的倍数，就是所谓的结构体成员“对齐”。而且，Visual C++ 6.0 规定结构体的总大小为结构体中占用字节数最大的基本类型（本例为 int）成员占用字节数（4 个字节）的整数倍，所以编译器会在最末一个成员之后根据需要自动填充空缺的字节。由于这种“对齐”导致分配 68 个字节。

另外，在 C 语言中，结构体变量定义时在结构体类型名前必须有 struct 关键字。

2. 在声明类型的同时定义变量

一般定义格式为：

```
struct 结构体名
{
    成员列表;
}变量名表;
```

例如：

```
struct student
{
    long num;
    char name[20];
    char sex;
    int  age;
    float score;
    char addr[30];
}student1,student2;        // 定义结构体变量 student1,student2
```

3. 无名定义

当采用在声明类型的同时定义结构体变量时，可以省略结构体名。

一般定义格式为：

```
struct
{
        成员列表;
}变量名表;
```

例如：

```
struct {                                //省略结构体名
        long num;
        char name[20];
        char sex;
        int  age;
        float score;
        char addr[30];
    }student1,student2;
```

注意结构体类型和结构体变量的以下区别。

（1）对结构体类型不分配存储空间，而结构体变量在内存中占连续的一片存储单元。

（2）可以用 sizeof 运算符计算一个结构体类型的长度（占的存储单元数）。例如：

```
sizeof(student)或 sizeof(student1)
```

（3）结构体中的成员名可以与程序中的变量名相同，互不干扰。

7.1.3 结构体变量的使用

在定义了结构体变量以后，就可以使用这个变量。结构体变量是不同数据类型的若干数据的集合体。在程序中使用结构体变量时，一般情况下不能把它作为一个整体参加数据处理，只能对各个成员分别操作。

结构体变量的成员用以下格式表示：

```
结构体变量名.成员名
```

例如：

```
student1.num
```

“.”是成员运算符，表示在 student1 结构体变量中找出成员 num 的值。其优先级最高，结合性为自左向右。例如：

```
student1.num+100;
```

若结构体类型嵌套一个结构体类型，则采用逐级访问的方法，对最低级的成员进行访问。例如：

```
struct Birthday
{
        int year;
        int month;
        int day;
};
struct student_birth
{
        long num;
        char name[20];
```

```
        char sex;
        Birthday birthday;
        float score;
        char addr[30];
    }student1,student2;
```

只能通过 student1.birthday.year 访问结构体变量 student1 的成员的出生年份，而不能用 student1.birthday 访问 birthday。

结构体变量的成员可以和普通变量一样进行各种运算。例如：

```
student2.score=student1.score;
student1.age++;
```

在 C++程序中数组是不能彼此赋值的，而同一结构体类型的结构体变量之间允许相互赋值，但不同结构体类型的结构体变量之间不允许相互赋值。

7.1.4 结构体变量的初始化

可以在定义结构体变量时指定初始值。方法是依次写出各成员的初始值，系统编译时将它们依次赋给此结构体变量中的各成员。

一般格式为：

```
结构体名  变量名={初始数据表};
```

另一种是在定义结构体类型时进行结构体变量的初始化。一般格式为：

```
struct    结构体名
{
    成员列表;
}变量名={初始数据表};
```

例如：前述 student 结构体类型的结构体变量 wan 在说明时可以初始化如下。

```
student wan={89031," Wan Lin ",'M', 20,78.5," No.100 SuZhou Road "};
```

它所实现的功能，与下列分别对结构体变量的每个成员赋值所实现的功能相同：

```
wan.num=89301;
strcpy(wan.name,"Wan Lin");
wan.sex='M';
wan.age=20;
wan.score=78.5;
strcpy(wan.addr," No.100 SuZhou Road ");
```

7.1.5 结构体数组

具有相同结构体类型的结构体变量也可以组成数组，称它们为结构体数组。结构体数组的每一个数组元素都是结构体类型的数据，它们都分别包括各个成员（分量）项。

1．结构体数组的定义方法

（1）先定义结构体类型，再定义结构体数组。一般格式为：

```
struct student
{…
};
 student stu[3];
```

（2）定义结构体类型的同时定义结构体数组。一般格式为：

```
struct student
{…
}stu[3];
```

结构体数组名表示该结构体数组内存存储空间的首地址。结构体数组适合于处理由若干具有相同关系的数据组成的数据集合体（如多名学生信息）。用结构体数组处理数据时可以使用循环，从而使程序十分简练。

2．结构体数组的初始化

结构体数组在定义的同时也可以进行初始化，结构体数组初始化的一般格式为：

```
struct 结构体名
{
    成员列表;
};
结构体名 数组名[元素个数]={初始数据表};
```

对结构体数组初始化时，将每个元素的数据用{ }括起来。由于结构体变量是由若干不同类型的数据组成的，且结构体数组又是由若干结构体变量组成，所以要特别注意包围在大括号中的初始数据的顺序，以及它们与各个成员项间的对应关系。例如：

```
struct student
{
    long num;
    char name[20];
    char sex;
    int  age;
    float score;
    char addr[30];
}stu[2]={{10101,"li lin",'M',18,87.5, "103 beijing road"},
{10102,"zhang jun",'M',19,99,"130 shanghai road"}};
```

或者：

```
struct student
{…
};
student  stu[2]={{10101,"li lin",'M',18,87.5, "103 beijing road"},
    {10102,"zhang jun",'M',19,99,"130 shanghai road"}};
```

3．结构体数组的使用

一个结构体数组的元素相当于一个结构体变量，因此前面介绍的有关结构体变量的规则也适应于结构体数组元素。以上面定义的结构体数组 stu[2]为例说明对结构体数组的使用。

（1）使用某一元素中的成员。

若要使用数组第二个元素的 name 成员，则可写为 stu[1].name。

若数组已如前所示进行了初始化，则 stu[1].name 的值为“zhang jun”。

（2）可以将一个结构体数组元素值赋给同一结构体类型的数组中的另一个元素，或赋给同一类型的变量。例如：

```
student stu[3],student1;
```

现在定义了一个结构体类型的数组，它有 3 个元素，又定义了一个结构体类型变量 student1，则下面的赋值是合法的。

```
student1=stu[0];
stu[0]=stu[1];
stu[1]=student1;
```

（3）不能把结构体数组元素作为一个整体直接进行输入/输出。例如：

```
cout<<stu[0];或 cin>>stu[0];        //都是错误的
```

只能以单个成员为对象进行输入/输出。例如：

```
cin>>stu[0].name;
cin>>stu[1].num;
cout<<stu[0].name;
cout<<stu[1].num;
```

【例 7.1】 从键盘输入学生（假设不超过 5 人）的学号、姓名及 3 门课程的成绩，保存到结构体数组中，并且要求用数组成员保存 3 门课程的成绩和平均成绩。计算每个人 3 门课程的平均成绩。

分析：由于假设学生不超过 5 人，所以可以定义结构体数组存放学生信息。在输入学生信息时，可以以学号为 0 表示输入结束。

程序如下：

```
#include<iostream.h>
const int N=5;
struct student
{
   long number;
   char name[12];
   float score[4];
}stu[N];
void input();
void caculate();
void output();
int main()
{
   input();
   caculate();
   output();
   return 0;
}
void input()
{
   cout<<"Input the number,name and score:\n";
   for(int i=0;i<N;i++)
   {
      cout<<i<<" number:";
      cin>>stu[i].number;
```

```
        if(stu[i].number==0) break;      //若输入的学号为 0 就结束输入
        cout<<"    name:";        cin>>stu[i].name;
        cout<<"    English:";     cin>>stu[i].score[0];
        cout<<"    Math:";        cin>>stu[i].score[1];
        cout<<"    Chinese:";     cin>>stu[i].score[2];
    }
}
void caculate()
{
    for(int i=0;i<N;i++)
    {
        if(stu[i].number==0) break;
        stu[i].score[3]=(stu[i].score[0]+stu[i].score[1]+stu[i].score[2])/3;
    }
}
void output()
{
    for(int i=0;i<N;i++)
    {
        if(stu[i].number==0) break;
        cout<<i<<": "<<stu[i].number<<"    "<<stu[i].name<<"    ";
        for(int j=0;j<=3;j++)
            cout<<stu[i].score[j]<<"    ";
        cout<<endl;
    }
}
```

运行程序，输入如下信息：

```
Input the number,name and score:
0   number:2004001↙
    name:zhangli↙
    English:94↙
    Math:85↙
    Chinese:93↙
1   number:2004002↙
    name:liufang↙
    English:75↙
    Math:65↙
    Chinese:83↙
2   number:0↙              （结束输入）
```

程序运行结果：

```
0: 2004001   zhangli   94   85   93   90.6667
1: 2004002   liufang   75   65   83   74.3333
```

说明： 上面的程序中下画线部分表示键盘输入，↙表示回车换行。

【例 7.2】 在结构体数组中查找工资值最高的员工并显示此员工信息。

程序如下：

```
#include<iostream.h>
struct person
{
   char name[10];
   bool sex;
   int age;
   float salary;
};
person a[4]={{"李明",true,22, 380},{"王强",true,34,570},
             {"刘刚",true,28,450},{"王霞",false,27,480}};
void output(int n)
{
   cout<<"显示具有 person 结构的"<<n<<"个记录"<<endl;
   for(int i=0;i<n;i++)
   {
       cout<<a[i].name<<' ';
       if(a[i].sex==true)
            cout<<"男"<<' ';
       else
            cout<<"女"<<' ';
       cout<<a[i].age<<' '<<a[i].salary<<endl;
   }
}
void find(int n)
{
   int k=0;        //k 表示当前具有最大工资值的元素下标
   float x=a[0].salary;
   for(int i=1;i<n;i++)
   {
       if(a[i].salary>x)
       {
            x=a[i].salary;
            k=i;
       }
   }
   cout<<"显示数组 a 中具有最高工资值的员工信息："<<endl;
   cout<<a[k].name<<' ';
   if(a[k].sex==true)
            cout<<"男"<<' ';
   else
            cout<<"女"<<' ';
   cout<<' '<<a[k].age<<' '<<a[k].salary<<endl;
}
int   main()
{
   output(4);
```

```
    find(4);
    return 0;
}
```

程序运行结果：

```
显示具有 person 结构的 4 个记录
李明 男 22  380
王强 男 34  570
刘刚 男 28  450
王霞 女 27  480
显示数组 a 中具有最高工资值的员工信息：
王强 男  34  570
```

7.1.6 结构体和函数

一个函数的参数可以是某个结构体变量，并且函数的返回值也可以是某个结构体变量。当结构体变量作为函数参数时，可以直接将实参结构体变量各成员的值全部传递给形参结构体变量，以结构体变量作为函数的返回值，则调用函数中需要把返回的结构体值赋值给调用函数中的某一个结构体变量。当结构体成员很多时，存在执行效率低的问题。因此，可以用结构的引用或指针（第 8 章介绍）作为返回值，以及作为参数进行传递。

【例 7.3】 定义一个矩形 Rectangle 结构体，根据给出矩形左上角的顶点坐标和一个右下角顶点坐标，计算该矩形的面积。

程序如下：

```
#include <iostream.h>
#include <math.h>
struct Rectangle
{
    int topleft_x;
    int topleft_y;
    int bottomright_x;
    int bottomright_y;
};
Rectangle Input(int x1, int y1, int x2, int y2)
{
    Rectangle tmp;
    tmp. topleft_x =x1;
    tmp. topleft_y =y1;
    tmp. bottomright_x =x2;
    tmp. bottomright_y =y2;
    return tmp;
}
double GetArea(Rectangle rect)
{
    return fabs((rect.bottomright_x-rect.topleft_x)*(rect. bottomright_y-rect.topleft_y));
}
int main()
{
    Rectangle rec;
```

```
    int tlx, tly, brx, bry;
    cout<<"Please input four integers of rectangle in the order: "<<endl;
    cout<<"topleft_x   topleft_y   bottomright_x   bottomright_y"<<endl;
    cin>>tlx>>tly>>brx>>bry;
    rec=Input(tlx, tly, brx, bry);
    cout<<"Area="<<GetArea(rec)<<endl;
    return 0;
}
```

程序运行结果：

```
Please input four integers of rectangle in the order:
topleft_x   topleft_y   bottomright_x   bottomright_y
1 1 3 3↙        （输入）
Area=4
```

7.2 共用体的定义与使用

7.2.1 共用体的概念

在 C++语言中，不同数据类型的数据可以使用共同的存储区域，这种数据类型称为共用体，又称为联合体。共用体在定义、说明和使用形式上与结构体相似。两者本质上的不同仅在于使用内存的方式上。

定义一个共用体类型的一般格式为：

```
union 共用体名
{
    成员列表;
};
```

例如：

```
union uarea
{   char   c_data;
    short   s_data;
    long   l_data;
};
```

定义了一个共用体类型 uarea，它由 3 个成员组成，这 3 个成员在内存中使用共同的存储空间。由于共用体中各成员的数据长度往往不同，所以共用体变量所占空间总是按其成员中数据长度最大的成员分配内存空间。如上述共用体类型的变量按 long l_data;成员分配 4 个字节的内存。

在这一点上共用体与结构体不同，结构体类型变量在存储时总是按各成员的数据长度之和分配内存空间。

7.2.2 定义共用体类型变量

定义共用体类型变量的方法与定义结构体类型变量的方法相似，一般格式为：

```
union 共用体名
```

```
{
    成员列表;
}变量表列;
```

例如：

```
union   uarea
{   char    c_data;
    short   s_data;
    long    l_data;
}a,b,c;
```

7.2.3 共用体变量的使用

由于共用体变量的各个成员使用共同的内存区域，所以共用体变量的内存空间在某个时刻只能保持某一个成员的数据。共用体变量成员的访问形式与结构体相同，它们也用访问成员运算符“.”表示。

例如，前面定义了 a、b、c 为共用体类型变量，下面的使用形式是正确的：

```
a.s_data      //引用共用体变量中的整型变量 s_data
a.c_data      //引用共用体变量中的字符变量 c_data
```

不能只引用共用体类型变量，如 cout<<a 是错误的，仅写共用体类型变量名 a 难以使系统确定究竟输出的是哪一个成员的值，应该写成 cout<<a.s_data 等。

使用共用体变量时注意：

（1）使用共用体变量的目的是希望用同一个内存段存放几个不同类型的数据。但请注意，在每一瞬时只能存放其中一个，而不是同时存放几个。

（2）能够访问的是共用体变量中最后一次被赋值的成员，在对一个新的成员赋值后原有的成员就失去作用。

例如，有以下赋值运算语句：

```
a. s_data =5;
a. c_data='m';
a. l_data =1500;
```

在完成以上 3 个赋值运算后，a. l_data 是有效的，而 a. s_data 和 a.c_data 已经无意义了。

（3）共用体变量的地址和它的各成员的地址都是同一地址。

（4）不能对共用体变量赋值；不能企图引用变量名来得到一个值；不能在定义共用体变量时对它初始化；不能用共用体变量名作为函数参数。

【例 7.4】 人员信息登记，其信息表格如图 7-2 所示，用编程实现。

姓名	性别	年龄	职业	工作单位	工作单位 / 部队番号

图 7-2 人员信息表

分析：人员信息可以用一个结构体来实现，职业有工人、农民、教师、学生、军人等，其中军人工作单位是保密的，常填写所在部队的番号，这样工作单位和部队番号可以用共用体来实现。

程序如下：

```
#include<iostream.h>
#include<string.h>
#include<iomanip.h>
#define N 100
union UAddr
{char gzdw[30];                        //工作单位
 int    bdfh;                          //部队番号
};
struct PERSON
{char name[12];                        //姓名
 char xb;                              //性别，f 表示女，m 表示男
 int age;                              //年龄
 char profe[10];                       //职业
 UAddr uaddr;                          //定义一个 UAddr 联合体的变量 uaddr
};
void main()
{    int n=0,i;                        //n 用来表示输入人员的个数
     char flag;                        //是否继续输入人员信息的标志
     PERSON person[N];
     do
     {   n++;
         cout<<"请输入第"<<n<<"个人员的姓名:";
         cin>>person[n-1].name;
         cout<<"请输入第"<<n<<"个人员的性别(f/m):";//输入 f 或 m
         cin>>person[n-1].xb;
         cout<<"请输入第"<<n<<"个人员的年龄:";
         cin>>person[n-1].age;
         cout<<"请输入第"<<n<<"个人员的职业:";
         cin>>person[n-1].profe;
         if(strcmp(person[n-1].profe,"军人")==0)
         {   cout<<"请输入第"<<n<<"个人员的部队番号:";
             cin>>person[n-1].uaddr.bdfh;
         }
         else
         {   cout<<"请输入第"<<n<<"个人员的工作单位:";
             cin>>person[n-1].uaddr.gzdw;
         }
         cout<<"继续输入人员信息吗(y/n)?";     //输入 y 或 n
         cin>>flag;
     }while(flag=='y'&& n<=N);
     cout<<setw(12)<<"姓名"<<setw(8)<<"性别"<<setw(8)<<"年龄"<<setw(10)
     <<"职务"<<setw(20)<<"工作单位或部队番号"<<endl;
```

```
    for(i=0;i<n;i++)
    {   cout<<setw(12)<<person[i].name<<setw(8)<<person[i].xb<<setw(8)<<person[i].age
        <<setw(10)<<person[i].profe;
        if(strcmp(person[i].profe,"军人")==0)
            cout<<setw(20)<<person[i].uaddr.bdfh<<endl;
        else
            cout<<setw(20)<<person[i].uaddr.gzdw<<endl;
    }
}
```

程序运行结果：

```
请输入第 1 个人员的姓名：王晓东↙
请输入第 1 个人员的性别(f/m)：m↙
请输入第 1 个人员的年龄：36↙
请输入第 1 个人员的职业：工人↙
请输入第 1 个人员的工作单位：工商银行↙
继续输入人员信息吗（y/n）?y↙
请输入第 2 个人员的姓名：张三平↙
请输入第 2 个人员的性别(f/m)：m↙
请输入第 2 个人员的年龄：30↙
请输入第 2 个人员的职业：军人↙
请输入第 2 个人员的部队番号：129↙
继续输入人员信息吗（y/n）?n↙
 姓名        性别        年龄        职务        工作单位或部队番号
王晓东         m          36         工人             工商银行
张三平         m          30         军人               129
```

7.3 枚 举 类 型

C++语言提供了枚举类型，在枚举类型的定义中列举出所有可能的取值，说明为该枚举类型的变量取值不能超过定义中列举出来的常量的范围。

枚举类型定义的一般格式为：

```
enum   枚举类型名   {枚举值表};
```

在枚举值表中应罗列出所有可用值，不同值之间用“,”分隔，这些值也称为枚举元素或枚举常量。枚举类型仅适应于取值有限的数据。例如，根据现行的历法规定，1 周 7 天，1 年 12 个月。枚举元素是用户自己定义的标识符，并不代表什么含义。

例如：

```
enum weekday { sun,mon,tue,wed,thu,fri,sat };
```

该枚举名为 weekday，枚举值共有 7 个，即 1 周中的 7 天。凡被声明为 enum weekday 类型的变量取值只能是 7 天中的某一天。其中的 sun 不一定就代表“星期天”，用什么标识符代表什么含义，完全由程序员自己决定，并在程序中做相应处理。

定义一个 weekday 类型的枚举变量：

```
weekday day;
```

变量 day 的取值范围为枚举类型定义时枚举值表里列举出来的 7 种标识符，把这些标识符当符号常量对待。例如：

```
day = sun;        //正确
day = sunday;  //错误，sunday 不在 7 个值中。
```

使用枚举类型时要注意，在类型定义之后，枚举元素被 C++系统作为整型处理。枚举元素具有默认整数值，它们依次为 0，1，2，…。上例中 sun=0，mon=1，…，sat=6，所以 mon>sun，sat 最大。

也可以在类型声明时另行指定枚举元素的整数值。

例如，定义一个名为 color 的枚举类型：

```
enum color{Red=100,Green,Blue,White,Black};
```

枚举元素 Red 的值为 100，Green 的值为 101，…。

枚举元素可以进行关系运算，但整数值不能直接赋给枚举变量。若需要将整数值赋给枚举变量，应进行强制类型转换。

【例 7.5】 有 zhao、wang、zhang、li 四人轮流值班，本月有 30 天，第一天由 zhang 来值班，编写程序做出值班表。

程序如下：

```
#include<iostream.h>
#include<iomanip.h>
void main()
{
   enum people{ zhao,wang,zhang,li};
   people day[31],j;
   int i;
   j=zhang;
   for(i=1;i<=30;i++)
   {  day[i]=j;
      j=(enum people)(j+1);   /*必须使用强制类型转换*/
      if (j>li) j=zhao;
   }
   for(i=1;i<=30;i++)
   {
      switch(day[i])
      {
         case zhao:cout<<setw(4)<<i<<':'<<setw(6)<<"zhao"; break;
         case wang:cout<<setw(4)<<i<<':'<<setw(6)<<"wang";break;
         case zhang:cout<<setw(4)<<i<<':'<<setw(6)<<" zhang "; break;
         case li:cout<<setw(4)<<i<<':'<<setw(6)<<"li"; break;
         default:break;
      }
      if(i%5==0) cout<<endl;
```

```
    }
}
```

程序运行结果如图 7-3 所示。

1:	zhang	2:	li	3:	zhao	4:	wang	5:	zhang
6:	li	7:	zhao	8:	wang	9:	zhang	10:	li
11:	zhao	12:	wang	13:	zhang	14:	li	15:	zhao
16:	wang	17:	zhang	18:	li	19:	zhao	20:	wang
21:	zhang	22:	li	23:	zhao	24:	wang	25:	zhang
26:	li	27:	zhao	28:	wang	29:	zhang	30:	li

图 7-3　zhao、wang、zhang、li 四人轮流值班表

7.4　typedef 定义类型

C 和 C++语言提供了 typedef 关键字，作用是为一种数据类型定义一个新的类型名。这里的数据类型包括标准数据类型（int、char 等）和数组、结构体、共用体或枚举类型等。在编程中使用 typedef 的目的一般是给数据类型一个易记且意义明确的新名字。

typedef 语句的一般格式为：

```
typedef  原类型名  新类型名;
```

新类型名一般用大写字母表示，以便与其他标识符区分开。例如：

```
typedef int INTEGER;
```

意思是将 int 型定义为新的类型名 INTEGER，这两者等价，在程序中就可以用 INTEGER 作为类型名来定义变量。

```
INTEGER x,y;     //相当于 int x, y;
```

用 typedef 定义的类型来定义变量与直接写出变量的类型定义变量具有相同效果。

用 typedef 定义数组、指针、结构体等类型将带来很大的方便，不仅使程序书写简单而且使意义更为明确，因而增强了可读性。例如：

```
typedef char NAME[20];     //表示 NAME 是字符数组类型，数组长度为 20
```

然后可用 NAME 定义变量。例如：

```
NAME  a1,a2,s1,s2;
```

完全等效于：

```
char  a1[20],a2[20],s1[20],s2[20];
```

又如，可以定义一个新的类型名代表一个结构体类型：

```
typedef struct  student
{
   long num;
```

```
        char name[20];
        float score;
    }STUDENT;
```

将一个结构体类型 struct　student 定义为花括号后的名字 STUDENT。可以用 STUDENT 类型来声明变量。例如：

```
STUDENT student1,student2;   //定义结构体变量 student1,student2
```

说明：

（1）用 typedef 只是对原有的类型起个新名，并没有生成新的数据类型。typedef 不能用于变量的定义。

（2）typedef 并不是做简单的字符串替换，与#define 的作用不同。typedef 是在编译时完成的。

（3）如果一个程序的源代码分别存放在几个文件中，则最好把用 typedef 定义的各个类型名单独存于一个头文件中，凡是需要使用它们的文件都写上#include 预处理，从而把它们包含进来。

（4）利用 typedef 定义类型名有利于程序的移植，并增加程序的可读性。有时程序会依赖于硬件特性，把与机器硬件有依赖性的类型用 typedef 定义，这样当程序在不同的机器上运行时，只改变 typedef 定义即可。

7.5 应用实例

【例 7.6】 设计学校人员管理的简单程序。

分析：假设一个学校主要有 3 类人员：1 是学生，2 是老师，3 是行政干部。如果设计 3 个结构来表达这 3 类人员，当然是可以的，不过在以后的数据处理和管理中就会重复和累赘。因为每类人都有姓名、年龄，不同的是对学生来说要处理年级，对老师来说要描述职称，而对行政干部来说要描述职务，所以在数据的统一处理中，可以采用共用体概念进行描述数据。为了统一对数据进行管理，可对这 3 类人设计一个 person 结构体。

person 结构体具体应用如下：

```
#include<iostream.h>
#include<iomanip.h>
struct   person   {
    char name[12];
    int age;
    int profession;
    //profession 为类别代号，0 表示为学生数据，1 为行政干部，2 为老师
    union level   {           //共用体
        int   grade;          //对学生的年级
        char   rank[20];      //对行政干部的职务
        char   title[20];     //对老师的职称
      }m;
};
void main()
{
```

```
    person body[20];
    int i;
    for (i=0;i<3;i++)
    {
        cout<<"输入姓名，年龄，类别代号(0 为学生，1 为行政干部，2 为老师):\n";
        cin>>body[i].name>>body[i].age>>body[i].profession;
        if (body[i].profession==0)
        {   cout<<"输入学生年级:";
            cin>>body[i].m.grade;
        }
        else   if(body[i].profession==1)
        {   cout<<"行政干部的职务:";
            cin>>body[i].m.rank;
        }
        else
        {   cout<<"老师的职称:";
            cin>>body[i].m.title;
        }
    }
    cout<<"   姓名，年龄，类别信息\n";
    for (i=0;i<3;i++)
    {
        cout<<setw(10)<<body[i].name<<setw(5)<<body[i].age;
        if (body[i]. profession ==0)     cout<<setw(20)<<body[i].m.grade;
        else if(body[i]. profession ==1)     cout<<setw(20)<<body[i].m.rank;
        else         cout<<setw(20)<<body[i].m.title;
        cout<<endl;
    }
}
```

程序运行结果：

```
输入姓名，年龄，类别代号(0 为学生，1 为行政干部，2 为老师):
王海   27   1↙
行政干部的职务:科长↙
输入姓名，年龄，类别代号(0 为学生，1 为行政干部，2 为老师):
张国海   30   2↙
老师的职称:讲师↙
输入姓名，年龄，类别代号(0 为学生，1 为行政干部，2 为老师):
夏睿翔   18   0↙
输入学生年级:1↙
姓名，年龄，类别信息
王海      27            科长
张国海     30            讲师
夏睿翔     18            1
```

7.6 程序调试

本节内容主要是查看结构体变量和共用体变量各个成员变量在内存中的存储分配情况。

7.6.1 结构体变量各成员变量内存分配情况

1. 创建工程，输入以下代码

```
#include<iostream.h>
#include<string.h>
struct STUDENT
{  int xh;
   char xb;
   char name[3];     //调试程序用，实际中 name 数组长度要长
   int age;
};
int main()
{  int a;
   STUDENT stu;
   a=sizeof(stu);
   stu.xh=201;
   stu.xb='m';
   strcpy(stu.name,"ab");
   stu.age=30;
   cout<<"a="<<a<<endl;   //第 17 行
   return 0;
}
```

运行程序结果输出 a=12，说明结构体变量 stu 的长度在 Visual C++ 6.0 环境下分配 12 个字节，怎样分配的呢？可以调试程序查看内存。

2. 调试程序

将光标移动到第 17 行，按“F9”键设置断点，按“F5”键运行断点调试程序，程序运行到断点处进入调试状态，此时在 Watch 窗口中依次输入&stu、&stu.xh、&stu.xb、&stu.name、&stu.age、&a，观察各个变量在内存中的首地址，如图 7-4 所示。

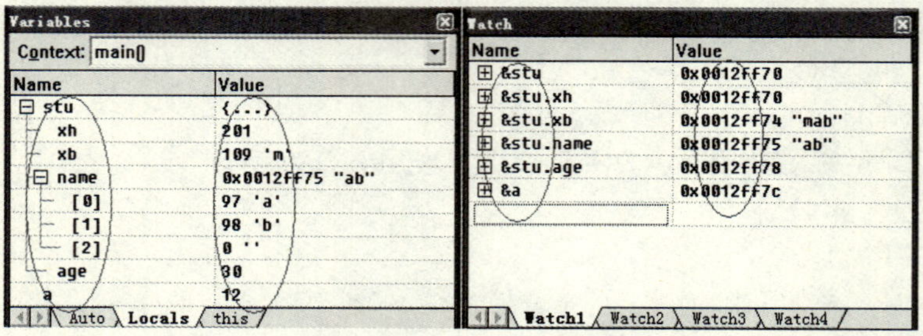

图 7-4 Variables 窗口和 Watch 窗口

从图 7-4 中的 Watch 窗口可以看出，结构体变量的数据成员 xh 的首地址和结构体变量 stu

的地址相同，为十六进制的0x0012ff70，数据成员 xb 为 0x0012ff74，说明数据成员 xh 分配 4 个字节，同样可以看出 xb 分配 1 个字节，name 分配 3 个字节，age 地址为 0x0012ff78，&a 地址为 0x0012ff7c。age 为 int 型，所以可以判断 age 分配了 4 个字节。变量 a 紧挨着结构体变量 stu 的数据成员 age 后分配内存空间。sizeof()运算符能够返回变量实际在内存中分配的字节大小，故为 4+1+3+4=12 个字节。说明结构体变量的长度为各个数据成员在内存中实际分配的内存的总和。

知道了结构体变量的首地址和长度，也可以通过 Memory 窗口查看实际内存空间分配情况及各个成员数据变量的值。在 Memory 窗口中输入 stu 的地址，回车后调整窗口宽度，使每一行显示 4 个字节共 3 行，这就是结构体内存变量的内存分配情况。如图 7-5 所示，图中数据以十六进制格式显示，其中 0x0012ff70 字节值为 C9，十进制数为 201，即成员变量 xh 的值。

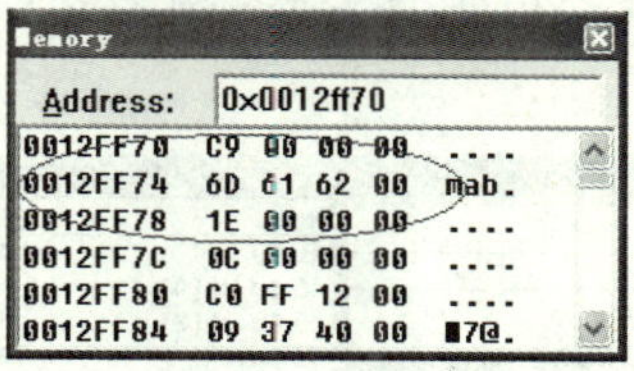

图 7-5　Memory 窗口

思考：将数据成员变量 xb 移动到 age 的后面，即结构体定义为：

```
struct STUDENT
  {  int xh;
     char name[3];
     int age;
     char xb;
  };
```

结构体变量的长度又是多少，自己动手调试分析。

7.6.2　共用体变量各数据成员内存分配情况

共用体变量的各个数据成员内存分配有重叠部分，其长度为数据成员中最大的那个成员变量的长度。从结构体变量的内存的查看方法，不难看出共用体变量的内存分配情况。

1. 创建工程，输入以下代码

```
#include<iostream.h>
union UTEST
{  short int i;
   char ch[3];
};
int main()
{  int a;
   UTEST u;
   a=sizeof(u);
   cout<<"a="<<a<<endl;
   u.ch[0]=65;
   u.ch[1]=66;
   u.ch[2]=0;
```

```
        cout<<"u.ch="<<u.ch<<endl;
        cout<<"u.i="<<u.i<<endl;        //第 13 行
        return 0;
    }
```

2. 调试程序

在第 13 行加一个断点，调试程序。从图 7-6 可以看出成员变量 ch 和 i 首地址相同，变量 a 紧挨着共用体变量 u 后面开辟内存空间，u 的长度是 4 个字节。虽然 i 是 short 类型，在 Visual C++ 6.0 环境下占 2 个字节，ch 占 3 个字节，但由于 Visual C++ 6.0 环境下字节对齐的原因，为共用体变量 u 开辟了 4 个字节，即长度为 4。从图 7-7 Memory 窗口可以看出系统自动增加了一个字节，地址为 0x0012ff7b，所存储的值为十六进制的 CC。u.i 为 short 型，占 0x0012ff78 和 0x0012ff79 两个字节，又由于 Visual C++ 6.0 环境下对于数值型数据按照高字节在后，低字节在前的顺序存储，即 u.i 的值为十六进制的 4241，并且是以补码形式存储的，所以转化为十进制数就是 16961。

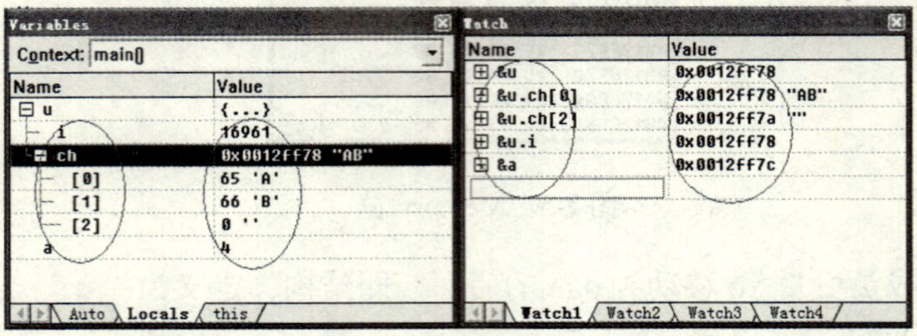

图 7-6　Variables 窗口和 Watch 窗口

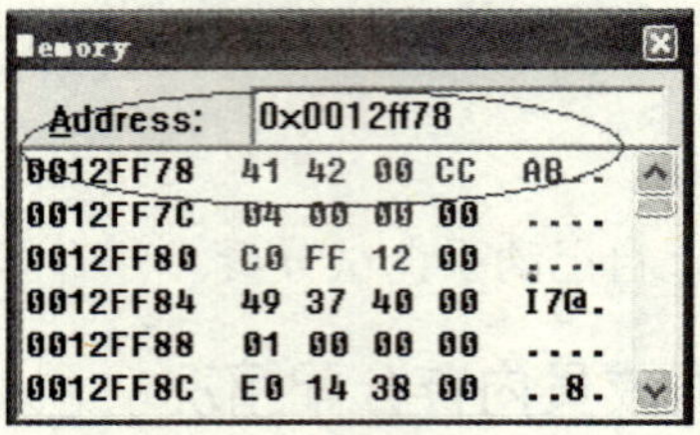

图 7-7　Memory 窗口

习 题 七

一、问答题

1. 结构体与数组的区别在哪里？什么是结构体数组？
2. 下面的结构体变量 s1 占据多大的内存空间？

```
struct Record
{
    char name[20];
    int age;
    int id;
```

```
    float salary;
  }s1;
```

二、选择题

1．当声明一个结构体变量时系统分配给它的内存是__________。

A．各成员所需内存的总和

B．结构中第一个成员所需内存量

C．成员中占内存量最大者所需的容量

D．结构中最后一个成员所需内存量

2．根据下面的定义，能打印出字母 M 的语句是__________。

```
struct person{char name[9];int age;};
struct person std[10]=
{"ZhangSan",17,"LiSi",19,"WangWu",18,"MaZi",16};
```

A．cout<<std[2].name;

B．cout<<std[2].name[1];

C．cout<<std[3].name[1];

D．cout<<std[3].name[0];

3．以下程序在 Visual C++ 6.0 环境下运行的结果是_______。

```
int main()
{
  struct STUDENT
  {
      int xh;
      char xm[10];
   }stu;
  cout<<sizeof(stu);return 0 ;
}
```

A．5　　B．8　　C．14　　D．16

4．已知下列共用体定义：

```
union   utemp
{
    int   i ;
    char   ch ;
} temp ;
```

现在执行“temp.i=266”，则 int(temp.ch) 的值为________。

A．266　　B．256　　C．10　　D．1

5．下面对 typedef 的叙述中不正确的是_________。

A．用 typedef 可以定义各种类型名，但不能用来定义变量

B．用 typedef 可以增加新类型

C．用 typedef 只是将已存在的类型用一个新的标识符来代表

D．使用 typedef 有利用程序的通用移植

三、编程题

1．定义一个用来表示虚数的结构体，并求两个虚数的乘积。

2．定义一个结构体类型（包括年、月、日）变量，计算某天在本年中是第几天，并注意闰年。

3．编写一个函数 print，使用一个包含学生信息的结构体数组，实现按三门功课（语文、数学、英语）的总成绩降序输出。该数组有 5 个学生数据，每个学生有学号、姓名、三门功课成绩。要求主函数实现输入 5 个学生数据。

第8章 指针和引用

指针（Pointer）是C和C++的重要概念，也是C和C++的一个特色与精华，它提供了一种较为直观的地址操作手段，方便对计算机底层进行的程序设计。正确而灵活地运用指针，可以有效地表示复杂的数据结构、动态分配内存、直接处理内存地址，更方便地使用字符串、使用数组等。这对设计系统软件是很必要的。掌握指针的应用，可以使程序简洁、紧凑、高效。同时，指针也是C和C++的主要难点，学习的关键是要勤于思考、勤于实践，真正地理解指针。

通过本章学习，应该重点掌握以下内容：

- 掌握指针、指针变量、指针数组的基本概念及使用方法
- 掌握用指针变量处理变量、一维数组与字符串数组的方法
- 掌握学会指针数组、指向一维数组的指针、返回指针值的函数与函数指针的定义格式与使用方法
- 掌握使用new与delete运算符动态分配与释放堆内存空间的方法
- 掌握链表数据结构的相关操作
- 掌握引用类型变量的定义与使用方法

8.1 指针与指针变量

8.1.1 地址与指针的概念

1．地址

计算机的内存储器被划分成一个个的存储单元，用于存放二进制代码和数据。存储单元按一定的规则编号，这个编号就是存储单元的地址。

每个存储单元的大小为一个字节，每个单元有一个唯一的地址。

2．变量的地址

在程序中定义的所有变量，都要分配相应的存储单元用于存放变量的值，不同类型的变量所需要的存储空间的大小不同。例如，计算机系统对 int 整型变量分配 4 个字节，对 float 实型变量分配 4 个字节，对 char 字符型变量分配一个字节等。系统分配给变量的内存空间的起始单元的地址称为该变量的地址。例如：

```
int   a=2;
```

假设分配给变量 a 的 4 个字节的存储单元（如图 8-1 所示）地址为 0x3000、0x3001、0x3002 和 0x3003，则 0x3000（十六进制数）称为变量 a 的地址。

0x3003	0x3002	0x3001	0x3000
00000000	00000000	00000000	00000010

图 8-1 变量 a 的存储地址

在 C++中，可以使用取地址运算号（&）获得一个变量所占存储单元的地址。

【例 8.1】 编程定义一个整型变量，输出该变量的值及该变量的地址。

程序如下：

```
#include <iostream.h>
int main()
{     int i;
      i=100;
      cout<<"变量的值为："<<i<<endl;
      cout<<"变量的地址为："<<&i<<endl;
      return 0;
}
```

程序运行结果：

```
变量的值为：100
变量的地址为：0X0012FF7C
```

通过这个例子可以了解如何获得变量的地址及变量的值。

思考：请运行一下例 8.1，会发现运行的变量的地址结果会不同，请分析一下原因。

3．指针

一个变量在内存中所占存储单元的起始地址称为该变量的指针，也是指向该变量的指针。例如：

```
int i;
i=20;
```

假设 i 变量在内存中所占存储单元的起始地址为 0x1000 ，此时称 0x1000 这个地址为变量 i 的指针，而 20 是变量 i 的值。

同样，系统也为其他数据类型（如实型、字符、数组等）及函数分配多个存储单元，它们的起始地址也称为它们的指针，或称为它们的地址。因此，指针指向的变量类型不同，指针的类型就不同。

8.1.2 指针变量

1. 指针变量的定义

用于存放地址的变量称为指针变量。与其他类型变量的定义类似，指针变量在使用前也必须定义其类型，以表明该指针变量指向某数据类型的变量。其定义的一般格式为：

```
类型标识符   *指针变量名表;
```

例如：

```
int   *ip1;
```

说明：

（1）上述定义指针变量也可以写成 int* ip1 或 int * ip1。

（2）指针变量名前面的“*”是一个定义变量为指针的说明符，表示该变量为指针变量，它不是指针变量名的一部分。

（3）指针变量也是一个变量，系统也要为它分配内存，用于存放它的值，指针变量的值是一个地址。

（4）指针变量名的命名符合标识符的命名规则。

（5）类型标识符是该指针变量所要指向的变量的类型。指针变量只能指向定义时所指定的数据类型的变量。

（6）C++语言中定义了一个符号常数 NULL，用来代表空指针值。所谓空指针值是人为规定的一个数值，用来表示“无效”的指针值。在 Visual C++ 6.0 中，NULL 被定义为 0。

下面是一些指针变量声明的例子：

```
double *p1, *p2;   //p1 和 p2 都是指向 double 型变量的指针
char *p3，ch;      //p3 是指向 char 型变量的指针，ch 是字符变量
```

不同类型的指针变量，系统为它们分配的内存单元数量相同，即系统为 p1、p2、p3 都分配 4 个内存单元，p1、p2、p3 变量的值都是地址值。

变量的指针和指向变量的指针变量的区分：指针是某一变量在内存中所占存储单元的地址，是一个地址值。而指针变量则是专门存放其他变量的地址的变量，是个变量，如果某一指针变量中存放了另外一个变量的指针，则称该指针变量是指向那个变量的指针变量。

2. 与指针有关系的两个运算符

（1）&运算符：取地址运算符，用来得到一个普通变量的地址。

例如：

```
int i=100;        //定义整型数 i
int *pi;          //定义整型指针变量 pi
pi=&i;            //将变量 i 的地址赋值给整型指针变量 pi
```

“&i”是求变量 i 的存储单元的地址（即指针），指针变量 pi 存放了变量 i 的地址（即指针），可以称整型指针变量 pi 指向整型变量 i。

pi 与 i 的关系如图 8-2 所示，其中整型变量 i 的地址是 0x1000，指针变量 pi 的地址是 0x0800。变量 i 在内存中存放的数值是 100，指针变量 pi 在内存中存放的是 i 的地址值 0x1000，指针 pi 指向变量 i。pi 指向一个整型变量，所以 pi 是一个整型指针。

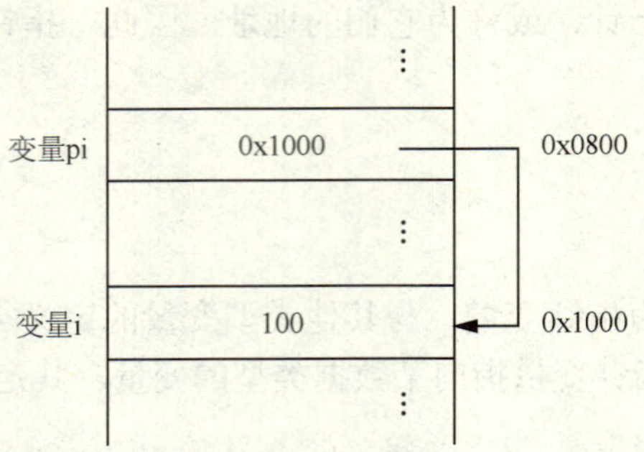

图 8-2　指针与所指向变量的关系图

（2）*运算符：间接引用运算符，用来获取指针变量所指向变量的值，后面跟指针变量。例如：

```
int i=100,y;
int *ip;
ip=&i;
y=*ip;      //*ip 为取出指针变量 ip 所指向的变量 i 的内容 100 并赋值给 y
```

由于 ip 指向变量 i，所以*ip 与 i 实际是等价的，如图 8-3 所示。

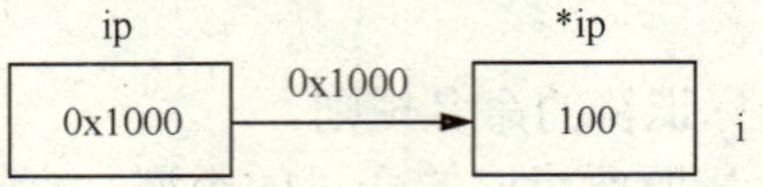

图 8-3　间接引用

3. 指针变量的初始化

指针变量在定义后，其值是随机的。也就是说该指针变量可能指向内存中某个不确定的内存单元。使用未初始化的指针变量是不安全的，可能会出现难以预料的后果，甚至使系统瘫痪。因此，定义的指针必须先初始化后才可使用。

可以在声明指针的同时进行初始化赋值，格式为：

```
类型标识符　*指针变量名=初始地址;
```

例如：

```
int i=10, *ip=&i;    //用整型变量 i 的地址初始化整型指针变量 ip
```

注意，这里是用&i 对 ip 进行初始化，指针变量定义语句中的“*”是指针定义符，不是间接引用内容的含义，不能把 int *ip=&i;理解为将 i 的地址赋给 ip 所指的内存单元，而应理解为将 i 的地址赋给 ip 本身。

另外，与一般变量相同，若外部（全局）或静态指针变量在定义中未初始化，则指针变量被初始化为 NULL。

也可以在声明之后，单独使用赋值语句，格式为：

```
指针变量名=初始地址;
```

例如：

```
int i;
int *pi;        //定义整型指针变量 pi
pi=&i;          //将整数 i 的地址赋值给指针变量 pi，也就是说使 pi 指向 i
*pi=100;        //相当于 i=100;
```

4. 指针变量的使用

可以使用指针变量指向不同的变量，然后通过间接访问运算符“*”，间接访问指针变量指向的变量。

【例 8.2】 指针变量及其使用方法。

程序如下：

```
#include <iostream.h>
int main()
{
    int a,b;
    int   *p1,*p2 ;
    a=100;
    b=200;
    p1=&a;          //把变量 a 的地址赋给指针变量 p1，即指针变量 p1 指向变量 a
    p2=&b;          //把变量 b 的地址赋给指针变量 p2，即指针变量 p2 指向变量 b
    cout<<a<<',' <<b<<endl;          //输出 100，200
    cout<<*p1<<','<<*p2<<endl;      //等价于 cout<<a<<', '<<b<<endl;
}
```

程序运行结果：

```
100,200
100,200
```

本例中关于指针变量与变量之间的关系如图 8-4 所示。

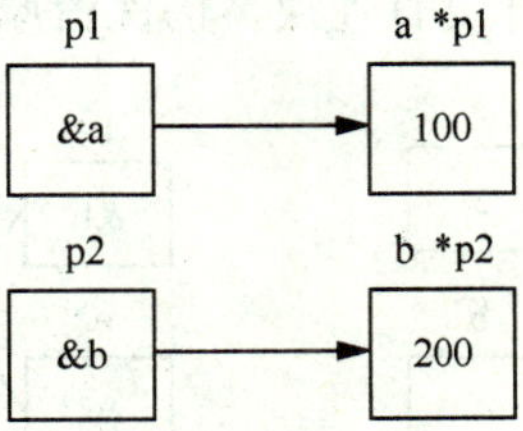

图 8-4 指针变量与变量之间的关系

说明：

（1）*p1 等同 a，*p2 等同 b，它们的结果为整型值；而 p1 等同&a，p2 等同&b，它们的值为地址。所以：

```
*p1=200;                //等价于 a=200;
*p2=300;                //等价于 b=300;
```

（2）&、*这两个运算符的作用是相反的，结合方向是自右至左。&*p1 的含义是&(*p1)等同于 p1，也就是&a。赋值运算 p2=&*p1 也是合法的，表示指针 p2 也指向 a。

（3）系统会为 p1、p2 分配内存，用于存放整型指针；也为 a、b 分配内存，用于存放整型数，但系统不会给&a、&b、*p1、*p2 分配内存。

【例 8.3】 使用指针求两个数的较大值并按从大到小的顺序输出。

程序如下：

```
#include<iostream.h>
int main()
{
    int   *p1, *p2, *p, a, b;
    cout<<"请输入两个数："<<endl;
    cin>>a>>b;
    p1=&a;
    p2=&b;
    if(a<b){p=p1;p1=p2;p2=p;}
    cout<<"a="<<a<<",b="<<b<<endl;
    cout<<"max="<<*p1<<",min="<<*p2<<endl;
    return 0;
}
```

程序运行结果：

```
3  4↙
a=3,b=4
max=4,min=3
```

程序执行 1～8 行，内存关系如图 8-5（a）所示，执行 9~12 行，内存关系如图 8-5（b）所示。

说明： a 和 b 两个整型变量的值并没有互换，仍保留原值，只是指向它们的指针变了。

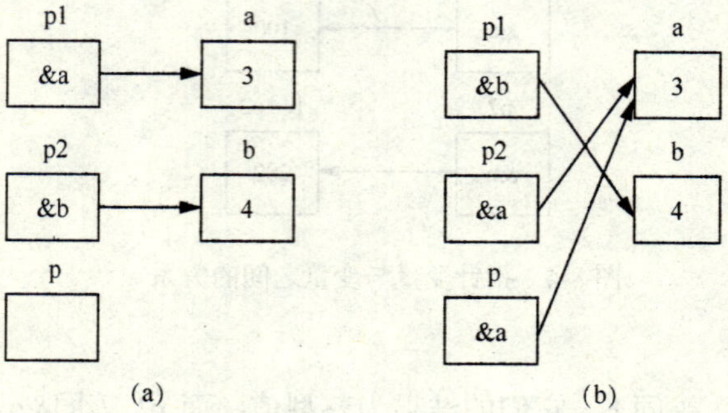

图 8-5 指针变量之间交换

8.1.3 指针变量的运算

1. 指针变量的赋值运算

指针变量的赋值运算一定要将地址赋值给它。用来对指针变量赋值的可以是：

（1）与指向类型相同的变量地址。

（2）同类型的已经初始化的指针变量。

此外，也可以用 0 或 NULL 对指针变量赋值，使变量是“空指针”，即不指向任何的内存物理地址。

说明：指针变量是有类型的，即一个指针变量只能指向同一类型的变量。不同类型的指针变量是不可以互相赋值的。在指针赋值时，不存在类型自动转换的机制。如果确实需要不同类型指针赋值，必须要进行强制类型转换。例如：

```
double d=37.12, *dp;    //定义实型变量 d 和实型指针变量 dp
int i ,*ip              //定义整型变量 i 和整型指针变量 ip
ip=&i;    //正确
dp=&d;    //正确
ip=&d;    //错误，不能将一个 double 类型变量 d 的地址赋值给一个整型指针变量 ip
dp=ip;    //错误，不能将整型指针变量 ip 赋值给实型指针变量 dp，ip、dp 是不同类型的指针
```

2. 指针变量的算术运算

指针的算术运算是按 C++语言地址计算规则进行的，这种运算与指针指向的数据类型有密切关系。

（1）指针和整数可进行加、减运算。指针和整数进行加、减运算时，编译程序是根据指针所指对象的数据类型来决定所加减的单元数的。指针加一，不是加一个单元，而是加指针指向类型所占的单元数。

一般格式为：

```
    指针变量=指针变量+n;
即：指针变量值=指针变量值+sizeof(指针变量指向的类型)*n;
```

例如：

```
int *p=&iCount;
p++;  //加 4 个单元，即指向下一个整型数
```

假设整型数 iCount 的地址是 0x1000，即指针 p 存放的地址也为 0x1000，当执行 p++后，p 存放的地址为 0x1004，即指针 p 指向了下一个整型数据。

假设 p 是指向某一数组元素的指针，开始时指向数组的第 0 号元素，设 n 为整数，则 p+n 就表示指向数组的第 n 号元素（下标为 n 的元素）。

【例 8.4】 指针变量的自加、自减、加 n 和减 n 运算，如图 8-6 所示。

程序如下：

```
# include <iostream.h>
int main( )
{  int    a[5]={0,1,2,3,4};
   int    *p;
   p=&a[0];
```

```
    p++ ;        cout<< *p<<'\t';
    p=p+3;       cout<< *p<<'\t';
    p--;         cout<< *p<<'\t';
    p=p-3;       cout<< *p<<'\t';
    return 0 ;
}
```

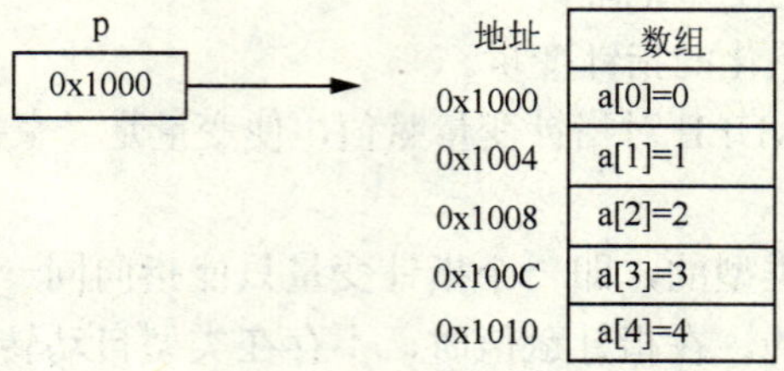

图 8-6　指针变量 p 的算术运算

程序运行结果：

```
1   4   3   0
```

（2）两个指针变量在一定条件下可进行减法运算。

如果两个指针 px 和 py 所指向的变量类型相同，则可以对它们进行相减运算。px−py 运算的结果是两指针指向的地址位置之间的数据个数。由此看出，两指针相减实质上也是地址运算。它执行的运算不是两指针持有的地址值相减，而是按下列公式得出结果：

((px)−(py))/sizeof(指针指向的类型)

式中，(px)和(py)分别表示指针 px 和 py 的地址值，所以两指针相减的结果值不是地址量，而是一个整数。

假设 px、py 指向同一数组中的不同元素，则 px−py 的绝对值表示 px 所指元素与 py 所指元素之间的元素个数。

3. 指针变量的关系运算

指针变量的关系运算是相同类型的指针之间进行的各种关系运算，是指针变量值的大小比较，即对两个指针变量所存的地址值进行比较，一般分三种情况。

（1）通常指针变量可以进行相等和不等的比较，指向同一变量者为相等，否则不等。

（2）任一指针变量可以和指针常量 NULL 进行相等和不等的比较。如果一指针变量 p 指向了某变量，则它不等于 NULL。

（3）指向数组元素的指针间不仅可以进行相等和不等比较，也可以进行大于、小于、大于等于、小于等于等的比较。

【例 8.5】 用指针变量求数组元素的和，并输出数组每个元素的值及和。

程序如下：

```
#include <iostream.h>
int main( )
{   int a[5]={1,2,3,4,5},sum=0;
    int *p,*p1;
    p1=&a[4];
    for (p=&a[0]; p<=p1; p++)
      {   sum+=*p;
          cout <<*p<<'\t';
      }
```

```
    cout <<"\n sum="<<sum<<endl;
    return 0;
}
```

程序运行结果：

```
1  2  3  4  5
sum=15
```

8.1.4 void 指针

在 C++语言中，可以声明 void 类型的指针。指向 void 类型的指针称为空类型（void）指针。即指针不指向一个固定的类型，它的定义格式为：

```
void *指针变量名;
```

例如：

```
void * p;
```

表示指针变量 p 不指向一个确定的类型数据，它的作用仅仅是用来存放一个地址。

一般来说，只能用指向相同类型的指针给另一个指针赋值，而在不同类型的指针之间进行赋值是错误的。例如：

```
int a;
int *p1=&a;
double *p2=p1;              //错误，不能将整型指针赋值给双精度型指针
double *p2=(double*)p1;     //强制类型转换
```

上述语句中的两个指针 p1、p2 指向的类型不同，因此，除非进行强制类型转换，否则它们之间不能相互赋值。但是 void 指针是一个特例。

void 指针它可以指向任何类型的数据，可以用任何类型的指针直接给 void 指针赋值。不过，如果需要将 void 指针的值赋给其他类型的指针，则需要进行强制类型转换。例如：

```
int a;
int *p1=&a;
void *p2=p1;         //不需要强制类型转换
int *p3=(int *)p2;   //需要强制类型转换
```

8.2 指针与数组

指针变量可以指向基本数据类型的变量，也可以指向数组及数组元素。数组中包含一组同类型的元素，每个数组元素都有相应的地址。数组元素在内存中是按顺序存放的，所以它们的地址是连续的。数组名是整个数组在内存中的起始地址。

引用数组元素时可以利用数组的下标，也可以利用指针。利用指针引用某一数组元素时，可先使指针变量指向某一数组元素，然后通过该指针变量对它所指向的数组元素进行操作。程序中使用指针对数组操作可使代码更紧凑、更灵活。

8.2.1 一维数组与指针

1. 指向数组元素的指针变量的定义与赋值

在 C++语言中可以定义指针变量，使该指针变量指向数组元素。指向数组元素的指针变量的定义与以前定义指针变量的方法相同，只是要注意指针变量定义时的类型要与所要指向的数组类型一致。例如：

```
int a[10];
int *p;
p=&a[0];        //将数组元素 a[0]的地址赋给指针变量 p
```

C++语言中规定：数组名代表数组首地址，也就是数组下标 0 的元素的地址，因此可以将数组名作为地址赋值给指针变量。例如：

```
int a[10];
int *p;
p=a;        //等价于 p=&a[0];
```

p=a 与 p=&a[0]是等价的，但需要注意，其作用是把数组 a 的起始地址赋给指针变量 p，即 p 指向数组下标 0 的元素 a[0]，而不是把数组 a 各元素的地址赋给 p。

2. 访问数组元素

指向数组元素的指针变量可指向数组中的任一元素，将某个数组元素的地址值赋给指针变量，便可使用指针间接访问该数组元素。

访问数组元素有以下 3 种方式。

- 下标方式：数组名[下标]
- 地址方式： *（地址）
- 指针方式： *指针变量名

例如：

```
int a[5]={23,12,45,33,67};
int*p=a;
```

a[0]，a[1]，…，a[i]等都是下标方式访问的数组元素。a 表示数组首地址，则 a+i 表示从数组首地址开始的第 i 个元素的地址。*a,* (a+1), …,*(a+i)等是使用地址方式访问数组元素。&a[i]也表示数组第 i 个元素的地址，因此*(&a[i])也是使用地址方式访问数组元素。*p,*(p+1),…,*(p+i)等都是指针方式访问的数组元素，*(p+i)就是 a[i]。

指针方式访问数组元素的方法有以下两种，假设 int*p=a;。

- 指针变量 p 不变，如 p+i，i 不同可以访问数组中的不同元素，这种方式指针变量没有变化。
- 指针变量 p 不断地变化，如 p++指向数组的下一个元素，直接指向不同的数组元素。

【例 8.6】 设有一个数组 *a*，有 5 个元素。用 4 种方法输出各元素。

程序如下：

```
#include <iostream.h>
int main( )
{
```

```
    int a[5]={23,12,45,33,67},*p=a,i;
    cout<<"下标方式：";
    for(i=0;i<5;i++)
        cout<<a[i]<<" ";
    cout<<"\n 地址方式：";
    for(i=0;i<5;i++)
        cout<<*(a+i)<<" ";
    cout<<"\n 指针方式 1：";
    for(i=0;i<5;i++)
        cout<<*(p+i)<<" ";
    cout<<"\n 指针方式 2：";
    for(p=a;p<a+5;p++)
        cout<<*p<<" ";
    return 0;
}
```

程序运行结果：

```
下标方式：23 12 45 33 67
地址方式：23 12 45 33 67
指针方式 1：23 12 45 33 67
指针方式 2：23 12 45 33 67
```

注意，程序最后一种方式使用了 p++，指针 p 的值是不断变化的，每循环一次，p 就指向下一个数组元素，请读者思考循环结束时，p 指向那个元素。

程序中 15～16 行，也可写成如下形式：

```
for(i=0;i<5;i++)
    cout<<*p++<<" ";
```

p++等同于(p++)，它的作用是先得到 p 所指向的元素的值（即*p），然后再使 p+1。

注意，*(p++) 与 *(++p)的作用是不同的，*(p++)是先取 p 的值做*运算，然后再使 p 加 1（即指向下一个元素）；*(++p)是先使 p 加 1（即使 p 指向下一个元素），然后再做*运算。

例如，若 p 的初值为 a（即&a[0]），输出*(p++)时，得到 a[0]的值；而输出*(++p)时，则得到 a[1]的值。

通过以上讨论，得出下面结论。

对一维数组 a[ ]和指针变量 p 而言，当 p=a 时：

（1）第 i 个元素地址为&a[i]、 p+i、a+i ；

（2）第 i 个元素值为 a[i]、*(p+i)、*(a+i)、p[i]。

8.2.2 二维数组与指针

为了说明问题, 可以定义以下二维数组:

```
int a[3][4]={{1,3,5,7}, {9,11,13,15}, {17,19,21,23}};
```

a 为二维数组名, 此数组有 3 行 4 列, 共 12 个元素。可这样理解: 数组 a 由 3 个元素组成，即 a[0]，a[1]，a[2]。而每个元素都是一个含有 4 个元素（相当于 4 列）的一维数组。例如，a[0]所代表的一维数组所包含的 4 个元素为 a[0][0]，a[0][1]，a[0][2]，a[0][3]，如图 8-7 所示。

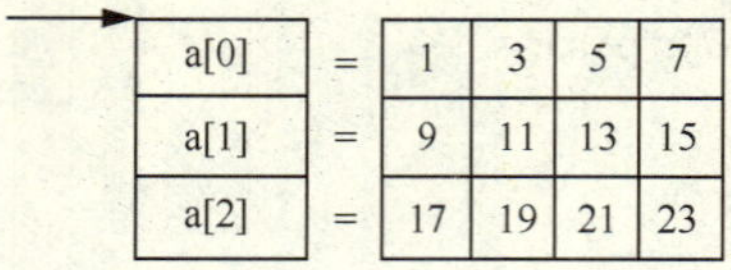

图 8-7　二维数组 a

从二维数组的角度来看，a 代表二维数组的首地址，也可看成是二维数组第 0 行的首地址。a+1 代表第 1 行的首地址，a+2 代表第 2 行的首地址。如果此二维数组的首地址为 2000，由于第 0 行有 4 个整型元素，所以 a+1 为 2000+4*sizeof(int)=2016，a+2 为 2032，如图 8-8 所示。

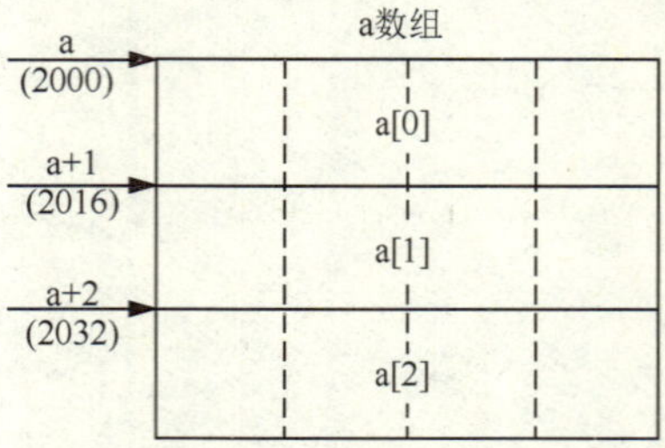

图 8-8　二维数组的行地址

既然把 a[0]、a[1]、a[2]看成是一维数组名，则可以认为它们分别代表它们所对应的数组的首地址，也就是 a[0]代表第 0 行中第 0 列元素的地址，即&a[0][0]，a[1]是第 1 行中第 0 列元素的地址，即&a[1][0]。根据地址运算规则，a[0]+1 即代表第 0 行第 1 列元素的地址，即&a[0][1]，一般而言，a[i]+j 即代表第 i 行第 j 列元素的地址，即&a[i][j]。

另外，在二维数组中，还可用指针的形式来表示各元素的地址。如前所述，a[0]与*(a+0)等价，a[1]与*(a+1)等价，因此 a[i]+j 就与*(a+i)+j 等价，它表示数组元素 a[i][j]的地址。因此，二维数组元素 a[i][j]可表示成*(a[i]+j)或*(*(a+i)+j)，它们都与 a[i][j]等价，或者还可写成(*(a+i))[j]。

所以，在二维数组 a 中，二维数组 a 的行地址、行首地址、元素地址、元素值的表示方式如表 8-1 所示。

表 8-1　二维数组 a 的行地址、行首地址、元素地址、元素值的表示方式

行地址、行首地址、元素地址、元素值	表 示 方 式
第 i 行行地址	a+i
第 i 行首地址（第 i 行第 0 列地址，即列地址）	a[i]、*(a+i)、&a[i][0]
元素 a[i][j]的地址（列地址）	a[i]+j 、*(a+i)+j 、&a[i][0]+j、&a[i][j]
第 i 行第 j 列元素值	*(a[i]+j) 、 *(*(a+i)+j) 、 *(&a[i][0]+j)、a[i][j]

【例 8.7】 定义一个 3 行 3 列数组，输出每行的首地址及所有元素值。

程序如下：

```
# include <iostream.h>
int main( )
{   int a[3][3]={{1,2,3},{4,5,6},{7,8,9}};
    for (int i=0;i<3;i++)
    {   cout<<"a[" <<i<<"]="<<a[i]<< "     "<<&a[i][0]<<endl;
        for (int j=0;j<3;j++)
            cout<<"a[" <<i<<"]["<<j<<"]="<<*(a[i]+j)<< "="<<a[i][j]<<endl;
    }
    return 0;
}
```

程序运行结果：

```
a[0]=0x0013FF5C    0x0013FF5C
a[0][0]=1=1
a[0][1]=2=2
a[0][2]=3=3
a[1]=0x0013FF68    0x0013FF68
a[1][0]=4=4
a[1][1]=5=5
a[1][2]=6=6
a[2]=0x0013FF74    0x0013FF74
a[2][0]=7=7
a[2][1]=8=8
a[2][2]=9=9
```

其中，0x0013FF5C、0x0013FF68、0x0013FF74 是十六进制地址值。

【例 8.8】 用指针变量输出一个 3 行 4 列二维数组各元素的值。

分析：可以将一个 3 行 4 列二维数组看成一个有 12 个元素的一维数组，故而可以用一个整型的指针变量先后指向各元素，逐个输出它们的值。

程序如下：

```
#include <iostream.h>
int main( )
{
   int a[3][4]={1,3,5,7,9,11,13,15,17,19,21,23};
   int *p;     //p 是为整型指针变量
   for(p=a[0];p<a[0]+12;p++)
        cout<<*p<<"    ";
   cout<<endl;
   return 0;
}
```

程序运行结果：

```
1   3   5   7   9   11   13   15   17   19   21   23
```

8.2.3 指向数组的指针

指向一个数组整体的指针称为数组指针，根据指向的数组的维数不同，数组指针又可以分为一维、二维和多维数组指针。一维数组指针定义的格式为：

```
类型标识符（*指针变量名）[数组元素个数];
```

例如：

```
int (*pa)[6];
```

pa 是一个指向一维整型数组的指针，它所指向的一维数组是含有 6 个整型元素的数组。

通常使用指向一维数组的指针指向某个二维数组的某一行，因为二维数组的某行是一个一维数组。因此，可以使用二维数组某行的地址值给它赋值，让指向一维数组的指针指向二维数组的某一行。这样便可用该指针来表示二维数组的各个元素。例如：

```
int a[2][5];
```

```
int (*ip)[5];      //定义 ip 为一个指向含有 5 个整型元素的一维数组
ip=a;              //ip 指向二维数组的第一行（5 个元素）
```

这里指针 ip 指向一维数组 a[0]， a[0]有 5 个元素 a[0][0]、a[0][1]、a[0][2]、a[0][3]、a[0][4]、如果执行增量运算 ip++，则 ip 指向一维数组 a[1]，其 5 个元素是 a[1][0]、a[1][1]、a[1][2]、a[1][3]、a[1][4]。也可以用(*ip)[0]、(*ip)[1]、(*ip)[2]、(*ip)[3]、(*ip)[4]表示这 5 个元素。

指向数组的指针和指向数组元素的指针的区别：虽然指针变量存储的都是地址，但指针变量的类型（指向的对象类型）是不同的，决定了该地址指向的存储区的大小不同。例如：

```
int a[5][5];
int *p=&a[0][0];      //指针 p 指向整型元素 a[0][0]，p 是整型指针
int (*pa)[5]=a;       //指针 pa 指向整型一维数组 a[0]，pa 是指向数组的指针
```

注意，例子中整型指针 p 如果进行 p+1，则移动 4 个内存单元。而数组指针 pa 如果进行 pa+1，则移动 4×5=20 个内存单元。

与定义指向一维数组类似，C++允许定义指向二维数组或多维数组的数组指针。

8.2.4 指针数组

数组是同种数据类型的序列，数组元素可以是基本数据类型，也可以是指针类型。数组元素都为指针的数组称为指针数组。指针数组的每一个元素都是指针变量，并且它们是类型相同的指针变量。

指针数组定义的语法格式为：

```
类型标识符 *指针数组名 [数组元素个数];
```

例如：

```
int *arr [6];
```

arr 是指针数组，该一维数组含有 6 个元素，每一个元素都是指向整型的指针变量。

定义中的类型标识符是数组中各指针元素所指向的类型，同一指针数组中各指针元素指向的类型相同。指针数组名是一个合法标识符，它的值为指针数组的首地址。

说明：

（1）指针数组比一般数组定义增加了符号“*”。

（2）指针数组比指向数组的指针定义少了一对括号“( )”。

例如：

```
int *p[4];
```

表示 p 数组是由 4 个整型指针元素 p[0]、p[1]、p[2]、p[3]组成的整型指针数组，每个元素占 4 个内存单元。

```
char    *pc[4];
```

表示 pc 定义了由 4 个字符指针元素 pc[0]、pc[1]、pc[2]、pc[3]组成的字符指针数组，每个元素同样占 4 个内存单元。。

在给指针数组赋值时应该选用类型相同的地址值给它赋值。 例如：

```
int a,b,c[2][3];
```

```
int *p1[2]={&a,&b};
int *p2[2]={c[0],c[1]};
```

其中，指针数组 p1 有两个整型指针元素，把两个整型变量 a、b 的地址赋给它们做初值是合法的。指针数组 p2 也有两个整型指针元素，c[0]、c[1]是两个一维整型数组（含 3 个元素）的数组名，它们分别表示 c[0][0]、c[1][0]的地址，作为 p2 的元素的初值也是合法的。对于 p2 来说，指针数组与二维数组 c 的关系如图 8-9 所示。

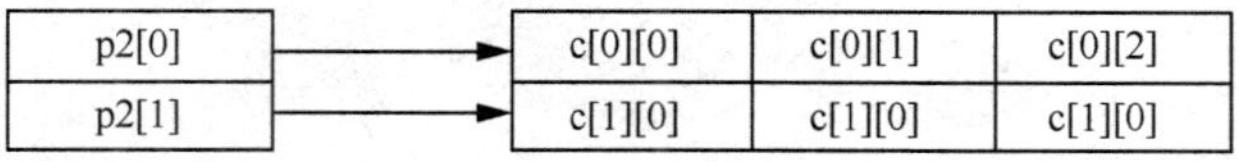

图 8-9　指针数组与二维数组

若要访问 c[i][j]元素，可用指针数组表示为*(p2[i]+j)或*(*(p2+i)+j)。

说明：数组指针和指针数组的定义和含义是不同的，数组指针是一个指针变量，分配 4 个内存单元，存放一个数组的首地址。而指针数组是一个数组，每个元素是一个指针类型，每个元素占 4 个内存单元，整个数组占 4 倍元素个数的内存单元。

8.2.5　指向指针的指针

由于指针变量也是一个变量，所以在内存中占据 4 个内存单元空间，也具有一个地址，这个地址也可以利用指针来保存。如果一个指针变量保存的是另一个指针变量的地址，我们称这个指针为指向指针的指针，即二级指针。

声明二级指针的格式为：

```
类型标识符  ** 指针变量名;
```

例如：

```
int a=100;
int *p1=&a;
int **p2=&p1;
```

此时，p2 称为二级指针。p2 的值为一级指针变量 p1 的地址，而指针 p1 的值为整型变量 a 的地址。*p2 表示访问指针 p2 所指向的内容，即指针 p1 的值。**p2 表示访问指针 p2 指向内容（p1）所指向的内容，即变量 a 的值。二级指针的表示如图 8-10 所示。

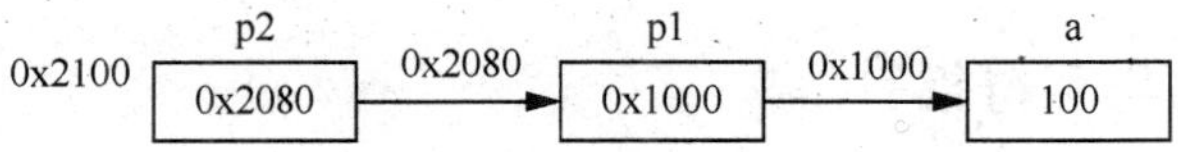

图 8-10　二级指针

对于二维数组来说，行地址是一个二级指针（指向指针的指针），而列地址（元素的地址）是一个一级指针。

例如：

```
int a[3][4],**p1,*p2;
```

则：

```
p1=(int **)a;  //a 为行地址，指针类型为二级指针 int ** (指向整型的整型指针)
p2=a[0];       // a[0]为列地址，指针类型为一级指针 int *（整型指针）
```

```
p2=*(a+2)+3;   //*(a+2)+3 为 a[2][3]元素的地址，指针类型为一级指针 int*
p1=*(a+2)+3;   //错误，*(a+2)+3 是列地址，指针类型为 int*，而 p1 类型是 int **
```

【例 8.9】 二级指针的应用。

程序如下：

```
#include<iostream.h>
int main()
{
    int a;
    int *p=&a,**pp=&p;
    a=1;
    cout<<"a="<<a<<endl;
    cout<<"*p="<<*p<<endl;
    cout<<"p="<<p<<endl;
    cout<<"*pp="<<*pp<<endl;          //*pp 是 p
    cout<<"**pp="<<**pp<<endl;        //**pp 是间接访问 p 指针指向的内容，即 a
    **pp=100;        //相当于  a=100
    cout<<"a="<<a<<endl;
    return 0;
}
```

程序运行结果：

```
a=1
*p=1
p=0x0012FF7C
*pp=0x0012FF7C
**pp=1
a=100
```

同样，C++允许定义多级指针。

8.3 字符指针与字符串

字符串是一种特殊的数据形式。C++对字符串提供了多种操作手段，其中利用字符指针是最方便的一种。

8.3.1 字符数组与字符指针

如 6.3 节所讲，数组元素类型为字符型的数组称为字符数组。字符数组可以存放字符，也可以存放字符串。指向字符串的指针变量称为字符指针，用于保存字符串的首地址。字符指针可以指向一个字符串，字符指针数组可用来指向多个字符串。

字符指针对字符串操作比较方便，可使用字符指针直接表示字符串中的每个字符。此外，字符指针不仅可用字符串对它进行初始化，而且还可用字符串给它赋值。

字符指针定义的格式为：

```
char  *指针变量名 [=<字符串>];
```

例如：

```
char *str;     //定义一个指向字符的指针变量
char str1[10]= "hello",*str2="hello";
```

str1 是字符数组，str2 是指向字符的指针变量。它们都可以存储字符串，但有以下区别：

（1）字符数组由若干个元素组成，每个元素存放字符串的一个字符；而字符指针变量中存放的是字符类型的地址，即字符串的首地址。

（2）对字符数组初始化是把字符串的各个字符放到字符数组中；而对字符指针初始化是把地址（如字符串常量的首地址，字符数组的首地址）赋给字符指针变量。

（3）对字符数组赋值，只能一个元素一个元素进行，不能对整个数组名赋值，因为数组名是地址；而字符指针变量可以用赋值语句赋地址。例如：

```
char str[6];
str="ok";                //错误，因为数组名 str 是一个地址常量，不能对数组名常量赋值
char *ps;
ps="hello";              //正确，将"hello"字符串地址赋给指针变量 ps
ps=str;                  //正确，指针变量 ps 指向字符数组 str
```

若想正确对 str 数组赋值，可以用字符串函数。例如：

```
strcpy(str, "study");    //正确，将 study 复制到数组 str 中
```

（4）用字符数组和字符指针都可以表示字符串，在处理字符串的输入/输出时，可以直接输入/输出数组名或字符指针名，表示将整个字符串输入/输出。

【例 8.10】 定义字符数组和字符指针表示字符串，输入/输出字符串。

程序如下：

```
#include <iostream.h>
int main( )
{
    char s1[10],s2[10];
    char *pc=s2;
    cout<<"请输入两个字符串:"<<endl;
    cin>>s1>>pc;
    cout<<"s1:"<<s1<<endl;
    cout<<"pc:"<<pc<<endl;
    return 0;
}
```

程序运行结果：

```
请输入两个字符串:
hello↙
ok↙
s1:hello
pc:ok
```

思考： 如果不对 pc 赋初值 s2 数组，则程序会出现什么错误。

8.3.2 字符指针数组

字符指针数组可以用来存放多个字符串。字符指针数组定义的格式为

```
char *数组名 [整型常量表达式];
```

例如：

```
char *s [3]={ "study","work","life"};
```

s 是一个字符指针数组，它有 3 个元素，每个元素是一个字符指针，指向一个字符串，即 s[0]、s[1]、s[2]分别表示"study"、"work"、"life"，字符指针数组的存储如图 8-11 所示。

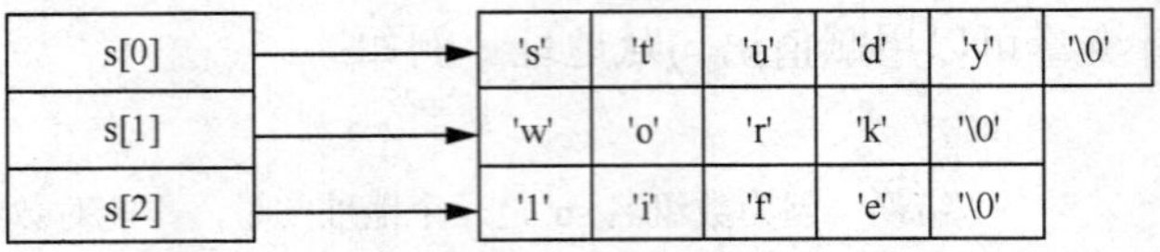

图 8-11　字符串指针数组

可以看出字符指针数组不像二维字符数组那样按行统一长度分配存储空间，而是按字符串的实际长度分配内存，以“\0”表示每个字符串的结束，节省存储空间。

8.4　动态内存分配和释放

C++定义了 4 个内存区间：代码区、静态存储区、栈区（Stack）、堆区（Heap），用于存储不同类型的数据。程序在内存分布如图 8-12 所示。

代　码　区	函 数 代 码
静态存储区	全局变量、静态变量
堆区（Heap）	动态内存
栈区（Stack）	局部变量、函数形参等

图 8-12　程序在内存中分布

通常定义变量后，编译器在编译时可以根据该变量的类型知道所需内存空间的大小，从而系统在适当的时候为它们在相应的内存区分配确定的存储空间。这种内存分配称为静态存储分配。

有些操作对象只有在程序运行时才能确定（例如，成绩统计时学生人数无法事先得知，只有运行时用户输入人数后才能确定，从而分配相应大小的数组存储成绩），这样编译器在编译时无法为它们预定存储空间，只能在程序运行时，系统根据运行时的要求进行内存分配，这种方法称为动态存储分配。所有动态存储分配都在堆区中进行。

当程序运行到需要一个动态分配的变量（或对象）时，必须向系统申请取得堆中的一块所需大小的存储空间，用于存储该变量或对象。当不再使用该变量或对象时，也就是它的生命期结束时，要显式释放它所占用的存储空间，这样系统就能对该堆空间进行再次分配，做到重复使用有限的资源。

说明：用户使用的局部变量是在栈区分配的，它的释放由系统完成，不用用户使用语句去显式释放。全局变量、静态变量的分配在静态存储区，释放是在程序运行结束时由系统

完成。而堆区的分配和释放必须由程序员来实现，使用前用语句分配，使用后用语句显式释放。

动态分配内存可以使用 C++中的 new 与 delete 运算符，也可以使用 C++保留的 C 语言中动态分配内存的两个函数，malloc()函数和 free()函数。

8.4.1 C++中堆的使用

1. new 运算符

new 运算符用于动态分配内存单元，如果分配成功则将分配内存的首地址赋值给指针变量。分配不成功（内存资源不足）则将 NULL 赋值给指针变量。

new 运算符的使用格式如下。

（1）指针变量 =new 类型标识符;

/***作用：**动态分配由类型确定大小的连续内存单元，并将内存首地址赋给指针变量。*/

（2）指针变量 =new 类型标识符(value);

/***作用：**除完成（1）的功能外，还将 value 作为所分配内存单元的初始值。*/

（3）指针变量 =new 类型标识符[表达式];

/***作用：**用 new 运算符申请一块保存数组的内存单元，即创建一个数组。此内存单元是连续的，可以通过指针的变化访问所分配单元的每一个元素。表达式可以是常量表达式，也可以是变量表达式，即分配的内存空间大小可以随变量表达式的值的变化而变化，体现动态内存分配。*/

说明：

（1）指针应预先声明，指针指向的数据类型与 new 后的数据类型相同，数据类型可以是 C++语言的标准数据类型，也可以是结构体类型、共用体类型、类类型等。

（2）使用 new 运算符创建动态内存单元，若申请成功，则返回分配单元的首地址给指针；否则（如没有足够的内存单元等原因）返回 NULL（0，一个空指针），表明创建失败。

例如：

```
int *p;
p=new int(10);
```

表示申请一个整型变量的内存空间，系统自动根据整型所占的单元大小（4 字节）开辟内存单元，用来保存整型数据，赋初值为 10，并把首地址赋给整型指针 p。

```
char *pc;
pc=new char[20];
```

表示创建一个动态字符数组，系统会在堆内存开辟大小为 20 个字符的内存单元，并把这些内存单元的首地址赋给字符指针 pc。可以通过指针 pc 访问数组元素，如 pc[i]或*(pc++)。

2. delete 运算符

由 new 运算符分配的内存单元在使用完毕后，应该用 delete 运算符释放。释放已分配的内存空间就是将这一块空间交还给系统。这是任何一个使用动态内存分配得到存储单元的程序都必须做的事。如果应用程序对有限的内存只取不还，则系统很快就会因为内存用尽而崩溃。所以，当程序中不再需要使用运算符 new 创建的某个内存单元时，就必须用运算符 delete 来删除它。

使用 delete 运算符释放变量的语法格式为：

（1）delete 指针变量;

/***作用：**将指针变量所指的内存空间归还给系统。delete 只是删除动态内存空间，并不会将指针变量本身删除。释放内存单元后，该指针变量成为空指针。*/

（2）delete [ ]指针变量;

或 delete [元素数] 指针变量;

/***作用：**将指针变量所指数组内存空间归还给系统。delete [ ]方括号中不需要填数组元素数，系统自知。即使写了，编译器也会忽略。注意，指针变量是指向待释放的数组首元素的指针的。*/

说明：new 与 delete 是配对使用的，delete 只能释放堆单元。如果 new 返回的指针值丢失，则所分配的堆单元无法回收，称内存泄漏，同一单元重复释放也是危险的，因为该单元可能已另分配，所以必须妥善保存 new 返回的指针，以保证不发生内存泄漏，也必须保证不会重复释放堆内存单元。

例如，对整型内存单元的申请和释放。

```
int *p;
p=new int;              //申请内存单元
*p=6;
delete p;               //释放内存单元
```

对数组内存单元的申请和释放。

```
int *p;
p=new int[10];
delete[ ] p;   //等同与 delete[10] p;
```

这里，p 是使用 new 运算符创建的一个指向整型一维数组的指针，该数组具有 10 个元素，使用 delete 将它释放，即释放 10 个元素所用的内存空间，但不会释放指针变量 p 分配的内存单元。

【例 8.11】 用 new 运算符动态生成由 *n* 个元素组成的一维数组，给一维数组输入 *n* 个值，求出并输出一维数组元素的和，最后用 delete 运算符动态回收一维数组所占用的内存单元。

程序如下：

```
#include <stdlib.h>     // exit( )函数需要的头文件
#include<iostream.h>
int main( )
{   int i,n,sum=0;
    cout<<"输入数组长度 n: ";
    cin>>n;
    int *p=new int[n];      //动态分配由 n 个整型元素组成的一维数组，首地址赋 p
    if(p==NULL)   //分配内存单元不成功
    {
        cout<<"堆分配失败!";
        exit(1);                    //结束程序
    }
    cout<<"输入"<<n<<"个元素值：";
    for (i=0;i<n;i++)
      cin>>p[i];                 //给 n 个元素赋值。
    for(i=0;i<n;i++)
      sum+=p[i];                 //计算 n 个元素和
    cout<<"sum="<<sum<<endl;
    delete [n]p;    //动态归还 p 所指向的一维数组内存单元，对于数组，[ ]是必须的
```

```
    return 0;
}
```

程序运行结果：

```
输入数组长度 n: 6↙
输入 6 个元素值：1 2 3 4 5 6↙
sum=21
```

8.4.2 C 语言中动态分配空间的函数

C++中保留了 C 中动态分配空间的方法。

1. 堆的分配

malloc 函数用于动态分配内存空间，并将分配内存的地址赋给指针变量。malloc 函数声明在头文件 malloc.h 中。

malloc 函数原型为：

```
void * malloc(size_t size);
```

表示分配 size_t size 字节大小的内存空间，如果分配成功，则函数返回该内存空间的首地址；如果分配失败，则返回 NULL。可以将 malloc()函数动态分配的内存空间的首地址赋值给一个指针变量，但需要将该地址（函数的返回值）强制转换为指针变量的类型。

例如：

```
int *p=(int *)malloc(n*sizeof(int));
```

从堆中动态分配 *n* 个整型数大小的内存空间，并将首地址赋给整型指针 p。语句中的(int *)表示强制类型转换。

2. 堆的释放

一般格式为：

```
free(指针变量);
```

例如，free(p) 显式释放指针 p 所指向的动态内存空间。

说明：释放了 p 所指向的目标的内存空间，并不会将指针变量 p 本身删除。释放内存单元后，该指针 p 成为空指针。

【例 8.12】 用 malloc 函数动态生成由 *n* 个元素组成的一维数组，输入 *n* 个值给一维数组，求出并输出一维数组元素和，最后用 free()函数动态回收一维数组所占用的内存空间。

程序如下：

```
#include <malloc.h>
#include <stdlib.h>
#include<iostream.h>
int main( )
{   int i,n,sum=0;
    cout<<"输入数组长度 n: ";
    cin>>n;
    int *p=(int *)malloc(n*sizeof(int));      //动态分配由 n 个整型元素组成的一维数组，首地址赋 p
    if(p==NULL)      //分配内存空间不成功
```

```
    {
        cout<<"Memory Heap Allocation Failure!";
        exit(1);
    }
    cout<<"输入"<<n<<"个元素值：";
    for (i=0;i<n;i++)
      cin>>p[i];                 //给 n 个元素赋值。
    for(i=0;i<n;i++)
      sum+=p[i];                 //计算 n 个元素和
    cout<<"sum="<<sum<<endl;
    free(p);                     //动态释放 p 所指向的一维数组内存空间
    return 0;
}
```

8.5 指针与函数

函数主要是由函数返回值类型、函数名、函数参数和函数体相结合而构成的。指针与函数的关系密切，指针可以应用在函数定义的前三项中，包括函数返回值为指针类型、函数指针及指针类型作为函数参数。

8.5.1 指针变量与数组名作函数参数

前面讲过，函数的参数可以为整型、实型、字符型等基本数据类型的变量。实参与形参间参数的传递是单向的“值传递”。

函数的参数也可以为指针，实参与形参间参数的传递是“地址传递”。

1. 指针变量作为函数参数

指针变量作为函数参数的函数定义格式为：

```
类型标识符    函数名(类型  *指针变量名,…)
 {
   函数体
 }
```

函数调用格式为：

```
函数名(&变量,…);
```

或

```
函数名(指针变量,…);
```

此时调用函数时的实参必须是地址值（指针），而函数的形参一定要定义为指针变量的形式。

为了能够对普通变量作为函数参数与指针变量作为函数参数深入理解，下面以这两种不同的参数传递方式举例，进行对比说明。

【例 8.13】 编写两个整型数据交换的函数（整型变量作为函数形参）。

程序如下：

```
#include <iostream.h>
```

```
void swap(int,int);                //函数的原型声明
int main()
{
    int a=3,b=8;
   cout<<"交换前:"<<endl;
    cout<<"a="<<a<<"\t    b="<<b<<endl;
    swap(a,b);                      //函数的调用
    cout<<"交换后："<<endl;  cout<<"a="<<a<<"\t    b="<<b<<endl;
   return 0;
}
void swap(int x,int y)     //函数的定义，x、y 重新分配内存
{
    int temp=x;
    x=y;
    y=temp;     //变量 x、y 实现交换
}
```

程序运行结果：

```
交换前:
a=3            b=8
交换后：
a=3            b=8
```

可以看出实参 a、b 并没有交换，原因是用 int 型变量 x、y 作为函数参数时，实参传送给函数的是变量值，是值传递。而由于实参 a 和 b 与形参 x 和 y 占用不同的内存空间，在函数内对变量 x、y 进行交换，无法将交换后的结果传回给实参 a 和 b，函数调用结束后，形参 x 和 y 被撤销，实参 a 和 b 的值仍然保持原值不变。

【例 8.14】 编写两个整型数据交换的函数（指针变量作为函数形参）。

分析： 使用 swap(int *, int *)函数通过指针变量间接访问实现两个数据的交换。

程序如下：

```
#include <iostream.h>
void swap(int*,int*);              //函数的原型声明
int main()
{
    int a=3,b=8;
    cout<<"交换前:"<<endl;
    cout<<"a="<<a<<"\t    b="<<b<<endl;
    swap(&a,&b);                   //函数的调用，以变量 a 和变量 b 的地址作为实参值
    cout<<"交换后："<<endl;
    cout<<"a="<<a<<"\t    b="<<b<<endl;
   return 0;
}
void swap(int *x,int *y)          //给指针 x、y 重新分配内存
{
    int temp=*x;
    *x=*y;
```

```
    *y=temp;   //实现指针所指向变量的交换
}
```

程序运行结果：

```
交换前:
a=3         b=8
交换后:
a=8         b=3
```

在调用交换函数 void swap(int *,int *)前后，内存关系图如图 8-13 所示。

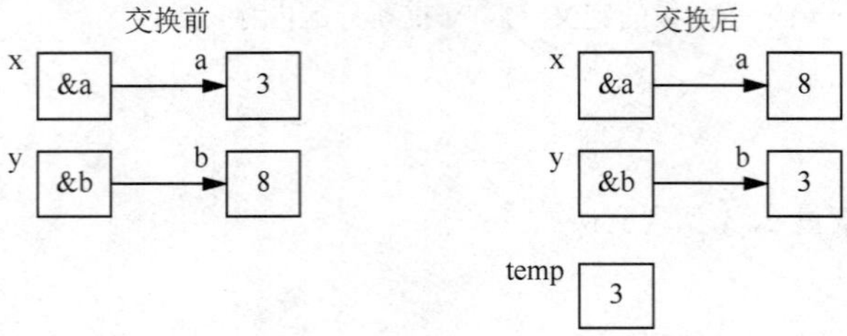

图 8-13　交换前后内存关系图

由上例不难总结出指针变量作为函数参数的特点：改变形参所指内容，实参内容也相应改变。

说明：

（1）实参必须是欲改变内容的变量的地址，形参必须是与实参类型相同的指针变量，用以接受实参传来的地址。

（2）在被调函数中直接通过形参指针变量修改它所指内存空间的内容。

请读者分析：如果将 swap(int *,int *)改写为以下形式，则输出的结果会如何。

```
void swap(int *x,int *y)
{
    int * temp=x;
    x=y;
    y=temp;
}
```

2. 数组名作为函数参数

数组名可以用来作为实参和形参。用数组名作为实参，在调用函数时实际上是将数组的首地址传递给形参。因此，实参数组就与形参数组共用同一个内存空间，形参数组元素的值发生变化，实参数组中各元素的值也发生相同的变化，这种变化并不是从形参传回实参的，而是由于形参与实参共享同一段内存造成的。

利用数组名作为函数的参数时可以用以下 4 种情况实现：

（1）形参和实参都用数组名。

（2）实参用数组名，形参用指针变量。

（3）实参和形参都用指针变量。

（4）实参用指针变量，形参用数组名。

【例 8.15】 形参和实参都用数组名来计算数组中各元素的和。

程序如下：

```
#include <iostream.h>
void sum(int array[ ],int n)
{
   int sum=0;
   int i=0;
   while(i<n)
      sum+=array[i++];
   cout <<sum<<endl;
}
int main()
{
   int a[10]={1,2,3,4,5,6,7,8,9,10};
   sum(a,10);
   return 0;
}
```

当调用函数 sum(a,10)，将实参数组名 a 的值（地址）传递给形参数组 array 时，系统不给形参的数组 array 分配内存，形参数组 array 和实参数组 a 共用相同的内存（即同一个内存区）。因为传递的是地址，所以在函数中对数组 array 求和就相当对数组 a 求和。

【例 8.16】 实参用数组名，形参用指针变量，计算数组中各元素的和。

程序如下：

```
#include <iostream.h>
void sum(int *array, int n)
{
   int sum=0;
   int i=0;
   while(i<n)
      sum+=array[i++];
   cout <<sum<<endl;
}
int main()
{
   int a[10]={1,2,3,4,5,6,7,8,9,10};
   sum(a,10);
   return 0;
}
```

和上例对比后可知两者基本没有区别，仅函数定义的形参类型不一样。在执行 sum(a,10) 语句时，将整型数组名 a（数组首地址）传递给整型指针变量 array，由上可见指针类型和数组名往往可以通用。但应注意系统给整型指针变量 array 在栈中重新分配内存空间，用于存放实参 a，从而 array 指针指向数组 a。

sum 函数也可改为如下形式：

```
void sum(int *array, int n)
{
   int sum=0;
   int i=0;
```

```
    while(i++<n)
      sum+=*array++;              //等价于 sum+=*array;和 array++;两条语句
    cout <<sum<<endl;
  }
```

注意，当循环结束时指针变量 array 的值改变了，指向 a[n]而不是 a[0]。

【例 8.17】 编写函数实现字符串的复制功能。

假设源字符串保存在数组 ps 中，目的字符型数组为 pd，用字符指针作为函数参数完成字符串复制功能。

程序如下：

```
#include<iostream.h>
void  copystr (char*s1,char*s2)          //复制函数
{
   while(*s2!='\0')    //判断源字符串是否结束
        *s1++=*s2++;
   *s1='\0';              //结束标识符“\0”赋值给目的字符串
}
int main()
{
  char  ps[]="ok";
  char  pd[]="hello";
  copystr(pd,ps);
  cout<<ps<<endl;
  cout<<pd<<endl;
  return 0;
}
```

程序运行结果：

```
ok
ok
```

分析：字符串的复制就是将一个字符型数组（源字符串）的内容照原样复制到另一个字符型数组中。方法是，把源字符型数组中的字符依次赋给目的字符型数组，直到碰到“\0”（或 0）为止。

8.5.2 返回值为指针类型的函数

除了 void 类型的函数之外，函数在调用结束后都会有返回值，指针同样也可以作为函数的返回值。当一个函数的返回值是指针类型时，这个函数就称为指针型函数。定义指针型函数的函数头的一般语法格式为

```
类型标识符  *函数名(参数表)
{
   //函数体
}
```

说明：

（1）类型标识符与“*”表明函数返回的是指针类型。

（2）函数名是合法的标识符。

（3）参数表是函数的形参列表。

通常非指针型函数调用结束后，可以返回一个变量，但是这样每次调用只能返回一个数据。有时需要从被调函数返回一批数据到主调函数中，这时可以通过指针型函数来解决。指针型函数在调用后返回一个指针，通过指针中存储的地址值，主调函数就能访问该地址中存放的数据。

【例 8.18】 利用指针型函数返回动态开辟的连续 *n* 个整数的首地址。

程序如下：

```
#include<iostream.h>
int * mynew(int n)     //mynew 函数返回一个整型指针
{
    int *address;
    if(n>0)
    {
        address = new int[n];  //动态开辟 n 个整数空间，address 指向第一整数
        for(int i=0;i<n;i++)        //将 n 个整数分别赋值为 1 到 n
            address[i]=i+1;
    }
    else
    {
        address = NULL;   //address 赋值为空
    }
    return address;    //返回指针 address
}
int main()
{
    int *a,n=10;
    if( a=mynew(n) )  //调用 mynew 函数，该函数返回一个指针，带回 n 个整数
    {
        for(int i=0;i<n;i++)  //输出 n 个整数，n 为 10
            cout<<a[i]<<" ";
        cout<<endl;
        delete [n] a;
    }
    return 0;
}
```

程序运行结果：

```
1 2 3 4 5 6 7 8 9 10
```

8.5.3 函数指针

1．函数指针的定义

通常通过函数名来调用函数，函数名对应着该函数存放在内存中的首地址（或称为入口地址）。也就是说，通过使用函数的地址也可以调用函数。因此，可以定义一个指向函数的指针，使用该指针调用函数，把该指针称为函数指针。函数指针定义格式为：

```
类型标识符 (*函数指针名) (参数表);
```

例如：

```
float    (*pf) (float x);
```

定义了一个函数指针变量 pf，pf 指向的函数具有一个 float 参数和 float 返回类型。

说明：

（1）类型标识符表明函数指针指向的函数的返回类型。

（2）(*函数指针名)的圆括号因为运算优先级的原因是必加的，表明定义了一个函数指针。如果没有圆括号，就变成上一节的指针型函数的定义。

（3）参数表表示该函数指针指向的函数的参数类型与个数。

当调用一个函数时，实际上是根据该函数名找到对应执行代码的首地址，从而能够执行这段代码，即调用这个函数。

2．函数指针的使用方法

函数指针即指向一个函数的指针。也就是说，它的值只能是函数在代码区中的首地址。因此不能将其他存储区域的变量地址赋给函数指针。

说明：

（1）不能将普通变量的地址赋给函数指针。

（2）不能将函数的调用赋给函数指针。

（3）可以将函数名赋给一个函数指针，但应该注意，只能将与函数指针变量具有相同返回类型、相同参数类型和参数个数的函数名赋给函数指针变量。

设有函数定义：

```
int   max( int a,int b)
{
      //函数体省略
}
int   (*p) ( int ,int );        //定义指向有两个整型参数、返回值为整型的函数指针变量
p=max;        //作用是使 p 指向 max 函数的入口地址，可以通过(*p)(参数)来调用 max 函数
x=max(3,5);       //正确
x=(*p)(3,5) ;     //正确，等同于 max(3,5);
```

【例 8.19】 用函数指针的方法求两数中的较大值。

程序如下：

```
#include <iostream.h>
int max(int x,int y)
{
    int z;
```

```
    if (x>y) z=x;
    else z=y;
    return (z);
}

int main()
{
    int (*p)(int,int);     /*定义函数指针变量，系统给分配4个字节的内存，用于存放函数入口地址*/
    int a,b,c;
    p=&max;                /*给函数指针变量赋值*/
    cin>>a>>b;
    c=(*p)(a,b);           /*通过函数指针变量p调用所指向的函数*/
    cout<<"a="<<a<<" b="<<b<<" c="<<c<<endl;
    cout<<"p="<<p<<"max="<<max<<endl;         //输出函数指针的值
    return 0;
}
```

程序运行时输入：

```
34 66
```

程序运行结果：

```
a=34 b=66 c=66
p=0x00401014    max=0x00401014
```

说明：

（1）int (*p)(int,int); 中的p是一个指向函数的指针变量，指向的函数带回整型返回值。注意，*p两侧的括弧不可省略，表示p先与*结合，是指针变量，然后再与后面的( )结合，表示此指针变量指向函数，即p是一个函数指针变量。

（2）p=max; 使p指向max函数的入口地址。

（3）c=(*p)(a,b); 通过(*p)(参数)来调用max函数，得出的结果赋给c。

（4）通过输出的结果可以看到p和max的值相同，说明p中存放的是max函数的入口地址。

8.6 const 指针

在声明指针时，可用关键字const进行修饰，用关键字const修饰的指针称为const指针。关键字const放在不同的位置表示的意义也不相同。

8.6.1 指向常量的指针变量的定义与使用

指向常量的指针变量的定义格式为：

```
const 类型标识符 *指针变量名;
```

作用：定义指针变量所指数据为常量，假如希望指针指向的内容不允许改变，则可以定义为该类型。

例如：

```
const int *p;    //也等价于 const int (*p);
```

p 是指针变量，该指针指向的整型数为 const，不能被改变。用这种方法定义的指针变量，借助该指针变量只可访问它所指向的常量或变量的值，但不可借助该指针变量对其指向的对象的值进行修改（即重新赋值）。但是，可允许这种指针变量指向另外一个同类型常量或变量。

【例 8.20】 指向常量的指针变量的使用。

程序如下：

```
#include<iostream.h>
int main()
{
    const int i=20;
    int k=40;
    const int *p;           //定义指向常量的指针变量 p
    p=&i;                   //指针变量 p 指向变量 i
    cout<<*p<<' '<<i;
    *p=100;                 //该句错误，不可借助 p 对它所指向的目标进行重新赋值
    p=&k;                   //可以使 p 指向另外一个同类型的变量
    cout<<*p<<' '<<k;
    *p=200;                 //该句错误，不能修改 p 指向的内容
    k=200;                  //不能通过*p 修改 k 的值，但是 k 本身的值可以改变
    return 0;
}
```

8.6.2 指针常量

指针常量的定义格式为：

```
类型标识符 * const 指针变量名=初始指针值;
```

关键字 const 放在“*”号和指针名之间，就是声明一个指针常量（也称常指针）。因此，指针本身的值不可改变，即它不能再指向其他的对象，但它所指向的对象的值可以改变。另外，这种指针在定义时必须初始化。

例如：

```
char * const p= "asked";
```

【例 8.21】 指针常量的使用。

程序如下：

```
#include<iostream.h>
int main()
{
    char s[]="asked";
    char * const p=s;           //必须初始化
    p="xyz";      //该句错误，不可再使指针变量 p 指向另外一个地址
    cout<<*p;
    *p='s';       //正确，可以改变指针指向的内容
```

```
    cout<<*p;
    p++;          //该句错误，p 不可进行修改
    *p='q';
    cout<<*p<<endl;
    return 0;
}
```

8.6.3 指向常量的指针常量

指向常量的指针常量的定义格式为：

```
const 类型标识符 * const 指针变量名=初始指针值;
```

用这种方法定义的指针变量，既不允许修改指针变量的值，也不允许借助该指针变量对其所指向的对象的值进行修改。另外，该变量在定义时必须初始化。

例如：

```
int b;
const int * const p=&b;          //指向常量的指针常量
```

关于 const 修饰符的总结如表 8-2 所示。

表 8-2 const 修饰符总结

const 指针定义格式	p 指针变量值	所指数据值，即*p
const int * p;	可变	不能改变
int * const p;	不能改变	可变
const int * const p;	不能改变	不能改变

8.7 结构体指针

8.7.1 结构体指针的概念

前面章节已经学习的结构体变量也是 C++中的一种变量。指针不仅可以指向普通变量、数组、数组元素、函数，同样也可以指向结构体变量，把指向结构体变量的指针称为结构体指针。结构体变量在内存中要占据一定的内存空间，那么它肯定有起始地址，结构体指针指向了结构体变量，则结构体指针变量中的值就是所指向的结构体变量的起始地址（首地址）。结构体指针具有占内存小，操作灵活的特点，因此掌握结构体指针的使用方法会使程序更加高效。

可以设一结构体指针变量，使它指向一个结构体变量，从而处理和访问结构体成员。例如：

```
student *p;
```

则结构体指针变量 p 可指向任一 struct student 型结构体变量。

【例 8.22】 通过指针变量 p 引用它所指向的结构体变量 stu 中的成员值。

程序如下：

```
#include<iostream.h>
#include<string.h>
struct student
{
```

```
        long int num;
        char name[20];
        char sex;
        float score;
    }stu,*p;          //定义结构体变量 stu 和结构体指针 p
    int main()
    {
        p=&stu;
        stu.num=2006101;
        strcpy(stu.name,"Li Lin");
        p->sex='M';
        p->score=89;
        cout<<(*p).num<<","<<p->name<<","<<stu.sex<<","<<p->score<<endl;
        return 0;
    }
```

程序运行结果：

```
2006101,Li Lin,M,89
```

分析： 由于一个结构体类型的变量往往由多个成员组成，因此结构体指针实际指向结构体变量中的第一个成员，这与数组指针指向第一个元素是一样的。

p 是结构体指针，(*p)表示 p 指向的结构体变量 stu，(*p).num 表示 p 所指的结构体变量中的成员 num，所以(*p).num 的意义是先访问结构体指针所指向的结构体变量，然后再访问该结构体变量中的成员。由于结构体成员运算符“.”优先于指针运算符“*”，故(*p).num 中的括号( )不能省略。

C++允许用指向运算符“->”连接指针变量与其所指向的结构体变量的成员，从而访问结构体成员：

```
指向结构体的指针变量->成员名
```

例如：

```
student *p，stu;
p=&stu;
cout<<p->name;      //相当于 cout<< (*p).name;
```

以下 3 种形式等价：

- 结构体变量.成员名
- (*结构体指针变量).成员名
- 结构体指针变量->成员名

所以，stu.name、(*p).name、p->name 这 3 种访问结构体成员的形式等价。

8.7.2 指向结构体数组元素的指针

与前面介绍的指向数组元素的指针一样，由于指针操作具有灵活性和高效率，所以指向结构体数组元素的结构体指针经常用于操作结构体数组。例如：

```
struct student
{
```

```
        int num;
        char name[20];
        char sex;
        int age;
    }stu[3],*p;
    p=stu;          //结构体指针 p 指向 stu[0]
    p++;            //结构体指针 p 指向下一个结构体元素
```

【例 8.23】 通过指向结构体指针 p 输出结构体数组元素的成员数据。

程序如下：

```
#include<iostream.h>
#include<string.h>
struct student
{
     long int num;
    char name[20];
    char sex;
    int age;
}stu[3]={ {2006101,"LiLin",'M',18}, {2006102,"ZhangFeng",'M',19},
         {2006103,"WangMin",'F',20} };
int main()
{      student *p;
       for(p=stu;p<stu+3;p++)
            cout<<p->num<<","<<p->name<<","<<p->sex<<","<<p->age<<endl;
       return 0;
}
```

程序运行结果：

```
2006101,LiLin,M,18
2006102,ZhangFeng,M,19
2006103,WangMin,F,20
```

说明：

（1）如果 p 的初值为 stu，即指向第一个元素 stu[0]，则 p++执行后指向下一个元素 stu[1]；

（2）程序中已定义了指针 p 是指向 struct student 类型数据的变量，它只能指向一个 struct student 类型的数据，而不能指向 stu 数组元素中的某一个成员。

8.7.3 结构体指针作为函数参数

如果将结构体指针作为函数的参数，则实参向形参传递的就是一个指向结构体的指针，这种函数参数形式执行效率比直接传递结构体本身高。

【例 8.24】 输入 3 个学生的基本信息，每个学生的信息包括学号、姓名、成绩、等级，在自定义函数中实现根据学生的成绩设置其等级（成绩≥85 为 A，成绩≥70 为 B，成绩≥60 为 C，成绩<60 为 D）。

程序如下：

```
#include<iostream.h>
struct student
```

```
{
    int num;
    char name[20];
    int score;
    char grade;
};
void getgrade(student *p)
{
    int k;
    for(k=0;k<3;k++,p++)
    {
        if(p->score>=85)
            p->grade='A';
        else if (p->score>=70)
            p->grade='B';
        else if (p->score>=60)
            p->grade='C';
        else    p->grade='D';
    }
}
int main()
{
    student stu[3],*q;
    int i;
    q=stu;
    cout<<"请输入 3 名学生的信息：";
    for(i=0;i<3;i++)
      cin>>stu[i].num>>stu[i].name>>stu[i].score;
    getgrade(q);
    for(i=0;i<3;i++)
        cout<<stu[i].num<<","<<stu[i].name<<","<<stu[i].score<<","<<stu[i].grade<<endl;
    return 0;
}
```

程序运行时输入：

```
2006101
LiLin
89
2006102
ZhangFeng
67
2006103
WangMin
55
```

程序运行结果：

```
2006101,LiLin,89,A
2006102,ZhangFeng,67,C
```

```
2006103,WangMin,55,D
```

说明：

此程序用结构体类型 struct student 定义了一个结构体数组 stu 和结构体指针 q，并使 q 指向数组 stu 的首元素。在主函数中，实现了除等级外的其他学生信息的输入，实参是结构体指针 q，并调用函数 getgrade()。在函数 getgrade()中，实参传递给形参 p，利用结构体指针 p 的移动（for 循环中的 p++），完成对结构体数组中每个元素的成员 grade 的赋值。返回主函数后，主函数中的结构体数组 stu 中每个元素的 grade 成员已经被赋值，在随后的程序段中被输出显示。

8.8 链　　表

数组由计算机根据事先定义好的数组类型与长度自动为其分配一连续的存储单元，相同数据元素的位置和距离都是固定的。也就是说，任何一个数组元素的地址都可以用一个简单的公式计算出来，因此这种结构可以有效地对数组元素进行随机访问。但若对数组元素进行插入和删除操作，则会引起大量数据的移动，从而使简单的数据处理变得非常复杂、低效。为了能有效地解决这些问题，一种称为“链表”的数据结构得到了广泛应用。

8.8.1 链表概述

链表是一种动态数据结构，它的特点是用一组任意的存储单元（可以是连续的，也可以是不连续的）存放数据元素。一个简单的链表形式如图 8-14 所示。

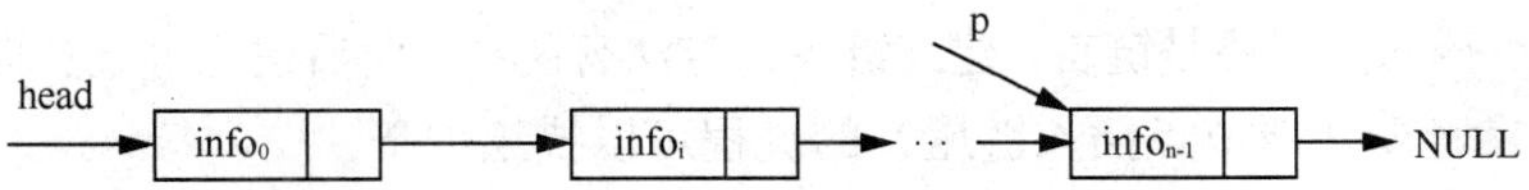

图 8-14　链表结构

链表（Singly Linked List）也称线性链表，由一个个节点（Node）组成。一个节点包含两部分域，数据域存放数据对象的数据成员，其内容由应用问题决定，指针域存放指向该链表中下一个节点的指针 next，如图 8-14 所示。

链表的头指针 head：指向链表的第一个节点，指针变量的值为链表的第一个节点的地址。head 在使用中必须妥善保存，千万不可丢失，否则链表会整个丢失，内存也将发生泄漏。

链尾：链表中最后一个节点称为链尾或表尾，表尾节点中存放一个 NULL（表示空地址），因此该节点不再指向其他节点。

在链表中，可以从第一个节点开始遍历全部节点，要访问第 i 个节点，必须首先访问第 i-1 个节点，取出第 i 个节点的地址。

从上述分析可知，链表的数据节点是一个结构体，一个结构体包含若干成员，它们可以是数值类型、字符类型、数组类型，也可以是指针类型。用这个指针类型成员来存放下一个节点的地址。例如：

```
struct node
    {
            int      info;       //数据域
```

```
        node    *next;      //指针域
    };
```

其中，成员 next 是指向结构体类型自身的指针；info 成员的类型可以是任意允许的数据类型。next 为一个 node 类型的结构体指针，它指向下一节点。用这种方法可以建立链表。

链表的特点在于动态地进行内存分配，即在需要时才会开辟一个节点的存储空间，当某个存储空间不再需要时可以释放。在 C++语言中，可使用 new 和 delete 两个运算符进行动态内存的分配和释放。

8.8.2 链表的基本操作

链表的基本操作有：①创建链表和遍历链表；②查找节点；③插入节点，包括在第一个节点之前、在中间节点之前或在链尾节点之后；④删除节点。

下面介绍链表的基本操作。

1. 建立和遍历链表

设有声明：

```
struct node
{
    int     info;
    node    *next;
};
node   *head, *p, *tail;
```

根据把新节点插入链尾还是链首，建立链表的方法有两种：向后建立链表和向前建立链表。

（1）向后建立链表（新节点插入链尾）的过程可以描绘如下：

```
头指针为空;
while（未结束）
{
    生成新节点，判断是否第一个节点;
    是第一个节点，头指针就指向第一个节点;
    不是第一个节点，则把新节点插入链尾;
}
```

建立第一个节点的操作如图 8-15 所示。

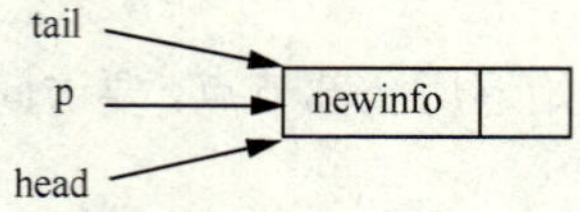

图 8-15 建立第一个节点

然后建立后续节点，把新生成的节点插入链尾的操作如图 8-16 所示。

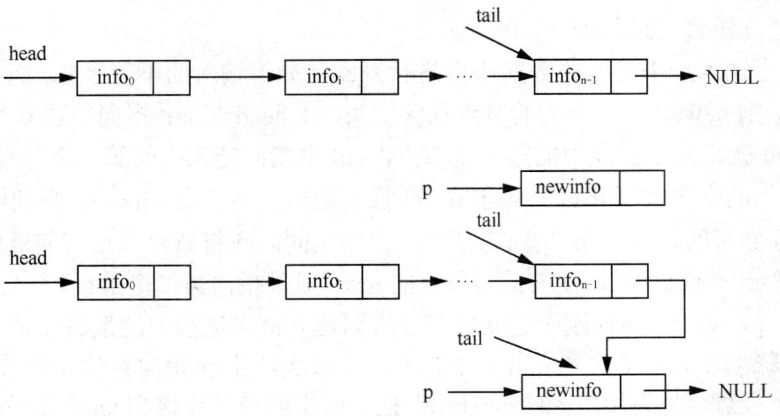

图 8-16　新生成的节点 p 插入链尾

【例 8.25】 下面以建立学生情况（仅含学号）的链表为例说明如何用向后生成链表算法建立链表。假设从键盘输入时，学号为 0 表示链表建立结束。

分析： 根据题目要求，需同时定义 3 个结构类型指针变量 head、p、tail，分别用来指向链首节点、新建节点及链尾节点。最初指针变量 head 的初值为 NULL（即等于 0），此时是空链表（head 不指向任何节点，链表中无节点）。当链表建成后，应使头指针 head 指向第一个节点。如果改变头指针 head，将使整个链表无法找到，用一个 tail 指针指向链尾节点。

程序如下：

```
node *createdown()
{
   node *head,*tail,*p;
   int n=0,data;                    // n 代表节点个数
   head=NULL;                       //空链表
   cin>>data;
   while(data!=0)                   //学号不为 0
   {
      n++;
      if(n==1)                      //建立链首节点
      {
            head=new node;
            tail=head;
            head->info=data;
      }
      else
      {
           p=new node;              //每输入一个数申请一个节点
              p->info=data;         //添入数据
              tail->next= p;        //新节点接到链尾
              tail=p;               //尾指针指向新的链尾
      }
        cin>>data;
   }
   tail->next=NULL;                 //链尾 next 域赋为空指针，表示链结束
   return head;                     //返回头指针
}
```

以上程序建立链表的过程如下：

① 从键盘上输入一个学生的数据 data 进行判断，如果输入的不等于 0，而且是第一个节点数据（n=1），则 new 开辟一个新的节点存储空间，让 head 与 tail 指向新建立的节点。这样，结构体指针 head 就指向了链表中的第一个节点，tail 也指向链表中的第一个节点。

② 如果输入的学生数据 data 不等于 0，而且不是第一个节点（n≠1），则利用 new 再开辟一个新的节点存储空间，并使 p 指向新开辟的存储空间。应将新建节点与前链尾节点连接在一起，即执行“tail->next=p”，使前链尾节点的 next 成员指向第二个节点。

接着使 tail=p，使 tail 指向刚刚建立的节点（即建立链表进程中的最后一个节点）。

③ 重复步骤①、②，依次建立若干个新节点。每次都让 p 指向新建立的节点，tail 指向链表中最后一个节点，然后用“tail->next=p”把 p 所指的节点连接到 tail 所指节点后面。

④ 当输入一个学生的数据 data 等于 0 时，则不再执行上述循环，用语句“tail->next=NULL”，将 NULL 值赋给链尾节点的 next 成员。

至此，建立链表的过程结束。

特别注意：tail->next=NULL; 将最后一个节点的指针域 next 赋空（NULL）。它不但表示链表结束，还是防止误操作的关键。如果一个指针值是一个随机值，即指向未知单元，若对所指对象赋值，则可能产生灾难性的后果。

（2）向前建立链表（新节点插入链首）的过程可以描绘为：

```
头指针为空;
while（未结束）
{
    则生成新节点;
    把新节点插入链首;
    头指针指向新节点;
}
```

向前建立链表的具体实现见插入节点的例子。

（3）遍历链表。遍历链表就是将链表中各节点的数据依次访问输出。首先要知道链表第一个节点的地址，也就是要知道表头指针 head，然后依次通过各节点 next 的值找到下一个节点，就可以依次输出所有节点的数据，直到链表的尾节点为止。例如：

```
void display(node *head)            //遍历链表
{
  node *q=head;
  while(q!=NULL)
  {
     cout<<setw(3)<<q->info;
     q=q->next;
  }
  cout<<endl;
}
```

注意，q=q->next 让后续节点的地址覆盖指针 q 原来的值，使指针后移一个节点。

2．链表查找

链表查找和遍历链表操作相似，通过各节点 next 的值找到下一个节点，这样逐个判断节点的数据域是否是要查找的数据，从而查找所需的节点。例如：

```
node *traversal(node *head , int datafind)
{
    node *p=head;
    while(p!=NULL && p->info!=datafind)
        p=p->next;
    return p;      //p 为 NULL 则未找到
}
```

返回值为指针 p，指向链表中找到的节点。

3．插入节点

链表便于实现插入和删除节点的动态操作，关键是正确修改节点的指针。首先要确定插入的节点操作位置，然后按位置不同分别处理。

以下讨论各种情况的插入。

（1）在表头插入节点。

在表头插入节点是要被插节点成为第一个节点，操作如图 8-17 所示，具体步骤如下：

① 生成新节点。

② 把新节点连接到表头。

③ 修改表头指针。

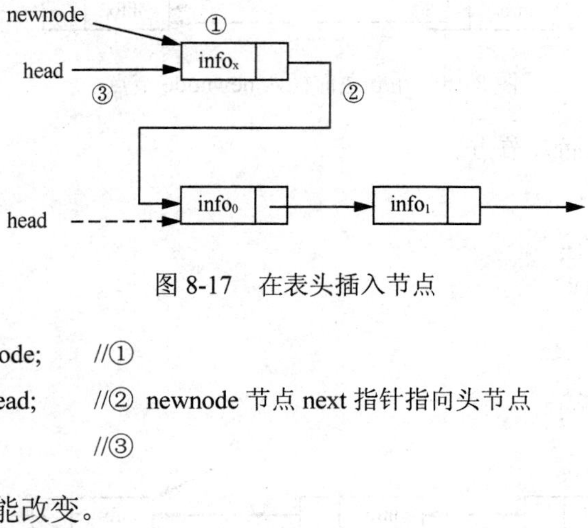

图 8-17　在表头插入节点

```
newnode= new  node;        //①
newnode->next=head;        //② newnode 节点 next 指针指向头节点
head= newnode;             //③
```

注意，操作次序不能改变。

【例 8.26】 下面以建立学生情况（仅含学号）的链表为例说明如何用向前生成链表算法建立链表。假设从键盘输入时，学号为 0 表示链表建立结束。

程序如下：

```
node *createup()
{
   node *head,*p;
   int data;
```

```
    cin>>data;
    head=NULL;                  //链表最初为空
    while(data!=0)              //学号不为 0
    {
        p=new node;             //每输入一个数申请一个节点
        p->info=data;           //添入数据
        p->next= head ;         //新节点放在原链表前方
        head=p;                 //头节点指向新节点
        cin>>data;
    }
    return head;
}
```

（2）在某个节点之前插入新节点。

例如，在 p 节点之前插入 newnode，需要找到 p 的前驱节点的地址，所以查找过程要定位 p 的前驱。图 8-18 的操作设 q 指针指向 p 的前驱节点。

如果 p 节点已经定位，它的前驱是 q 节点。可以首先把 newnode 节点的 next 指针指向 p，然后前驱 q 节点的 next 指针指向 newnode。例如：

```
newnode->next=p;      //① newnode 节点 next 指针指向 p 节点
q->next= newnode;      //② 前驱 q 节点 next 指针指向 newnode
```

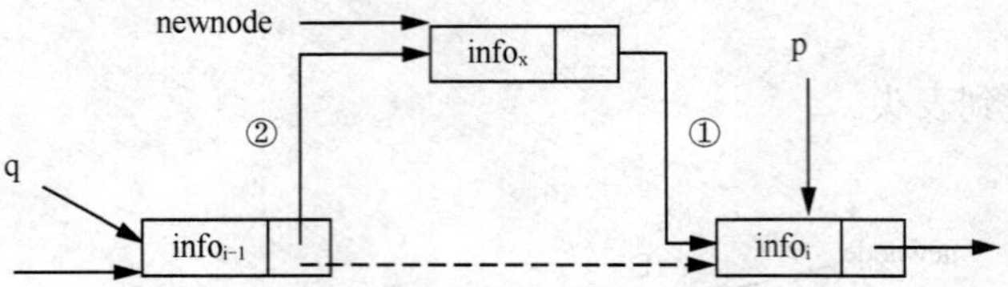

图 8-18　在 p 之前插入 newnode 节点

（3）在链尾节点之后插入节点。

假如 p 指向链尾节点：

```
newnode=new   node;
newnode->info=data;
p->next=newnode;
newnode->next=NULL;
```

具体操作如图 8-19 所示。

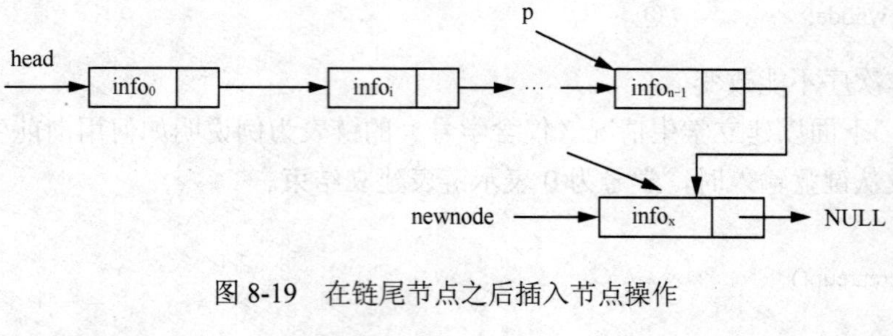

图 8-19　在链尾节点之后插入节点操作

【例 8.27】 在头指针 head 的学生链表中，在学号数据值等于 key 的节点之前插入学号数据值等于 insertkey 的节点，并返回头指针。

程序如下：

```
node *insert(int key , int insertkey , node *head)
{
    bool flag=false;
    if(head->info==key)                //在链首插入节点 newnode
    {
        node * newnode =new node;
        newnode->info=insertkey;
        newnode->next=head;            //newnode 节点 next 指针指向头节点
        head= newnode;
        flag=true;                     //插入节点成功
        return head;
    }
    node *q=head;
    for(node *p=head->next;   p!=NULL ; q=p, p=p->next)
    if(p->info==key)                   //在链表中间插入新节点
    {
        node * newnode =new   node;
        newnode->info=insertkey;
        newnode->next=p;
        q->next= newnode;
        flag=true;                     //插入节点成功
        return head;
    }
    cout<<"没有插入的节点，插入失败";
    return head;
}
```

4．删除节点

首先要查找删除的节点，确定操作位置，然后按位置不同分别处理。

以下讨论各种情况的删除。

（1）删除表头节点。首先指针 p 指向链首，然后 head 指针指向它的下一个节点，并释放原有的头节点。例如：

```
node *p=head;
head=p->next;
delete p;
```

（2）删除链表中间的节点 p，需要知道其前驱节点指针 q，操作如图 8-20 所示。

```
q->next=p->next ;
delete p;
```

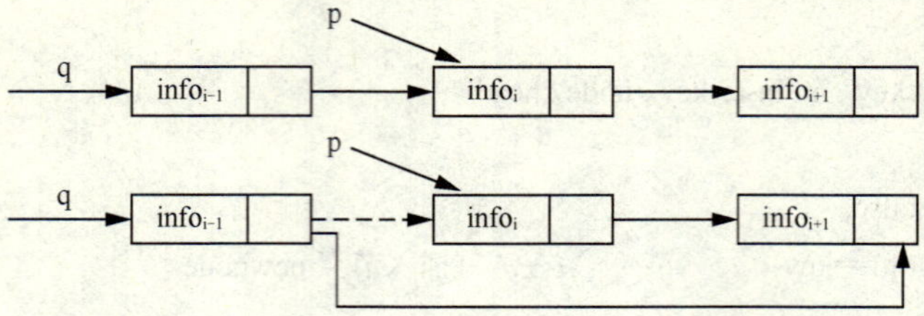

图 8-20　删除链表中间的节点 p

（3）删除链尾节点 p，此时 p 节点 next 指针域是 NULL。例如：

```
q->next=NULL ;   //因为 p->next 值是 NULL，所以可以替换成 q->next=p->next ;
delete p;
```

由上可见，操作过程实际与删除链表中间的节点 p 相同，所以实际程序设计时，不用区别是删除链表中间的节点 p 还是删除链尾节点 p。

【例 8.28】 从头指针 head 的学生链表中删除节点学号数据值等于 key 的节点，并返回头指针。

分析：从指针变量 p 指向的第一个节点开始，检查该节点中的 info 是否为要删除的学号，如果是则将其删除；如果不是，则将 p 移到下一个节点，再继续判断，直到删除或到表尾为止。

由于删除时需要前驱节点，所以使用指针变量 q 作为前驱节点，而 p= q->next;即 p 为后继节点。故而在循环条件中使用 q=q->next 间接实现将 p 移到下一个节点。

程序如下：

```
node * Delete (int   key , node *head)
{
    bool flag=false;
    node *p=head,*q;
    if(head->info==key)              //删除链首
    {
        head=p->next;
        delete p;
        flag=true;                   //删除成功
        return head;
    }
    for(q=head ;q->next!=NULL ; q=q->next)
        if(q->next->info==key)      //删除链表中间的节点 p
        {
            p= q->next;
            q->next=p->next ;
            delete p;
            flag=true;               //删除成功
            return head;
        }
    cout<<"没有删除的节点，删除失败";
    return head;
}
```

说明：循环终止条件是 q->next!=NULL 而不用 q!=NULL，这是为了判断 q->next 的 info 域是否是删除的值，从而确定 q->next 是否是删除节点，如果是则 q 是删除节点的前驱节点。

当然，使用条件 q->next!=NULL 的前提是链首节点已经判断过了，否则将可能漏掉链首节点。

总结：链表是一种常用的数据结构，在此只介绍了最简单的单链表，即每个节点只有一个 next 指针，而且只实现了它的最基本的建立、插入、删除、输出等功能。实际应用时，还有很多功能。链表在使用过程中，动态进行了节点的地址分配，基本实现了存储空间的充分利用。

8.9 引　　用

引用（reference）是 C++的一种新的变量类型，是对 C 语言的一个重要扩充。它不是定义一个新的变量，而是给一个已经定义的变量（目标变量）重新起一个别名，系统不为引用类型的变量分配内存空间，对引用的操作就是对目标变量的操作。引用主要用于函数之间的数据传递。

8.9.1 引用及声明方法

1. 引用的声明

引用的声明格式为：

```
类型标识符　&引用名=目标变量名;
```

例如：

```
int a;
int &ra=a;     //定义引用 ra，它是变量 a 的引用，即 ra 是变量 a 的别名
```

说明：

（1）&是一个引用类型说明符，说明其后边的标识符是引用名。

（2）类型标识符是指目标变量的类型。

（3）声明引用时，必须同时对其进行初始化。

（4）引用声明完毕后，相当于目标变量名有两个名称，即原变量名和引用名。

（5）声明一个引用，不是新定义了一个变量，它只表示该引用名是目标变量名的一个别名，所以系统并不给引用类型的变量分配存储空间。

2. 引用的使用

（1）一旦一个引用被声明，则该引用名就只能作为目标变量名的一个别名来使用，所以不能再把该引用名作为其他变量的别名，任何对该引用的赋值就是对该引用对应的目标变量的赋值。

（2）对引用求地址，就是对目标变量求地址。

【例 8.29】 了解引用和变量的关系。

程序如下：

```
#include <iostream.h>
#include <iomanip.h>
int main( )
{
    int a = 10;
    int &b = a;                    //声明 b 是 a 的引用
    a=a*a;                         //a 的值变化了，b 的值也应一起变化
    cout<<"a="<<a<<setw(10)<<"b="<<b<<endl;
    cout<<"&a="<<&a<<setw(10)<<"&b="<<&b<<endl;
    b=b/5;                         // b 的值变化了，a 的值也应一起变化
    cout<<"b="<<b<<setw(10)<<"a="<<a<<endl;
    cout<<"&b="<<&b<<setw(10)<<"&a="<<&a<<endl;
    return 0;
}
```

程序运行结果：

```
a=100          b=100
&a=0X0012FF7C          &b=0X0012FF7C
b=20           a=20
&b=0X0012FF7C          &a=0X0012FF7C
```

a 的值开始为 10，b 是 a 的引用，它的值当然也应该是 10，当 a 的值变为 100（a*a 的值）时，b 的值也随之变为 100。在输出 a 和 b 的值后，b 的值变为 20，显然 a 的值也应为 20。a 变量的引用 b 的地址值与 a 的地址值相同。

（3）由于指针变量也是变量，所以可以声明一个指针变量的引用。方法为：

```
类型标识符 *&引用名=指针变量名;
```

例如：

```
int *a;              //定义整型指针变量 a
int *&p=a;           //定义引用 p，p 是指针变量 a 的引用（别名）
int b=10;
p=&b;                //等价于 a=&b，即将变量 b 的地址赋给 a
cout<<*a<<endl;      //输出变量 b 的值
cout<<*p<<endl;      //等价于 cout<<*a;
```

（4）不能建立数组的引用，因为数组是一个由若干个元素所组成的集合，所以无法建立一个数组的别名。

（5）引用是对某一变量的引用，它是变量的别名，也可以看做是变量本身，因此可以定义引用的引用。

例如：

```
int a;
int &ra=a;     //ra 是变量 a 的引用
int &rra=ra;   //rra 是 ra 的引用，rra 也是 a 的引用
```

（6）不能建立空类型 void 的引用，如不能建立“void &ra=3;”，因为尽管在 C++语言中有 void 数据类型，但没有任何一个变量或常量属于 void 类型。

（7）引用的本质是隐性指针，关于这一点这里不再做过多的解释，感兴趣的读者可以参考其他资料。

8.9.2　用引用作为函数的参数

一个函数的形参可定义成引用的形式，在函数中对形参的改变，相当于对实参的改变。

【例 8.30】 使用引用作为函数参数，实现两个数交换。

程序如下：

```
#include <iostream.h>
void swap(int &p1, int &p2)     //此处函数的形参 p1、p2 都是引用
{
   //系统不给 p1、p2 分配内存
     int p;
     p=p1;   p1=p2;   p2=p;
}
int main()
{
     int a,b;
     cout<<"请输入两个数:"<<endl;
     cin>>a>>b;                    //输入 a 和 b 两变量的值
     cout<<"交换前:"<<endl;
     cout<<a<<"     "<<b<<endl;
     swap(a,b);                    //直接以变量 a 和 b 作为实参调用 swap 函数
     cout<<"交换后:"<<endl;
     cout<<a<<"     "<<b<<endl;   //输出结果
     return 0;
}
```

程序运行结果：

```
请输入两个数:
10   20↙
交换前:
10   20
交换后:
20   10
```

可以看出主程序中调用 swap 函数时，直接以变量作为实参进行调用即可，而不需要实参变量有任何的特殊要求。在主函数中，执行语句 swap(a,b)将变量 a、b 的值传递给引用 p1、p2，则 p1、p2 分别是 a、b 的引用。在函数中对引用 p1、p2 的交换，就相当于对变量 a、b 的交换。程序运行过程引用作为函数参数交换前后的内存关系图如图 8-21 所示。

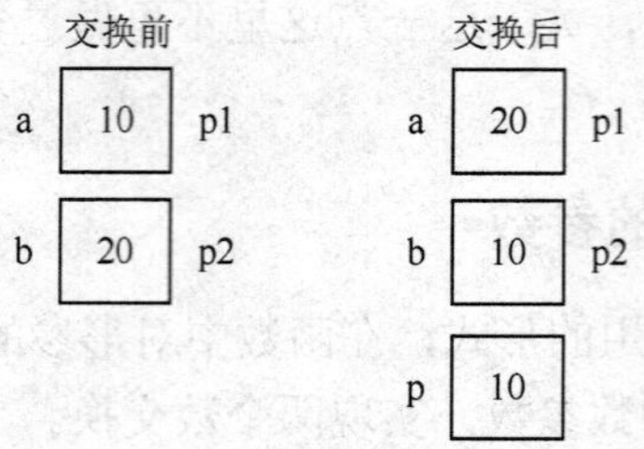

图 8-21　引用作为函数参数交换前后的内存关系图

由上例可看出：

（1）传递引用给函数与传递指针的效果是一样的，这时，被调函数的形参就成为原来主调函数中的实参变量或对象的一个别名，所以在被调函数中对形参变量的操作就是对其相应的目标对象（在主调函数中）的操作。

（2）使用引用传递函数的参数，在内存中并没有产生实参的副本，它是直接对实参操作；而使用一般变量传递函数的参数，当发生函数调用时，需要给形参分配存储空间，这样形参与实参就占用不同的存储空间，所以形参变量的值是实参变量的副本。因此，当参数传递的数据量较大时，使用引用比用一般变量传递参数的效率高，并且所占存储空间少。

（3）使用指针作为函数的参数虽然也能达到与使用引用的效果，但是在被调函数中需要重复使用“*指针变量名”的形式进行运算，这很容易产生错误且程序的阅读性较差；另一方面，系统要给形参的指针变量分配内存空间。

8.9.3　如何使一个被调函数同时返回多个值

由于函数的返回值是通过函数体中的 return 语句完成的，但一个 return 语句只能返回一个值，所以为解决同时返回多个值的问题可以采用以下方法。

（1）利用全局变量的方法：可以在程序的开头定义一些全局变量。这样，当被调函数执行时可以修改这些全局变量的值；函数返回后，所需要的数据已保存在全局变量中，在主调函数中直接读取全局变量的值即可。

（2）使用指针或数组的方法：因为在用指针作为函数参数的情况下，可将主调函数的某些变量的地址传递给被调函数。

（3）利用引用的方法：通过前面的学习可以知道，使用引用传递参数，可以在被调函数中改变主调函数中目标变量的值，这种方法实际上就可以实现被调函数返回多个值。

【例 8.31】 使用引用使函数返回多个值。编写可以同时返回 10 个数中的最大值和最小值的函数 max_min。

程序如下：

```
#include <iostream.h>
void max_min(int *p,int n,int &max,int &min);    //声明函数 max_min
int main()
{
    int a[10];
    int ma,mi;
    for(int i=0;i<10;i++)
        cin>>a[i];
```

```
        max_min(a,10,ma,mi);     //调用函数 max_min
        cout<<ma<<'\t'<<mi<<endl;
        return 0;
    }
    void max_min(int *p,int n,int &max,int &min)              //形参 max 和 min 定义成引用
    {
        int i=0;
        max=*(p+i);
        min=*(p+i);
        for(i=1;i<n;i++)
        {
            if (max<*(p+i))
                max=*(p+i);         //实质上就是对实参变量 max 赋值
            if (min>*(p+i))
                min=*(p+i);         //实质上就是对实参变量 min 赋值
        }
    }
```

8.9.4 用 const 限定引用

声明方式：

```
const 类型标识符 &引用名=目标变量名;
```

用这种方式声明的引用，不能通过引用对目标变量的值进行修改，从而使引用的目标成为 const，达到了引用的安全性。

【例 8.32】 用 const 限定引用的实例。

程序如下：

```
#include <iostream.h>
int fn(const int &x)
{
    int y;
    x++;   //错误，不能修改 x 的值
    y=x;
    y++;   //可以
    cout<<"x="<<x<<'\t';
    return y;
}
int main()
{
    int a=100;
    int pa=fn(a);
    cout<<"a="<<a<<'\t';
    cout<<"pa="<<pa<<endl;
    return 0;
}
```

在删除错误行后，程序运行结果：

```
x=100    a=100    pa=101
```

在函数 fn 中试图对 x 的修改是错误的。

8.9.5 用引用作为函数返回值

要以引用作为函数返回值，则函数定义时要按以下格式：

```
类型标识符 &函数名(形参列表及类型说明)
{
    函数体
}
```

说明：

（1）以引用返回函数值，定义函数时需要在函数名前加&。

（2）用引用返回一个函数值的最大好处是，在内存中不产生被返回值的副本（即临时变量）。

一般情况下，赋值表达式的左边只能是变量名，即被赋值的对象必须是变量，只有变量才能被赋值，常量或表达式不能被赋值。但当把函数的返回类型说明为引用时，这个函数返回的不仅仅是某一变量的值，还返回了它的“别名”，所以此函数的调用也可以被赋值，即一个返回值为引用的函数可以作为左值。

【例 8.33】 测试用返回引用的函数值作为赋值表达式的左值。

程序如下：

```
#include <iostream.h>
int &put(int n);
int vals[10];
int error=-1;
int main()
{   put(0)=10;      //以 put(0)函数值作为左值，等价于 vals[0]=10;
    put(9)=20;      //以 put(9)函数值作为左值，等价于 vals[9]=10;
    cout<<vals[0];
    cout<<vals[9];
    return 0;
}
int &put(int n)
{   if (n>=0 && n<=9 )
        return vals[n];
    else    { cout<<"subscript error";
        return error;   }
}
```

有些情况下，以引用代替指针，除可以实现相同的目标外，同时还可增加程序的安全性。引用型函数可以作为“左值”，是程序设计语言的重要发展，在程序设计中应充分使用引用。

8.9.6 引用总结

（1）在引用的使用中，单纯给某个变量取个别名是毫无意义的，引用的目的主要用于在函数参数传递中，解决大对象的传递效率和节省存储空间的问题。

（2）用引用传递函数的参数，能保证参数传递中不产生副本，提高传递的效率，并且通过 const 的使用，保证了引用传递的安全性。

（3）引用与指针的区别是，通过某个指针变量指向一个对象后，对它所指向的变量通过*运算符进行间接操作，程序中使用指针，程序的可读性差；而引用本身就是目标变量的别名，对引用的操作就是对目标变量的操作。

8.10 综合应用实例

【例 8.34】 编写返回指针值的函数，实现将输入的一个字符串按逆向输出。

程序如下：

```
#include <iostream.h>
#include <string.h>
const   char *fun( const   char   *p1 )
{
   while (*p1++);       //指针 p1 移到 s1 的串尾
   p1--;
   return p1;           //返回指向目标串尾地址的指针 p1
}
int main(void)
{
   char s1[100];
   const   char   *q,*p1;
   cout<<"输入一个字符串：";
   cin.getline( s1,100);
   cout<<"逆向输出的字符串：";
   q=s1;
   p1=fun(s1);
   do
   {
       cout<<*p1;          //字符串按逆向输出
       p1--;
   }while(q<=p1);
   return 0;
}
```

程序运行结果：

```
输入一个字符串：asdfg↙
逆向输出的字符串：gfdsa
```

【例 8.35】 用指针变量编写字符串拼接函数、字符串比较函数、求字符串长度函数。首先，在主函数中输入两个字符串，对这两个字符串进行比较，并输出比较结果。然后，将两个字符串进行拼接，输出拼接后的字符串及其长度。

程序如下：

```
# include <iostream.h>
int scmp( const char *p1,const char *p2)
{
    while(*p1==*p2)
    {
        p1++;
        p2++;
    }
    if (*p1>*p2)   return 1;
    else if (*p1==*p2)   return 0;
    else    return -1;
}
void scat(char *p1, const char *p2)
{
    while(*p1!=0)   p1++;
    while (*p2!=0)   *p1++=*p2++;
    *p1=0;
}
int slen(const char *p)
{
    int n=0;
    while(*p!=0)
    {
        p++;
        n++;
    }
    return n;
}
int main()
{
  char s1[40],s2[20];
  cout<<"Input String1:";
  cin>>s1;
  cout<<"Input String2:";
  cin>>s2;
  if (scmp(s1,s2)==1)
      cout<<"String1>String2"<<endl;
  else if (scmp(s1,s2)==-1)
      cout<<"String2>String1"<<endl;
  else
      cout<<"String1=String2"<<endl;
  scat(s1,s2);
  cout<<"String1+String2="<<s1<<endl;
```

```
    cout<<"Length="<<slen(s1)<<endl;
    return 0;
}
```

程序运行结果：

```
Input String1：book↙
Input String2：look↙
String2>String1
String1+String2=booklook
Length=8
```

【例 8.36】 用指针法编程，实现对 6 个字符串进行升序排序。

分析：用二维数组 st[6][20]存放 6 个字符串，定义 p 是指向二维数组 st[6][20]的指针变量，定义字符类型的指针 min 存放最小的字符串所对应的起始地址，a[20]作为字符串交换时的临时字符数组。先输入 6 个字符串存放在二维数组 st[6][20]中，利用循环变量 i 作为字符串所对应的行数下标。首先把第一个字符串的地址赋值给 min，内部循环从第二个字符串开始，把后面的字符串同 min 所指的字符串进行比较，找到 6 个字符串的最小值，然后把该字符串同第一个字符串进行交换。继续循环，把第二个字符串的地址赋值给 min，内部循环从第三个字符串开始，找到后将 3 个字符串中的最小值和第二个字符串交换位置，以此类推，直到所有循环结束。最后输出排好序的 6 个字符串。

程序如下：

```
#include<iostream.h>
#include<string.h>
int main()
{
        char st[6][20];
        char (*p)[20];
        char *min,a[20];
        int i,j;
        p=st;
        for(i=0;i<6;i++,p++)
        {     cout<<"请输入第"<<i+1<<"个字符串:";
              cin>>*p;
        }
        for(p=st,i=0;i<5;i++,p++)
        {    min=*p;
             for(j=1;j<6-i;j++)
             {  if(strcmp(min,*(p+j))>0)
                   { min=*(p+j); }
             }
             strcpy(a,min);
             strcpy(min,*p);
             strcpy(*p,a);
        }
        cout<<"排序后的字符串为:"<<endl;
```

```
        for(p=st,i=0;i<6;i++,p++)
            cout<<*p<<" ";
        return 0;
    }
```

【例 8.37】 利用循环单链表解决约瑟夫问题。

有 *n* 个人围成一圈，顺序排号。从第一个人开始报数（从 1 到 3 报数），凡报到 3 的人退出圈子，问最后留下的是原来第几号的那位。

分析：由于有 *n* 个人，所以需要动态申请 *n* 个整型内存，而不能使用数组。为了实现围成一圈，可以将链表尾部连到链首（单循环链表），链表中每个节点代表一个人，凡报到 3 的人退出圈子，即将此节点从链表删除。当链表只剩下一个节点，即 p->next 等于本身 p 时，说明节点是最后留下的。

程序如下：

```
#include <iostream.h>
#include <iomanip.h>
struct node
{
   int info;
   struct node    *next;
};
node *creat(int n)              /*创建含有 n 个数据的循环单链表 */
{
   node *q=NULL,*p,*head=NULL;
   for(int i=1;i<=n;i++)
   {
        p=new node;
        p->info=i;
        if(i==1)    head=p;
        else    q->next=p;
        q=p;
   }
    q->next=head;                /*和一般单向链表的区别就在于 q->next=NULL;*/
    return head;
}
void visit(node *p,int m)        //报数出圈
{
   int i;
   node *q=p;
   while(p->next!=p)             //当链表不是只剩下一个节点
   {
        for(i=1;i<m-1;i++) p=p->next;
        if(p->next!=p)
        {
             q=p->next;
             cout<<q->info<<',';
             p->next=q->next;
```

```
            delete   q;
        }
        p=p->next;
    }
    cout<<"最后一个人:"<<p->info<<endl;
}
void disp(node   *p)              //遍历链表
{
    node *q=p;
    cout<<setw(3)<<q->info;
    q=q->next;
    while(q!=p)                   //注意与非循环链表的区别，此处不是 q!=NULL
    {
        cout<<setw(3)<<q->info;
        q=q->next;
    }
    cout<<endl;
}
int main()
{
    int m,n;
    node *head;
    cout<<"请输入人的个数 n=";
    cin>>n;
    head=creat(n);
    disp(head);
    cout<<"请输入报数量";
    cin>>m;
    visit(head,m);
    return 0;
}
```

程序运行结果：

```
请输入人的个数 n=4↙
1  2  3  4
请输入报数量 2↙
2,4,3,最后一个人:1
```

8.11 上 机 调 试

8.11.1 指针变量值的调试查看

在使用 Visual C++ 6.0 工具调试查看变量值和地址时，需要首先在代码中插入断点，可以通过按“F9”键在光标所在的行插入一个断点。针对例 8.3，这里在第 9 行和第 12 行分别插入断点，如图 8-22 所示。

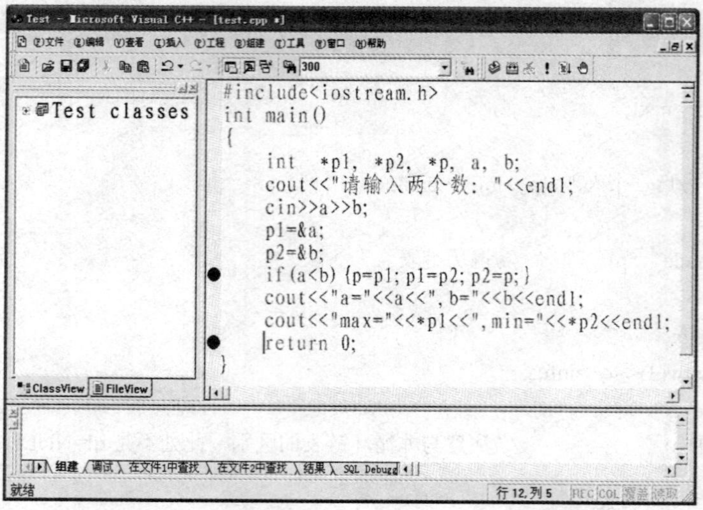

图 8-22　在代码中插入断点

按“F5”键，程序进入调试状态，在终端上输入“3　4”后，程序将执行到第一个断点暂停。这时可以在 Watch 窗口的“Name”列中输入变量名，如图 8-23 所示，输入的名称为 a、b、&a、&b、p1 和 p2。在“Value”列中可以看到对应的值，如图 8-23 所示，a 和 b 的值分别为 3 和 4，&a 和 p1 的值相同，说明 p1 指向 a，p2 指向 b。另外，也可以将定位光标放到需要查看的变量上查看变量的值。

继续按“F5”键，程序将执行到第二个断点暂停。如图 8-24 所示，这时在 Watch 窗口中可以看到 p1 和 p2 发生了交换。

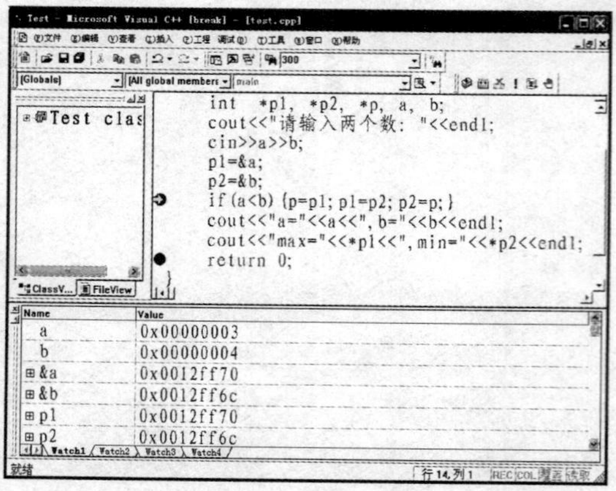

图 8-23　交换前的各个变量的值

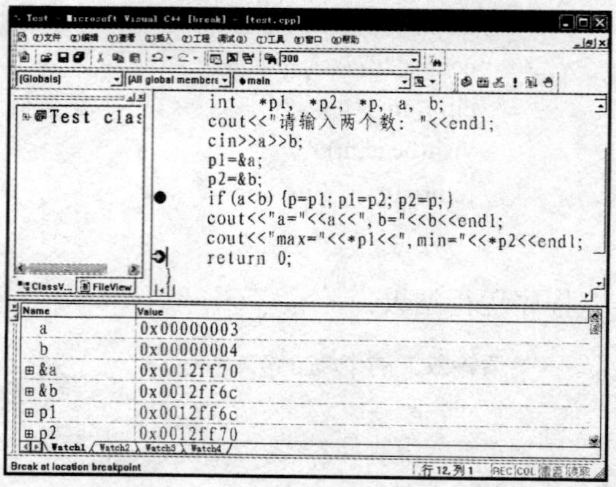

图 8-24　交换后的各个变量的值

下面通过 Memory 窗口查看变量在内存中的情况，在程序运行到第二个断点时，按“Alt+6”组合键可以打开 Memory 窗口，如图 8-25 所示，在“Address”栏中输入 0012ff6c（即 p1 的值，b 的地址），然后可以看到对应的内存中的值为 04 00 00 00（即 b 的值）。使用同样的方法可以查看其他变量的值。

读者可以通过上述方法调试查看二级指针和指针数组在内存中的存储，请读者试着调试例 8.9。

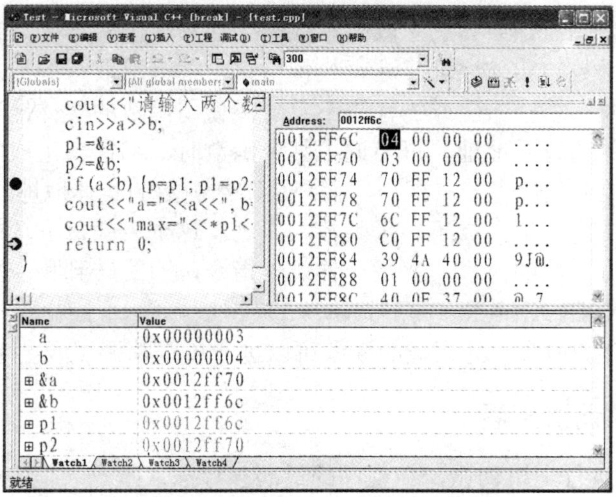

图 8-25　通过 Memory 窗口查看变量的值

8.11.2　函数地址的调试查看

这里针对例 8.19 进行上机调试，在程序的最后一行插入断点（把光标移至最后一行，按“F9”键），如图 8-26 所示。

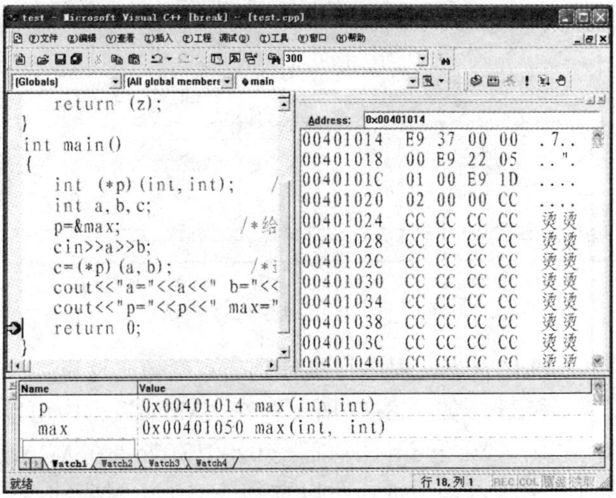

图 8-26　函数地址的调试查看

按“F5”键，程序进入调试状态，在终端上输入“34　66”后，程序将执行到断点暂停。这时可以在 Watch 窗口的“Name”列中输入变量名 p 和 max，在“Value”列中可以看到对应的值，如图 8-26 所示。值得注意的是，指针 p 的值和在终端中输出的值是相同的，都是 0x00401014，而 max 的值（0x00401050），和通过终端输出的值（0x00401014）并不相同。

事实上，可以通过两种方法得到函数的地址。

（1）在 Watch 窗口的“Name”列中输入函数名，在“Value”列中可以看到对应的值。

（2）在程序中直接取得函数的地址，如直接输出函数的地址。

对于同一个函数，上述两种方法获得的地址值往往是不相同的。

对于每个函数，编译器都会为它生成一组代码，这组代码的第一条指令的位置就是函数的地址，这里称它为函数的实体地址，这就是使用第一种方法取得的地址。但是，当在程序中调用某个函数的时候，编译器生成的代码不会直接使用函数的实体地址，而是使用另一个地址，这里称它为函数的符号地址。每当调用某个函数时，编译器生成的代码都是调用函数的符号地址。在这个地址里只有一条指令，就是跳转到函数的实体地址。

实际上，编译器在内存中生成了一张函数入口表。这个表的每一项就是一个函数的符号地址，而函数入口表每一项的内容，就是一条跳转指令，即跳转到相应的函数的实体地址，每一项里都是“E9 XX XX XX XX”的形式。

更多关于函数指针的内容，感兴趣的读者可以进一步跟踪调试或参考其他资料。

8.11.3 引用的调试查看

这里针对例 8.29 进行上机调试，在程序的最后一行插入断点（把光标移至最后一行，按“F9”键），如图 8-27 所示。

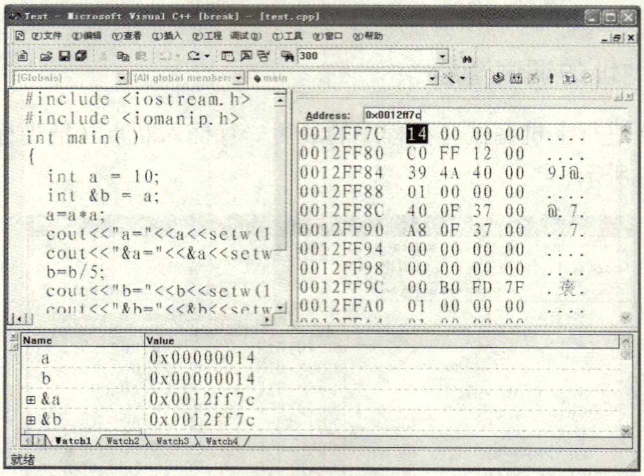

图 8-27 引用的值和地址调试

按“F5”键，程序进入调试状态，程序将执行到断点暂停。这里在 Watch 窗口的“Name”列中输入变量名 a、b、&a 和&b，如图 8-27 所示。在“Value”列中可以看到，a 和 b 的值都是 0x00000014（十进制数 20），&a 和&b 的值都是 0x0012ff7c。在 Memory 窗口（按“Alt+6”组合键打开 Memory 窗口）中输入该地址，可以看到该地址中对应的值正是十六进制数 14。

小　结

指针和引用是 C++的重要内容之一，较难掌握。本章主要学习了指针的含义、指针和地址、指针变量和指针运算、指针和函数参数、指针和数组、指针和引用，以及内存动态分配等内容。

指针也是一种数据类型，具有指针类型的变量称为指针变量。指针变量存放的是另外一个变量的地址。定义指向变量的指针变量时，应在它所指的变量的类型后面加一个“*”。指针指向数组时，常常把指针与整数做加、减运算，即让指针变量加一个整数或减一个整数，但这与整数的运算并不相同，指针变量加 1，是将指针变量指向下一个元素。

在 C++中，函数名是该函数代码所占内存区的首地址，可以把函数的这个首地址（或称为入口地址）赋予一个指针变量，此指针就是函数指针。然后，可用该指针调用函数，这有助于提高程序设计的灵活性。需要注意的是，函数指针与变量指针的定义方法并不相同。

在 C++中，内存的分配和释放用 new 和 delete 两个运算符。它们可以使程序员能够根据需要，申请和释放内存，而不依赖内存的自动分配和释放，这可以大大提高编程的灵活性。但是，内存的申请和释放也很容易犯错误，使用时要小心。

指针和引用可以作为函数的参数进行传递，并可以提高程序的运行效率，要注意比较和区分引用传递与值传递的区别、指针与引用作为函数的参数与数组作为函数参数的不同，以及如何利用指针和引用带回函数的返回值等。引用作为函数返回值时，容易出错，要十分小心。

一般说来，引用比指针要直观，在编程时应尽量使用引用，这有助于提高程序的可读性。

习　题　八

一、选择题

1．在 int k=8，*p=&k;中，*p 的值是______。

A．指针变量 p 的地址值　　B．变量 k 的地址值

C．8　　D．无意义

2．对于声明语句 int *p[10]; 下列______描述是正确的。

A．p 是指向数组中第 10 个元素的指针

B．p 是具有 10 个元素的指针数组，每个元素是一个 int 型指针

C．p 是指向数组的指针

D．p[10]表示数组的第 10 个元素

3．对于指针的运算，下列说法______是错误的

A．可以用一个空指针赋值给某个指针

B．一个指针可以加上一个整数

C．两个指针可以进行加法运算

D．两个指针在一定条件下，可以进行相等或不相等的运算

4．在声明语句 int *fun();中，fun 表示______。

A．一个用于指向函数的指针变量

B．一个返回值为指针型的函数名

C．一个用于指向一维数组的行指针

D．一个用于指向 int 型数据的指针变量

5．在声明语句 const char *ps;中，ps 表示______。

A．指向字符串的指针

B．指向字符串的 const 型指针

C．指向 const 型字符串的指针

D．指向 const 型字符串的 const 型指针

6．已知 char m[]="computer",*p=m; 则*(p+5)的值是______。

A．u　　　　B．computer　　　　C．t　　　　D．不确定

二、简答题

1．&操作符的含义是什么？什么是取内容操作符（间接访问运算符）？

2．什么叫做指针？指针中存储的地址和这个地址中的值有什么区别？

3．引用和指针有什么区别？何时只能用指针而不能用引用？

4．说出 const int *p1 和 int *const p1 的区别在哪里？

三、改错题

1．修改下列代码中的错误。

```
#include <iostream.h>
int main( )
{
    int a;b;                              (1) ____________
    int *pointer_1,*pointer_2;
    a=112;b=11;
    pointer_1=a;                          (2) ____________
    pointer_2=&b;
    cout<<*a<<"     "<<*b<<endl;          (3) ____________
    cout<<*pointer_1<<"     ";
    cout<<pointer_2*a<<endl;              (4) ____________
    return 0;
}
```

2．下面代码中有没有什么问题，如果有请改正。

```
int *p;
*p=9;
cout<<"the value of p is "<<*p;
```

四、阅读程序写结果

1．

```
#include <iostream.h>
#include   <string.h>
void fun(char *w,int m)
{
   char s,*p1,*p2;
   p1=w;
   p2=w+m-1;
   while(p1<p2)
   {
         s=*p1;*p1=*p2;*p2=s;
         p1++;
         p2--;
   }
```

```
}
int main()
{
   char a[10]="GFEDCBA";
   fun(a,strlen(a));
   cout<<a;
   return 0;
}
```

2.
```
#include <iostream.h>
int main ()
{
   float x=1.5,y=2.5,z;
   float *px,*py;
   px=&x;
   py=&y;
   z= *px + *py;
   cout<<"x="<<*px<<'\t'<<"y="<<*py<<"z="<<z<<'\n';
   return 0;
}
```

3.
```
#include <iostream.h>
int main()
{
   int a[5]={10,20,30,40,50};
   int *p=&a[0];
   p++;
   cout<< *p<<'\t';
   p+=3;
   cout<< *p<<'\t';
   cout<< *p--<<'\t';
   cout<<++ *p<<'\n';
   return 0;
}
```

4.
```
#include <iostream.h>
int main()
{
   int a[]={-3,5,6,-6,-8,0,7},*p=a,m,n;
   m=n=*p;
   for (p=a;p<a+7;p++)
   {
      if (*p>m) m=*p;
      if (*p<n) n=*p;
   }
   cout<<"m-n="<<m-n;
   return 0;
}
```

五、编程题

1．实现字符串逆序输出。

2．输入任意一个字符串，将其中的大写字母转换成小写字母。

3．用指针的方法处理：输入 10 个整数，将其中最小的数与第一个数对换，把最大的数与最后一个数对换。

4．编写取子串程序，即将一个字符串中从第 i 个字符开始的全部字符复制为另一个字符串。

5．将一个整数 *n* 转换成一个字符串，如将 1234 转换为"1234"。

6．编写一个字符串比较的函数，函数声明为：

```
int strcmp(char *p1,char *p2);
```

7．编写一个函数，用于去掉字符串尾部的空格符，其原型为：

```
char *mytrim(char *string);
```

其中参数 string 为字符串，返回值为指向字符串的指针。

8．设计将月份数值转换为相应的英文名称的函数 month_name()。其原型为：

```
char *month_name(int month);
```

第9章 文件

在以前各章程序中的输入和输出，都是由标准输入设备——键盘输入，由标准输出设备——显示器输出。除此之外，人们也常常需要将数据记录在某些存储介质（如磁盘）上，永久性地保留它们，这种记录在外部介质上的数据集合称为文件。文件是程序设计中的一个重要概念。

通过本章学习，应该重点掌握以下内容：

- 文件的概念与类型
- 文件指针的概念
- 文件的打开与关闭
- 文件的读写
- 文件的定位
- 文件的检测

9.1 C 语言文件概述

所谓“文件”是指一组存储在外部介质（如磁盘）上，互相相关并具有独立意义数据的有序集合。这个数据集合有一个名称，叫做文件名。实际上在前面的各章中已经多次使用了文件。例如，源程序文件（如*.c，*.cpp）、目标文件（如*.obj）、可执行文件（如*.exe，*.com）、头文件（如*.h）等。

文件通常是驻留在外部介质上的，在使用时才调入内存。作为数据集合的文件，也是程序运行过程中进行数据输入或输出的一种形式。在程序运行时，常常需要将一些数据（如程序运行的中间数据或最后的结果）输出到磁盘上存放起来，以后使用时由程序再从磁盘上调入内存，这时就要用到文件。在人们的生活当中，当同学们通过互联网查询自己的考试成绩时，实际上就是成绩查询程序从存放成绩的数据库文件中读出学生的成绩，并显示出来。

在 C 语言中，从不同的角度可对文件做不同的分类。

（1）从用户的角度来看，文件可分为普通文件和设备文件两种。

普通文件是指驻留在磁盘或其他外部介质上的一个有序数据集，可以是源文件、目标文件、可执行程序；也可以是一组待输入处理的原始数据，或一组输出的结果。源文件、目标文件及可执行程序可以称为程序文件，输入、输出的数据集合可称为数据文件。

设备文件是指与主机相连的各种外部设备，如显示器、打印机、键盘等。在操作系统中，把外部设备也可看成是一个文件来进行管理，把它们的输入、输出等同于对磁盘文件的读和写。通常把显示器定义为标准输出文件，一般情况下在屏幕上显示有关信息就是向标准输出文件输出，前面经常使用的 cout、printf()、putchar()就是这类输出。键盘通常被指定为标准的输入文件，从键盘上输入就意味着从标准输入文件上输入数据，cin、scanf()、getchar()就属于这类输入。

（2）从文件编码的方式来看，文件可分为 ASCII 码文件和二进制码文件（二进制文件）两种。

ASCII 码文件又称为文本文件，它在磁盘中存放时每个字符对应一个字节，用于存放对应的 ASCII 码。例如，“15023”的存储形式为：

```
ASCII 码：  00110001 00110101 00110000 00110010 00110011
                ↓        ↓        ↓        ↓        ↓
字    符：     '1'      '5'      '0'      '2'      '3'
```

共占用 5 个字节。ASCII 码文件可在屏幕上按字符显示，如源程序文件就是 ASCII 文件，用 DOS 命令 TYPE 可显示文件的内容。由于 ASCII 码文件按字符显示，因此能读懂文件内容。

二进制文件是按二进制的编码方式来存放文件的。例如，“15023”这个数据的整型（int）存储形式为 00000000 00000000 00111010 10101111，占 4 个字节。二进制文件虽然也可在屏幕上显示，但人们无法读懂其内容。C 语言系统在处理这些文件时，并不区分类型，都看成是字符流，按字节进行处理。输入、输出字符流的开始和结束只由程序控制而不受物理符号（如回车符）的控制。因此，也把这种文件称为“流式文件”，这样的处理方式就像录音机播放音乐磁带。

ASCII 文件与二进制文件的主要区别如下：

① 它们的存储形式不同，从而导致同一个数据在这两种文件中所占用的存储空间大小也

不同。一般来说，ASCII 文件存储方式占用的字节数多，而二进制文件的存储方式占用的字节数少。在 ASCII 文件存储方式中，数据所占的字节数是随着它的大小而变化的，如整数 15023 占 5 个字节，456 占 3 个字节。二进制文件存储方式中，数据所占的字节数是由数据类型决定的，若 15023、456 被定义为整型（int）数据，则在二进制文件中都占 4 个字节，而与数据大小无关。

② 两种类型的读写速度也不一样。ASCII 文件中数据的形式与内存中的数据存储形式不一样，因此在内存、外存数据交换时，需要进行数据存储形式的转换，而这种转换需要时间。但二进制文件的数据存储形式与内存中存储形式是一样的，不需要转换，所以二进制文件的读写速度比 ASCII 文件的读写速度要快。

由于 ASCII 文件中一个字节就是一个 ASCII 码字符，因此 ASCII 文件可以直接输出。例如，在命令提示符模式（DOS 环境）下，可以用 TYPE 命令显示 ASCII 文件的内容。但二进制文件中不是一个字节对应一个字符，不能直接输出，所以不能用 TYPE 命令来正确显示其中的内容。

C 语言对文件的处理有两种系统：缓冲区文件系统和非缓冲区文件系统。

缓冲区文件系统是指系统自动地在内存中为正在使用的每一个文件开辟一个内存缓冲区。从内存向磁盘输出的数据必须先送到这个缓冲区中，缓冲区被装满后或文件关闭时才一起送到磁盘中。如果从磁盘向内存读入数据，则一次从磁盘文件将一批数据送到内存缓冲区中，然后再从缓冲区逐个地将数据送到程序存储区供程序运行时使用。

非缓冲区文件系统是指缓冲区的大小和位置由程序员根据程序需要自行设定。在传统的 UNIX 系统下，用缓冲文件系统来处理文本文件，用非缓冲文件系统处理二进制文件。1983 年，ANSI C 标准决定不采用非缓冲文件系统，而只采用缓冲文件系统，即用缓冲文件系统处理文本文件，也用它来处理二进制文件。

9.2 文件结构体与文件指针

文件在使用时一般都要被调入内存中，每个被使用的文件在内存中开辟一个存储区域，用来存放读写文件时所必须用的信息，如文件名、使用方式（读写等）、操作的当前位置等，这些信息是以一个结构体类型 FILE（大写字母）的形式组织的，该定义包含在头文件 stdio.h 中。

FILE 结构体的定义为：

```
typedef struct
{
    short           level;          /*缓冲区“满”或“空”的程度*/
    unsigned        flags;          /*文件状态标志*/
    char            fd;             /*文件描述符*/
    unsigned char   hold;           /*如无缓冲区不读取字符*/
    short           bsize;          /*数据缓冲区的大小*/
    unsigned char   *buffer;        /*数据缓冲区的位置*/
    unsigned char   *curp;          /*指针当前指向读写的位置*/
    unsigned        istemp;         /*临时文件指示*/
    short           token;          /*用于有效性检查*/
}FILE;
```

有了 FILE 文件数据类型，就可以定义文件类型的变量，该类型的变量称为文件指针。通过文件指针可对它所指的文件进行各种操作。

定义文件指针的一般格式为：

```
FILE *指针变量标识符;
```

例如，定义 FILE *fp，意思是定义一个指针变量 fp，类型是 FILE 类型。通过 fp 可以指向某一个存放文件信息的结构体变量，从而通过该结构体变量访问该文件。也就是说，通过文件指针变量能够找到与它相应的文件，可对它所指的文件进行操作（打开、关闭、读出、写入等）。习惯上也笼统地把 fp 称为指向一个文件的指针。如果同时操作多个不同的文件，则需要定义多个不同名称的文件类型指针，并使每个文件类型指针指向不同的文件。

利用 FILE 结构体，也可以定义文件类型数组，如 FILE *F[3]。意思是定义了有 3 个元素的文件指针数组，用来存放 3 个文件的信息。

9.3　文件的打开与关闭

所有与文件相关的读写操作都要先打开文件，然后对文件进行读写，操作完毕后，再关闭文件。打开文件的目的是将文件调入内存，并与文件指针建立联系，从而实现对文件的操作。关闭文件的目的是将文件指针与文件脱离，并将文件从内存写入磁盘，从而保存对文件的修改，释放系统内存资源。标准函数 fopen()和 fclose()用来实现文件的打开和关闭。

9.3.1　文件的打开（fopen 函数）

fopen 函数原型：

```
FILE *fopen( const char* filename, const char* mode );
```

其调用方式通常为：

```
FILE *fp;
fp=fopen("文件名", "使用文件方式");
```

功能：按使用方式打开指定文件，并将文件与文件指针建立联系。

返回值：成功，则返回文件结构体变量的起始地址，否则返回一个空指针 NULL（0）。

例如：

```
FILE *fp;
fp=fopen("file1.dat", "r");
```

它表明以只读文本的方式打开文件“file1.dat”，fopen 函数返回“file1.dat”文件的地址并赋给 fp，这样文件指针 fp 就和文件“file1.dat”建立起了关联，或者说，fp 指向了“file1.dat”文件。

注意，指定打开文件的路径时应用“\\”作为路径分隔符，两个反斜线“\\”是转义字符，表示反斜线“\”。例如，要打开磁盘 C 驱动器根目录下的文本文件“abc.txt”用于只读，应为 fp=fopen("c:\\abc.txt", "r")。

所以，打开一个文件时，通知编译系统以下 3 个信息：①需要打开哪个文件；②以何种方式打开该文件；③让哪一个指针变量指向被打开的文件。

使用文件的方式有 12 种，如表 9-1 所示。

表 9-1 使用文件的方式

文件使用方式	文 件 类 型	文件存在时	文件不存在时
※	文本文件	打开	出错
"w" （只写）	文本文件	文件原有内容丢失	建立新文件
"a" （追加）	文本文件	在文件原有内容末尾添加	建立新文件
"r+" （读写）	文本文件	打开	出错
"w+" （读写）	文本文件	文件原有内容丢失	建立新文件
"a+" （读写）	文本文件	在文件原有内容末尾添加	建立新文件
"rb" （只读）	二进制文件	打开	出错
"wb" （只写）	二进制文件	文件原有内容丢失	建立新文件
"ab" （追加）	二进制文件	在文件原有内容末尾添加	建立新文件
"rb+" （读写）	二进制文件	打开	出错
"wb+" （读写）	二进制文件	文件原有内容丢失	建立新文件
"ab+" （读写）	二进制文件	在文件原有内容末尾添加	建立新文件

说明：

（1）文件使用方式由“r”、“w”、“a”、“t”、“b”、“+”6 个字符组成。r（read）表示只读；w（write）表示只写；a（append）表示追加；t（text）表示文本文件，可以省略不写；b（binary）表示二进制；“+”表示可读可写。

（2）用“r”方式打开的文件必须是已存在的。用“w”方式打开的文件无论是否存在，都将重新建立，若存在则先删除再新建。用“a”方式打开文件时，如果文件不存在，则建立；否则，文件中的位置指针移动到文件尾，在文件原有内容末尾添加数据。含“+”时，该文件可读可写。

（3）对一个文件的打开不一定成功，出错的原因可能是用“r”方式打开一个并不存在的文件；若磁盘满或磁盘故障，试图用“w”方式建立一个文件也是不行的。如果出错，fopen 函数将返回一个空指针值 NULL。因此，常用如下方式打开文件并测试返回值。

```
if((fp=fopen("file1.dat", "r")) == NULL)
{
    printf("Cannot open this file!\n" );
    exit(0);
}
```

exit 函数的作用是关闭所有文件，终止正在执行的程序，这时用户需要检查出错的原因，然后再运行。

（4）向计算机输入文本文件时，把回车换行符转换成一个换行符，在输出时把换行符转换成回车和换行两个字符。

（5）对于标准的输入/输出文件，程序开始运行时，系统就自动把它们打开，即文件指针 stdin 指向标准输入文件（键盘），stdout 指向标准输出文件（显示器），stderr 指向标准出错输出文件（也从显示器输出），用户不需要再打开。

9.3.2 文件的关闭（fclose 函数）

关闭文件就是将文件与对应的文件指针“脱钩”，此后不能再通过该指针对原来与其相联系的文件进行读写操作，除非再次打开，使该指针变量重新指向该文件。

fclose 函数原型：

```
int fclose(FILE* stream );
```

其调用格式为：

```
fclose(文件指针);
```

例如：

```
fclose(fp);
```

功能：关闭 fp 所指向的文件，即 fp 不再指向该文件。

返回值：若关闭文件成功，则返回函数值为 0，否则返回 EOF（-1）。

在程序中，当对一个文件的操作使用完毕后要及时关闭，断开文件指针与具体文件之间的联系，否则可能会破坏文件中的数据。

9.4 文件的读写

对文件的读写是最常用的文件操作。常用的文件读写函数有字符读写函数（fgetc 和 fputc）、字符串读写函数（fgets 和 fputs）、数据块读写函数（fread 和 fwrite）和格式化读写函数（fscanf 和 fprintf）。

9.4.1 字符的读写（fgetc 函数和 fputc 函数）

字符读写函数 fgetc 和 fputc 是以字符（字节）为单位的读写函数。每次可以从文件读取或向文件写入一个字符。

1．读字符（fgetc 函数）

从指定的文件读取一个字符，该文件必须是以读或读写方式打开的。

fgetc 函数原型：

```
int fgetc( FILE* stream );
```

其调用格式为：

```
字符变量= fgetc(文件指针);
```

例如：

```
ch = fgetc(fp);
```

功能：从文件指针 fp 指向的文件中读取一个字符并将其保存在字符变量 ch 中，同时将文件内部指针后移一个字节。

返回值：返回当前读入字符的 ASCII 码，如果在执行 fgetc 函数读取字符时遇到文件结束符，则函数返回一个文件结束标志 EOF（-1）。

例如，从磁盘文件顺序读取字符并输出到屏幕上，可以用以下语句。

```
ch = fgetc(fp);
while(ch != EOF)
{
```

```
        putchar(ch);
        ch = fgetc(fp);
    }
```

fgetc 函数读取的字符放到 ch 中，通过 putchar 输出到屏幕上。上面提到的 EOF 是一个常量，它是文件结束标志，有时也是文件操作出错的标志。其值为-1，也是在头文件“stdio.h”中定义的一个宏。

```
#define   EOF -1
```

在文件操作中，常用它进行文本文件结束与否的测试。

EOF 不是可输出字符，不能在屏幕上显示。字符的 ASCII 码不可能出现-1，因此对文本文件 EOF 定义为-1 是合适的。当读入的字符值等于-1 时，表示读入的已不是正常字符而是文件结束符。但是，不能用它来测试一个二进制文件的结束与否，因为二进制文件中某一个数据的值可能是-1，和 EOF 的值相同，这就出现把有用数据处理为“文件结束”的情况。为了解决这个问题，ANSI C 提供了一个 feof 函数来判断二进制文件或文本文件是否真的结束。其形式为 feof(fp)，用来测试 fp 所指向的文件是否读到了文件结束的位置。如果读到了文件末尾，函数 feof(fp)返回值为 1，否则返回值为 0。

如果想顺序读入一个二进制文件中的数据，可以用如下代码：

```
while(!feof(fp))
{
    ch=fgetc(fp);
    …
}
```

当文件未结束时，feof(fp)的值为 0，!feof(fp)的值为 1，条件成立，读取一个字节的数据赋给变量 ch，并接着对其进行所需的处理，直到文件结束，feof(fp)的值为 1，!feof(fp)的值为 0，条件不成立，不再执行 while 循环。

这种方法也适用于文本文件。在文件内部有一个位置指针，用来指向文件的当前读写字节。当文件打开时，该指针指向文件的第一个字节。使用 fgetc 函数后，该指针将向后移动一个字节。因此，可连续多次使用 fgetc 函数，读取多个字符。

说明：文件指针和文件内部的位置指针不同。文件指针是 FILE 指针类型，指向整个文件，需要在程序中定义说明，只要不重新赋值，文件指针的值是不变的。文件内部的位置指针是 unsigned char 指针类型，用来指向文件的当前读写位置，每读写一次，该指针均向后移动，它不需要在程序中显式定义说明，而是由系统自动设置的。

在“stdio.h”中有如下的宏定义：

```
#define getc(fp) fgetc(fp)
```

所以，也可以使用 getc()函数进行读字符的操作。在上面的头文件中有如下的宏定义：

```
#define getchar( ) fgetc(stdin)
```

stdin 是系统定义的文件指针变量，指向标准输入文件（一般指键盘）。fgetc(stdin)的作用是从标准输入文件读取一个字符。用宏 getchar()比 fgetc(stdin)要易写、易记，从用户的角度，可以把 getchar()看成函数。

2．写字符（fputc 函数）

把一个字符写入指定的文件中，被写入的文件可以用写、读写、追加方式打开。

fputc 函数原型：

```
int fputc(int c, FILE* stream);
```

其调用格式为：

```
fputc(字符, 文件指针);
```

例如：

```
fputc(ch, fp);
```

功能：把内存中的一个字符 ch 写入 fp 所指向的磁盘文件中。待写入的字符可以是字符常量也可以是字符变量。

返回值：如果写入成功，则返回写入字符的 ASCII 码，否则返回 EOF（-1）。

每写入一个字符，文件内部位置指针向后移动一个字节。

由于在“stdio.h”中有如下的宏定义：

```
#define putc(ch, fp) fputc(ch, fp)
```

所以，也可以使用 putc()函数进行写字符的操作。在上面的头文件中有如下的宏定义：

```
#define putchar(ch) fputc(ch, stdout)
```

stdout 是系统定义的文件指针变量，指向标准输出文件。fputc(ch, stdout)的作用是把 ch 的值输出到终端（显示器）上。用宏 putchar(ch)比 fputc(ch, stdout)简单一些。从用户的角度，可以把 putchar(ch)看成函数而不必严格地称它为宏。

3．fgetc 和 fputc 函数使用举例

【例 9.1】 将键盘输入的一组字符（遇“#”结束）写入磁盘文件中，并将写入文件中的字符再输出到屏幕上。N-S 图如图 9-1 所示。

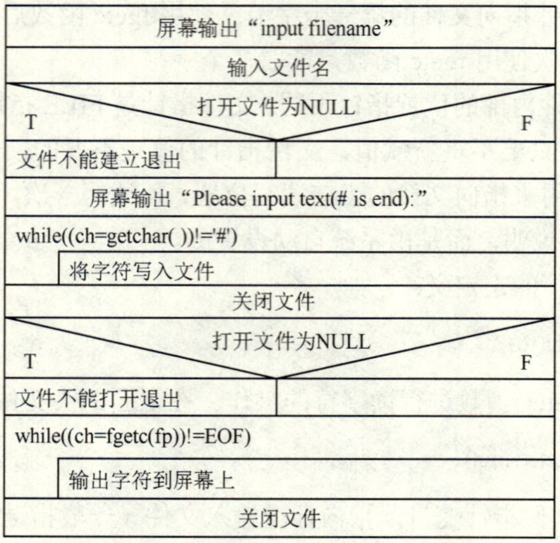

图 9-1 一组字符写入磁盘并输出到屏幕的 N-S 图

程序如下：

```
#include <stdio.h>
#include <iostream.h>
#include <stdlib.h>
int main( )
 {
      FILE *fp;
      char ch,filename[10];
      cout<<"Input filename:"<<endl;
      gets(filename);       //输入文件名
      if(( fp=fopen(filename, "w")) == NULL)
      {
         cout<<"Can't create this file!"<<endl;
         exit(0);
      }
      cout<<"Please input text(# is end): "<<endl;
      while((ch=getchar( )) != '#')     //判断输入字符是否是“#”
         fputc(ch, fp);
      fclose(fp);
      if(( fp = fopen(filename, "r")) == NULL)
      {
         cout<<"Can't open this file!"<<endl;
         exit(0);
      }
      while((ch=fgetc(fp)) != EOF)
         putchar(ch);
      fclose(fp);
      return 0;
 }
```

程序运行结果：

```
Input filename:
abc.txt↙
Please input text(# is end):
ABCDEFG↙
0123456789↙
&!#^%*#↙
ABCDEFG
0123456789
&!
```

说明：在读取到第三个字符“#”时，数据输入结束，“#”后面的字符并没有写入文件，因此最后一行输出“&!”。

【例 9.2】 把一个磁盘文件中的内容复制到另一个磁盘文件中。N-S 图如图 9-2 所示。

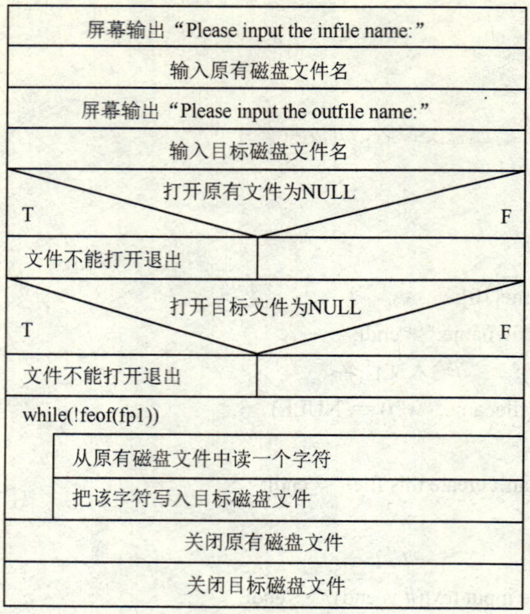

图 9-2　磁盘文件复制的 N-S 图

程序如下：

```
#include <stdio.h>
#include <iostream.h>
#include <stdlib.h>
int main( )
{
    FILE *fp1, *fp2;
    char ch, inname[10], outname[10];
    cout<<"Please input the infile name: "<<endl;
    gets(inname);
    cout<<"Please input the outfile name: "<<endl;
    gets(outname);
    if(( fp1=fopen(inname, "r")) == NULL)        //以读文本文件方式打开原有文件
    {
        cout<<"Can't open infile!"<<endl;
        exit(0);
    }
    if(( fp2=fopen(outname, "w")) == NULL)       //以写文本文件方式打开目标文件
    {
        cout<<"Can't open outfile!"<<endl;
        exit(0);
    }
    while(!feof(fp1))
    {
        ch = fgetc(fp1);              //从原有磁盘文件中读一个字符
        fputc(ch, fp2);               //把该字符写入目标磁盘文件
    }
    fclose(fp1);
    fclose(fp2);
    return 0;
}
```

程序运行结果：

```
Please input the infile name:
file1.cpp↙（输入原有磁盘文件名，此文件要先建立存在）
Please input the outfile name:
file2.cpp↙（输入目标磁盘文件名）
```

程序运行结果是将 file1.cpp 文件中的内容复制到 file2.cpp 文件中。

以上程序是按文本文件方式处理的。也可以用此程序来复制一个二进制文件，只需将两个 fopen 函数中的“r”和“w”分别改为“rb”和“wb”即可。复制二进制文件，也可以用字符的形式按字节读取和写入。

9.4.2 字符串的读写（fgets 函数和 fputs 函数）

1．字符串输入（fgets 函数）

fgets 函数原型：

```
char *fgets( char* string, int n, FILE *stream );
```

其调用格式为：

```
fgets(字符串, n, 文件指针);
```

例如：

```
fgets(str, n, fp);
```

功能：从文件指针 fp 所指向的文件中读取 n−1 个字符，并将读入的字符串存入 str 指向的内存地址为首地址的 n−1 个连续的存储单元中。

返回值：成功则返回字符数组的首地址，否则返回空指针 NULL。

该函数从文件中读出 n−1 个字符后，自动在末尾加上字符串结束标志“\0”，构成 n 个字符放到字符数组中。若在读完 n−1 个字符之前遇到换行符或 EOF，读入也结束。

2．字符串输出（fputs 函数）

fputs 函数原型：

```
int fputs( const char* string, FILE* stream );
```

其调用格式为：

```
fputs(字符串, 文件指针);
```

其中，字符串可以是字符串常量，也可以是字符数组名，或是字符指针变量。

功能：向文件指针指向的文件中写入一个字符串，字符串末尾的“\0”不输出。

返回值：成功时返回 0，否则返回 EOF。

例如：

```
fputs ("hello!", fp);
```

其意义是把字符串“hello!”写入 fp 所指向的文件中。

```
char *pc="good morning";
fputs(p, fp);
```

其意义是把字符指针 pc 所指向的字符串写入 fp 所指向的文件中。

3. fgets 和 fputs 函数使用举例

【例 9.3】 修改例 9.2，以字符串形式从文件中读写数据。N–S 图如图 9-3 所示。

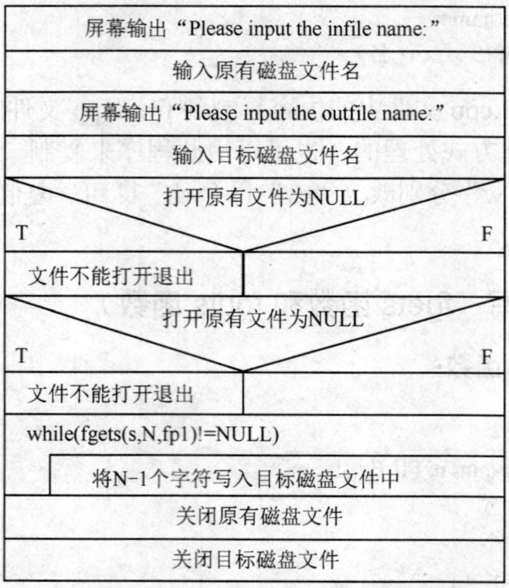

图 9-3 磁盘文件复制的 N–S 图

程序如下：

```
#include <stdio.h>
#include <iostream.h>
#include <stdlib.h>
#define N 256
int main( )
{
    FILE *fp1, *fp2;
    char s[N], inname[10], outname[10];
    cout<<"Please input the infile name: "<<endl;
    gets(inname);
    cout<<"Please input the outfile name: "<<endl;
    gets(outname);
    if(( fp1=fopen(inname, "r")) == NULL)         //以读文本文件方式打开原有文件
    {
        cout<<"Can't open infile!"<<endl;
        exit(0);
    }
    if(( fp2=fopen(outname, "w")) == NULL)        //以写文本文件方式打开目标文件
    {
        cout<<"Can't open outfile!"<<endl;
        exit(0);
    }
    while(fgets(s, N, fp1) != NULL)               //从原有磁盘文件中读取 N−1 个字符
        fputs(s, fp2);                            //将 N−1 个字符写入目标磁盘文件中
    fclose(fp1);
    fclose(fp2);
```

```
        return 0;
    }
```

以上程序使用 fgets()和 fputs()函数实现了文件的复制，这要比前面的版本具有更高的效率。

9.4.3 数据块的读写（fread 函数和 fwrite 函数）

文件中的数据不一定要一个字符一个字符地去读，常常要求一次读取一组数据，如一个数组元素，一个结构体变量的值等。ANSI C 标准提出设置数据块读写函数（fread 和 fwrite），用来读写一个数据块。

1. 数据块输入（fread 函数）

fread 函数原型：

```
size_t fread(void* buffer, size_t size, size_t count, FILE* stream);
```

其调用格式为：

```
fread(buffer, size, count, fp);
```

其中，buffer 是一个指针，它表示读入数据存放的起始地址。size 表示一个数据块所占空间的字节数。count 表示要读的数据块的个数。fp 表示文件指针。

功能： 从 fp 所指向的文件中读出 count 个 size 大小的数据到 buffer 指定的内存单元中。

返回值： size_t 是无符号的整型数，若函数调用成功，则返回 count 值，即读出数据块的个数。fread()会返回比 count 小的值，则代表可能读到了文件尾或有错误发生，这时必须用 feof()或 ferror()来决定发生什么情况。

例如：

```
fread(score, 4, 2, fp);
```

其中，score 是一个实型数组名。一个实型数据占 4 个字节。这个函数从 fp 所指向的文件读出 2 个实型数据并存入数组 score 中。

又如，有一个如下的结构体类型表示学生信息。

```
struct student
{
    char name[10];
    int num;
    float score;
};
```

为了表示某一班级的学生，声明结构体数组：

```
student std[30];
```

结构体数组 std 有 30 个元素，每一个元素用来存放一个学生的数据（包括姓名、学号、成绩）。假设学生的数据已经存放在磁盘文件中，并且 fp 文件指针已经指向该文件。可以用 for 语句和 fread 函数读取 30 个学生的数据。

```
for(i=0; i<30; i++)
    fread(&std[i], sizeof(student), 1, fp);
```

2. 数据块输出（fwrite 函数）

fwrite 函数原型：

```
size_t fwrite(const void* buffer, size_t size, size_t count, FILE* stream);
```

其调用格式为：

```
fwrite(buffer, size, count, fp);
```

其中，buffer 是一个指针，它表示要输出数据的起始地址。size 表示一个数据块所占的字节数。count 表示要读的数据块的个数。fp 表示文件指针。

功能： 从 buffer 为起始地址的内存中取出 count 个 size 大小的数据并写入 fp 所指向的文件中。总共写入的字符数以参数 size*count 来决定。

返回值： size_t 是无符号的整型数，若函数调用成功，返回 count 值，即写入数据块的个数。

一般用 fread 和 fwrite 函数进行读写操作时，文件应以二进制方式打开，这样输入、输出都不会发生字符转换，从而保证原样读写。

3. fread 和 fwrite 函数使用举例

【例 9.4】 从键盘上输入 N 名学生的记录（学号、姓名、年龄、性别），写入到磁盘文件 student.txt 中，然后再从该文件中读出所有女生记录并显示到屏幕上。N–S 图如图 9-4 所示。

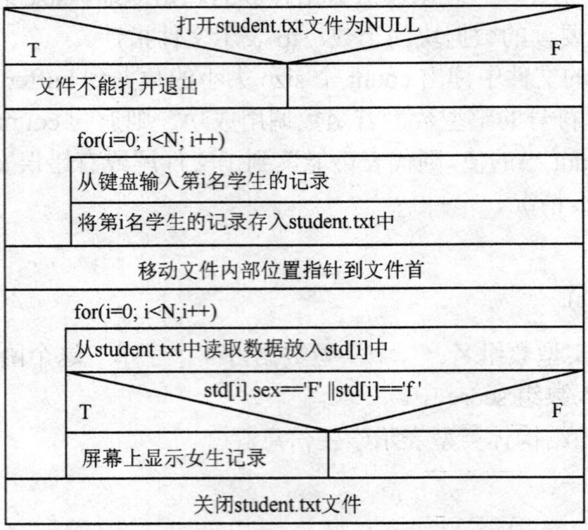

图 9-4 输入学生记录到磁盘文件并显示女生记录到屏幕的 N–S 图

程序如下：

```
#include <iostream.h>
#include <stdio.h>
#include <stdlib.h>
#define N 5
struct student
{
    int num;
    char name[10];
    int age;
    char sex;
};
```

```
int main()
{
    int i;
    FILE *fp;
    student std[N];
    if((fp=fopen("STUDENTS.TXT ", "wb+ ")) == NULL)          //“wb+”即可读可写方式
    {
        cout<< "Cannot open this file. "<<endl;
        exit(0);
    }
    for(i=0; i<N; i++)          //输入 5 名学生的记录
    {
        cin>>std[i].num>>std[i].name>>std[i].age>>std[i].sex;
        fwrite(&std[i], sizeof(student), 1, fp);
    }
    rewind(fp);                  //移动文件内部位置指针到文件头部
    for(i=0; i<N; i++)
    {
        fread(&std[i], sizeof(student), 1, fp);          //从文件中读取数据，放入数组 std 中
        if(std[i].sex == 'F ' || std[i].sex == 'f ')
          cout<<std[i].num<<","<<std[i].name<<","<<std[i].age<<","<< std[i].sex<<endl;
    }
    fclose(fp);
    return 0;
}
```

程序运行结果：

```
101 wangli 18 f↙
102 linan 19 m↙
103 zhaorui 18 F↙
104 ligang 19 m↙
105 lixia 19 f↙
101,wangli,18,f
103,zhaorui,18,F
105,lixia,19,f
```

9.4.4 格式化的读写（fscanf 函数和 fprintf 函数）

1. 格式化输入（fscanf 函数）

fscanf 函数原型：

```
int fscanf(FILE* stream, const char* format [, argument ]…);
```

其调用格式为：

```
fscanf(文件指针, "格式控制字符串", 输入项地址列表);
```

功能：从文件指针指向的文件中读取格式化的数据到指定的输入项中。

返回值：已输入的数据个数。

例如：

```
fscanf(fp, "%d %f", &a, &x);
```

就是从 fp 所指向的文件中读出一个整数和一个实数，分别赋值给变量 a 和 x。

值得注意的是，在从文件中读出数据时，“格式控制字符串”的安排一定要与文件中数据存放的格式一致。

2．格式化输出（fprintf 函数）

fprintf 函数原型：

```
int fprintf(FILE* stream, const char* format [, argument ]…);
```

其调用格式为：

```
fprintf(文件指针, "格式控制字符串", 表达式列表);
```

功能：将表达式列表中的数据按指定格式要求存入文件指针所指向的文件中。

返回值：实际输出的字符数。

例如：

```
fprintf (fp, "x=%d\ty=%6.2f ", x, y);
```

就是将变量 x 和 y 的值按指定格式写入 fp 所指向的文件中。

前面的程序设计中介绍过利用 scanf 和 printf 函数从键盘格式化输入及在显示器上进行格式化输出。fscanf 和 fprintf 函数与 scanf 和 printf 函数的功能相似，都是格式化读写函数，只是 fscanf 和 fprintf 函数的读写对象是磁盘文件（如果文件为标准输入文件 stdin 和标准输出文件 stdout，则与 scanf 和 printf 函数作用相同）。

标准的格式化输入、输出函数：

```
scanf("格式控制字符串", 输入项地址列表);
printf("格式控制字符串", 表达式列表);
```

等价于：

```
fscanf(stdin, "格式控制字符串", 输入项地址列表);
fprintf(stdout, "格式控制字符串", 表达式列表);
```

用 fprintf 和 fscanf 函数对磁盘文件读写，使用方便，容易理解，但由于在输入时要将 ASCII 码转换为二进制码形式，在输出时又要将二进制码形式转换成字符，花费时间较多。因此，在内存与磁盘频繁交换数据的情况下，最好不用 fprintf 和 fscanf 函数，而用 fread 和 fwrite 函数。

9.5　文件的定位

为了从文件中正确读写数据，C 语言在每个已打开的文件中都设置了一个位置指针，用于指示文件当前的读写位置。前面介绍的对文件的读写方式都是顺序读写，即读写文件只能从文件头开始，每次读写一个字符（或字节）后，该位置指针就自动向后移动一个字符位置，由系统自动实现。但是，要想读写其中的某几个数据就要进行随机读写。实现随机读写的关键是按要求移动位置指针，这称为文件的定位。关于文件中位置指针的定位有以下几个函数。

9.5.1　位置指针复位（rewind 函数）

rewind 函数原型：

```
void rewind(FILE *stream);
```

其调用格式为：

```
rewind(文件指针);
```

功能：把文件内部的位置指针重新移到文件头。

返回值：无。

例如：

```
rewind(fp);
```

其意义是通过 rewind 函数使 fp 指向文件的内部位置指针重新移到文件头。

【例 9.5】 有一个磁盘文件“file1.cpp”，首先将它的内容显示在屏幕上，然后再将其内容复制到另一个文件“file2.cpp”中。N-S 图如图 9-5 所示。

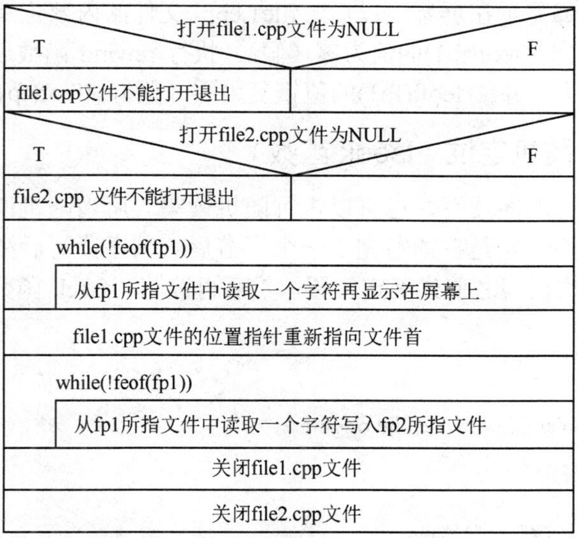

图 9-5　先显示磁盘文件内容到屏幕再复制的 N-S 图

程序如下：

```
#include <iostream.h>
#include <stdio.h>
#include <stdlib.h>
int main( )
{     FILE *fp1,*fp2;
      char ch;
      if((fp1=fopen("file1.cpp", "r")) == NULL)
      {
        cout<<"Can't open file1! "<<endl;
        exit(0);
```

```
    }
    if((fp2=fopen("file2.cpp", "w")) == NULL)
    {
       cout<<"Can't open file2! "<<endl;
       exit(0);
    }
    while(!feof(fp1))
    {
       ch= fgetc(fp1);
       putchar(ch);   //从 fp1 所指文件中读取一个字符再显示在屏幕上
    }
    rewind(fp1);   //文件位置指针重新指向文件头
    while(!feof(fp1))
    fputc( fgetc(fp1), fp2); //从 fp1 所指文件中读取一个字符再写入 fp2 所指文件
    fclose(fp1);
    fclose(fp2);
    return 0;
}
```

将文件里的内容全部显示在屏幕上以后，file1.cpp 文件的内部位置指针已指到文件尾，feof(fp1)的值为非零（真），!feof(fp1)的值为零（假）。执行 rewind 函数后，使文件 file1.cpp 的位置指针重新指向文件头，并使 feof (fp1)的值恢复为零（假），!feof(fp1)的值为非零（真）。

9.5.2 位置指针随机定位（fseek 函数）

对流式文件可以进行顺序读写，也可以进行随机读写。所谓随机读写，即读写数据的位置是用户自己决定的，不一定是在读写完上一个字节后就顺序读写后续字节。要实现文件的随机访问，就必须在每次读写之前先确定位置，然后再读写。fseek 函数可以移动文件内部位置指针到任意指定位置。

fseek 函数原型：

```
int fseek(FILE *stream, long offset, int origin);
```

其调用格式为：

```
fseek(文件指针, 位移量, 起始点);
```

功能：以起始点为基准，将文件指针所指文件的位置指针，移动“位移量”个字节数。

返回值：若移动成功，返回值为 0，否则返回值为非 0，此时文件内部指针位置不改变。

其中，“位移量”可以为正或负值。表示从起始点向前（文件尾方向）或向后（文件头方向）移动。位移量是长整型的数值，这样当位移量超过 64KB 时也不至于出现错误。当用常量表示位移量时，要求加后缀“L”。起始点有 3 个：文件开始、当前位置和文件末尾。起始点可以选择用标识符表示或用数字表示，如表 9-2 所示。

表 9-2 起始点表示方法

起 始 点	标 识 符	数 字
文件开始	SEEK_SET	0
当前位置	SEEK_CUR	1
文件末尾	SEEK_END	2

例如：

```
fseek(fp, 20L, 0);                  //将位置指针从文件头向前移动 20 个字节
fseek(fp, -6L, SEEK_CUR);           //将位置指针从当前位置向后移动 6 个字节
fseek(fp, -20L, SEEK_END);          //将位置指针从文件尾向后移动 20 个字节
```

若位移量为 0，起始点为 SEEK_SET，即

```
fseek( fp, 0L, SEEK_SET );
```

则和 rewind(fp)函数功能一样，将位置指针重新返回文件头。fseek 函数主要适合于二进制文件，因为文本文件在操作时要进行字符转换，计算位置时往往会出现错误。

【例 9.6】 创建一个磁盘文件 students.dat，从键盘输入 10 名学生的数据（学号、姓名、年龄、性别）。要求将第 2、4、6、8、10 名学生的数据读出，并在屏幕上显示出来。N-S 图如图 9-6 所示。

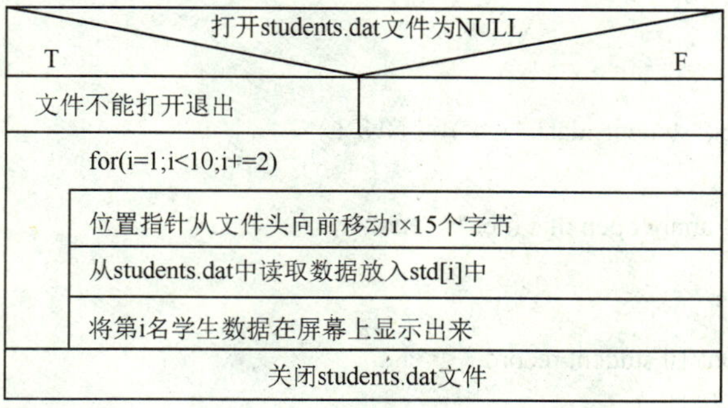

图 9-6　将第 2、4、6、8、10 名学生数据读出并显示到屏幕的 N-S 图

程序如下：

```
#include <iostream.h>
#include <stdio.h>
#include <stdlib.h>
struct student
{
    int num;
    char name[10];
    int age;
    char sex;
};
void save( );
int main()
{
    int i;
    FILE *fp;
    student std[10];
    save( );
    if((fp=fopen("students.dat", "rb")) == NULL)
    {
        cout<<"Cannot open this file. "<<endl;
```

```
        exit(0);
    }
  for(i=1;i<10;i+=2)
    {
      fseek(fp, i*sizeof(student), 0);
      fread(&std[i], sizeof(student), 1, fp);
      cout<< std[i].num<<" "<< std[i].name<<" "<<std[i].age<<" "<< std[i].sex<<endl;
    }
      fclose(fp);
      return 0;
}
void save( )  //从键盘上输入学生记录函数，创建磁盘文件 students.dat
{
      student std[10];
      int i;
      FILE *fp;
      if((fp=fopen("students.dat", "wb"))==NULL)
    {
        cout<<"Cannot open this file. "<<endl;
        exit(0);
    }
      cout<<"Input 10 student record: "<<endl;
      for(i=0; i<10; i++)
      {
        cin>>std[i].num>>std[i].name>>std[i].age>>std[i].sex;
        fwrite(&std[i], sizeof(student), 1, fp);
      }
      fclose(fp);
}
```

程序运行结果：

```
Input 10 student record:
101 zhangjing 18 f↙
102 lihua      19 f↙
103 yangxin    18 m↙
104 zhaoming 18 m↙
105 sunhui     19 f↙
106 zhouhong 19 f↙
107 wangli      19 m↙
108 gaojuan    18 f↙
109 liqiang      19 m↙
110 wangwei    19 m↙
102 lihua      19 f
104 zhaoming 18 m
106 zhouhong 19 f
108 gaojuan    18 f
110 wangwei    19 m
```

9.5.3　检测当前位置指针的位置（ftell 函数）

由于文件中的位置指针在使用过程中经常移动，因此不容易知道其当前位置在哪里。用 ftell 函数可以获取文件位置指针的当前位置。

ftell 函数原型：

```
long ftell(FILE *stream);
```

其调用格式为：

```
ftell(文件指针);
```

功能：检测当前位置指针的位置距离文件头有多少个字节的距离。

返回值：成功则返回值就是文件的当前位置，其位置用相对于文件头的位移量（长整型）来表示；如果出错，则返回值为-1L。

例如，利用这个函数，可以测试一个文件的长度。

```
fseek(fp, 0L, 2);          //将位置指针移到文件尾
w = ftell(fp);             //w 中存入了文件尾到文件头的字节数
```

9.6　文件的检测

在操作文件时可能会出现错误，如打开一个不存在的文件，向一个只读文件中写数据等，有时也需要知道当前操作文件的状态。C 标准提供了以下几个常用的文件检测函数。

9.6.1　文件读写错误检测（ferror 函数）

在调用各种输入、输出函数（如 fputc、fgetc、fread、fwrite 等）时，如果出现错误，除了函数返回值有所反映外，还可以用 ferror 函数来检测。

ferror 函数原型：

```
int ferror(FILE *stream);
```

其调用格式为：

```
ferror(文件指针);
```

功能：检查文件在用各种输入、输出函数进行读写时是否出现错误。

返回值：该函数返回 0 表示未出错，返回非 0 表示出错。

值得注意的是，对于同一个文件每一次调用输入、输出函数，都会产生一个新的 ferror 函数值，因此，应当在每调用一个输入、输出函数后立即调用 ferror 函数检查是否出错，否则再次打开文件时信息会丢失。

在执行 fopen 函数时，ferror 函数的初始值自动置 0。

9.6.2　清除文件错误标志（clearerr 函数）

clearerr 函数原型：

```
void clearerr(FILE *stream);
```

其调用格式为：

```
clearerr(文件指针);
```

功能：使文件错误标志和文件结束标志都置为 0。

返回值：无。

假设在调用一个输入或输出函数时出现错误，ferror 函数值为一个非 0 值。在调用 clearerr 函数后，ferror 函数值为 0。

只要出现错误标志就一直保留，直到对同一文件调用 clearerr( )、rewind( )或任何其他一个输入、输出函数。

9.6.3 文件结束检测（feof 函数）

feof 函数原型：

```
int feof(FILE *stream);
```

其调用格式为：

```
feof(文件指针);
```

功能：用于测试是否读完文件中所有字节。

返回值：若位置指针指到文件尾，则返回值为 1；若位置指针没有指到文件尾，则返回值为 0。

当位置指针指到文件尾时，再继续顺序读取数据（或字节）就是错误的。一般在读取数据之前，先测试是否还有数据可以读出。

例如：

```
while(!feof(fp))
{
    读取数据;
    处理数据;
}
```

9.7 常用的文件操作函数小结

本节将常用的文件操作函数的功能以表格的形式做一个概括性的小结（如表 9-3 所示），以便于查阅。

表 9-3 常用的文件操作函数

分 类	函 数 名	功 能
打开文件	fopen	打开文件
关闭文件	fclose	关闭文件
文件读写	fgetc	从文件指针指向的文件中读取一个字符
	fputc	把一个字符输出到文件指针指向的文件中
	fgets	从文件指针所指向的文件中读取字符串
	fputs	向文件指针指向的文件输出一个字符串

续表

分　　类	函 数 名	功　　能
	fread	从文件指针指向的文件中读取数据块
	fwrite	把数据块输出到文件指针指向的文件中
	fscanf	从文件指针指向的文件中读取格式化的数据
	fprintf	将数据按指定格式要求存入到文件指针所指向的文件中
文件定位	rewind	把文件位置指针重新移到文件首
	fseek	移动文件位置指针到任意指定位置
	ftell	得到文件位置指针的当前位置
文件状态	ferror	检查文件在用各种输入、输出函数读写时是否出错
	clearerr	使文件错误标志和文件结束标志都置为 0
	feof	判断文件是否结束，若结束，则返回值为 1，否则返回值为 0

9.8　程序设计举例

【例 9.7】 有 5 名职工，从键盘输入每名职工的数据（包括工号、姓名和 4 个季度的奖金），计算出全年奖金总数，并将原有数据和计算出的全年奖金总数存入磁盘文件“zhigong.dat”中。N-S 图如图 9-7 所示。

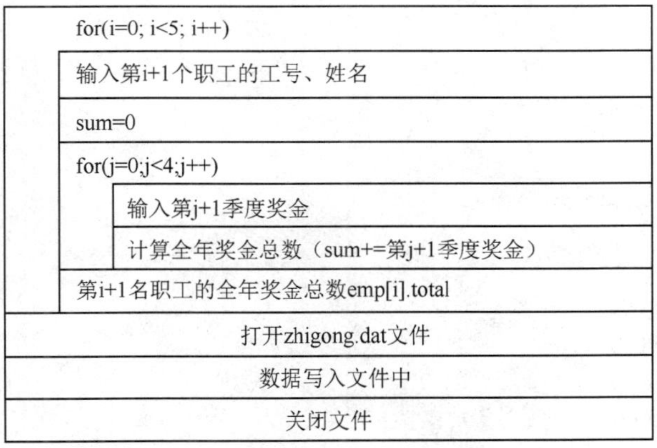

图 9-7　计算职工的全年奖金并将数据存入磁盘文件的 N-S 图

程序如下：

```
#include <iostream.h>
#include <stdio.h>
struct employee
{
    int num;
    char name[10];
    int money[4];
    int total;
}emp[5];
int main()
{
    int i,j,sum;
    FILE *fp;
```

```
    for(i=0; i<5; i++)
    {
        cout<< endl <<"请输入第"<<i+1<<"名职工的数据："<<endl;
        cout<<"工号：";
        cin>>emp[i].num;
        cout<<"姓名：";
        cin>>emp[i].name;
        sum=0;
        for(j=0; j<4; j++)
        {
            cout<<"季度"<<j+1<<"奖金：";
            cin>>emp[i].money[j];
            sum += emp[i].money[j];
        }
        emp[i].total = sum;
    }
    fp=fopen("zhigong.dat", "wb");
    for(i=0; i<5; i++)
        if(fwrite(&emp[i], sizeof(employee), 1, fp) != 1)
            cout<<"文件写入出错"<<endl;
    fclose(fp);
    return 0;
}
```

程序运行结果：

```
请输入第 1 名职工的数据：
工号：101↙
姓名：zhao↙
季度 1 奖金：3000↙
季度 2 奖金：2900↙
季度 3 奖金：3000↙
季度 4 奖金：3000↙

请输入第 2 名职工的数据：
工号：102↙
姓名：qian↙
季度 1 奖金：2700↙
季度 2 奖金：2500↙
季度 3 奖金：2900↙
季度 4 奖金：3000↙

请输入第 3 名职工的数据：
工号：103↙
姓名：sun↙
季度 1 奖金：3200↙
季度 2 奖金：3500↙
季度 3 奖金：4000↙
季度 4 奖金：3000↙

请输入第 4 名职工的数据：
```

```
工号：104↙
姓名：li↙
季度 1 奖金：4000↙
季度 2 奖金：4500↙
季度 3 奖金：4500↙
季度 4 奖金：3000↙

请输入第 5 名职工的数据：
工号：105↙
姓名：zhou↙
季度 1 奖金：3780↙
季度 2 奖金：3980↙
季度 3 奖金：4050↙
季度 4 奖金：3000↙
```

【例 9.8】 将例 9.7“zhigong.dat”文件中的职工数据，按全年奖金总数进行降序处理，将已排序的职工数据存入一个新文件“zhg_sort.dat”中。N-S 图如图 9-8 所示。

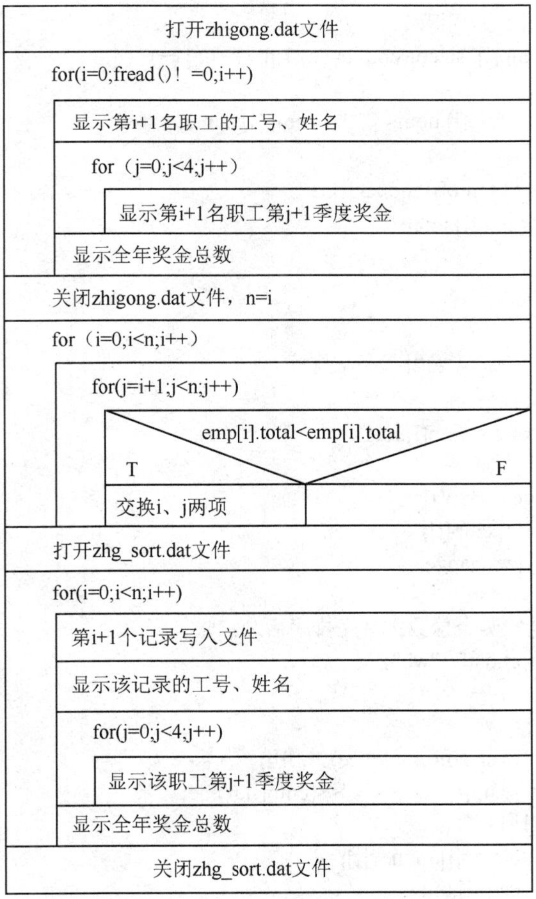

图 9-8　按全年奖金总数进行降序排序并将数据存入新文件的 N-S 图

程序如下：

```
#include <iostream.h>
#include <stdio.h>
```

```
#include <stdlib.h>
#define N 5
struct employee
{
    int num;
    char name[10];
    int money[4];
    int total;
}emp[N], change;
int main()
{
  int i, j, n;
  FILE *fp;
  if((fp=fopen("zhigong.dat", "rb")) == NULL)
  {
      cout<<"Cannot open this file"<<endl;
      exit(0);
  }
  cout<<endl <<"职工工资记录为：";
  for(i=0; fread(&emp[i], sizeof(employee),1,fp) != 0; i++)
  {
      cout<<endl <<emp[i].num<<"\t"<< emp[i].name;
      for(j=0; j<4; j++)
          cout<<"\t"<<emp[i].money[j];
      cout<<"\t" <<emp[i].total;
  }
  fclose(fp);
  n=i;
  for(i=0; i<n; i++)          //采用降序法排序
      for(j=i+1; j<n; j++)
          if(emp[i].total < emp[j].total)
          {
              change = emp[i];
              emp[i] = emp[j];
              emp[j] = change;
          }
  cout<<endl <<"全年奖金总数按降序排序后为：";
  fp = fopen("zhg_sort.dat", "wb");
  for(i=0; i<n; i++)
  {
      fwrite(&emp[i], sizeof(employee), 1, fp);
      cout<<endl <<emp[i].num<<"\t"<< emp[i].name;
      for(j=0; j<4; j++)
          cout<<"\t"<<emp[i].money[j];
      cout<<"\t" <<emp[i].total;
  }
  fclose(fp);
  return 0;
}
```

程序运行结果：

```
职工工资记录为：
101    zhao    3000    2900    3000    3000    11900
102    qian    2700    2500    2900    3000    11100
103    sun     3200    3500    4000    3000    13700
104    li      4000    4500    4500    3000    16000
105    zhou    3780    3980    4050    3000    14810
全年奖金总数按降序排序后为：
104    li      4000    4500    4500    3000    16000
105    zhou    3780    3980    4050    3000    14810
103    sun     3200    3500    4000    3000    13700
101    zhao    3000    2900    3000    3000    11900
102    qian    2700    2500    杂 900  3000    11100
```

【例 9. 9】 对例 9.8 已经排序的职工奖金文件进行插入。插入一名职工 4 个季度的奖金，程序先计算新插入职工的全年奖金总数，然后按全年奖金总数高低顺序插入，插入后建立一个新文件“sortnew.dat”。N-S 图如图 9-9 所示。

输入待插入的职工的数据
计算其全年奖金总数
打开zhg_sort.dat文件
从该文件读取数据显示原有职工工资记录
确定插入的位置t
打开sortnew.dat文件
向sortnew.dat输出前面t名职工数据并显示
向sortnew.dat输入待输入的职工数据并显示
向sortnew.dat输出t后面的职工数据并显示
并闭zhg_sort.dat文件
关闭sortnew.dat文件

图 9-9　对例 9.8 已经排序的奖金文件进行插入的 N-S 图

程序如下：

```
#include <iostream.h>
#include <stdio.h>
#include <stdlib.h>
struct employee
{
    int num;
    char name[10];
    int money[4];
    int total;
}emp[5], aa;
int main()
{
    int i, j, t, n;
    FILE *fp1,*fp2;
```

```
        cout<<endl <<"工号："<<endl;
        cin>>aa.num;
        cout<< "姓名："<<endl;
        cin>>aa.name;
        cout<< "第一季度奖金 第二季度奖金 第三季度奖金 第四季度奖金："<<endl;
        cin>>aa.money[0]>>aa.money[1] >>aa.money[2] >>aa.money[3];
        aa.total = aa.money[0] + aa.money[1] + aa.money[2] + aa.money[3];
        if((fp1 = fopen("zhg_sort.dat", "rb")) == NULL)
        {
            cout<<"Cannot open this file. "<<endl;
            exit(0);
        }
        cout<<"原有职工工资记录为：" <<endl;
        for(i=0; fread(&emp[i], sizeof(employee), 1, fp1) != 0; i++)
        {
          cout<<endl <<emp[i].num<<"\t"<< emp[i].name;
          for(j=0; j<4; j++)
             cout<<"\t"<<emp[i].money[j];
          cout<<"\t"<<emp[i].total;
        }
        n=i;   //n 为文件中职工的个数
        for(t=0; emp[t].total > aa.total && t<n; t++);
            cout<<endl <<"插入后职工工资记录为：" <<endl;
        fp2 = fopen("sortnew.dat", "wb");
        for(i=0; i<t; i++)
        {
          fwrite(&emp[i], sizeof(employee), 1, fp2);
          cout<<endl <<emp[i].num<<"\t"<< emp[i].name;
          for(j=0; j<4; j++)
             cout<<"\t"<<emp[i].money[j];
          cout<<"\t"<<emp[i].total;
        }
        fwrite(&aa, sizeof(employee), 1, fp2);
        cout<<endl<<aa.num<<"\t"<<aa.name<<"\t"<<aa.money[0]<<"\t"<<aa.money[1] <<"\t"<< aa.money
[2]<< "\t"<<aa.money[3]<< "\t"<<aa.total;
        for(i=t; i<n; i++)
        {
          fwrite(&emp[i], sizeof(employee), 1, fp2);
          cout<<endl <<emp[i].num<<"\t"<< emp[i].name;
          for(j=0; j<4; j++)
             cout<<"\t"<<emp[i].money[j];
          cout<<"\t"<<emp[i].total;
        }
        fclose(fp1);
        fclose(fp2);
        return 0;
    }
```

程序运行结果：

```
工号：
106↙
```

```
姓名:
wu↙
第一季度奖金 第二季度奖金 第三季度奖金 第四季度奖金:
3900 3800 3780 3000↙
原有职工工资记录为:
104   li      4000   4500   4500   3000   16000
105   zhou    3780   3980   4050   3000   14810
103   sun     3200   3500   4000   3000   13700
101   zhao    3000   2900   3000   3000   11900
102   qian    2700   2500   2900   3000   11100
插入后职工工资记录为:
104   li      4000   4500   4500   3000   16000
105   zhou    3780   3980   4050   3000   14810
106   wu      3900   3800   3780   3000   14480
103   sun     3200   3500   4000   3000   13700
101   zhao    3000   2900   3000   3000   11900
102   qian    2700   2500   2900   3000   11100
```

9.9 上机调试

文本文件与二进制文件在计算机上都是以二进制方式进行存储的，因此两者的区别不是物理上的，而是逻辑上的。简单来说，文本文件是基于字符编码的文件，常见的编码有 ASCII 编码、UNICODE 编码等。二进制文件是基于值编码的文件，可以根据具体应用，指定某个值是什么意思（可以看成是自定义编码）。

一般来讲，文本文件仅用来存储可打印字符（如字母、数字、空格等），文本文件也可以以二进制码方式打开，两者只是在编码层次上有所差异。如图 9-10 所示是在 UltraEdit 中以二进制码方式查看文本文件的情形（十六进制码显示对应字符 ASCII 码，ASCII 码表参见附录 A）。例如，字符“T”的 ASCII 码十六进制码是 0x54，“i”的 ASCII 码十六进制码是 0x68，“ ”（空格）的 ASCII 码十六进制码是 0x20。

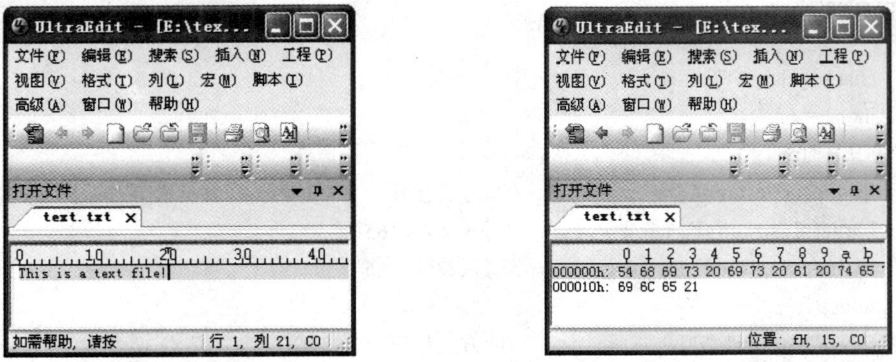

图 9-10　二进制码查看文本文件

在文本模式中，“65”一般指代字符串“65”，是 2 个字符，在二进制码中显示成十六进制码的“0x3635”，如图 9-11 所示。但在二进制模式下，“65”一般都指代数值 65，在十六进制码中，65 表示成 0x41，如图 9-12 所示。如果切换到文本模式，则对应于 ASCII 码中的“A”字符。

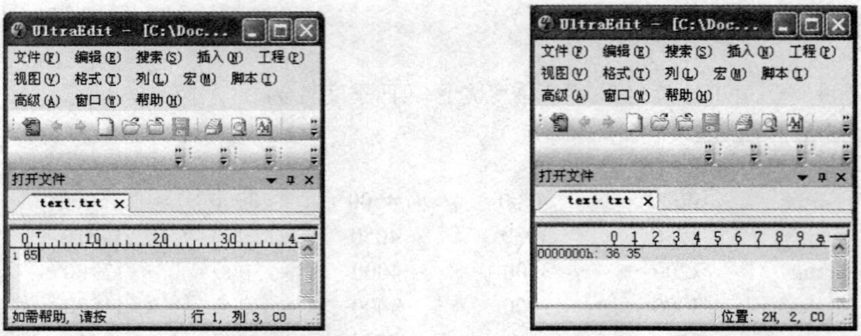

图 9-11　文本文件中的“65”

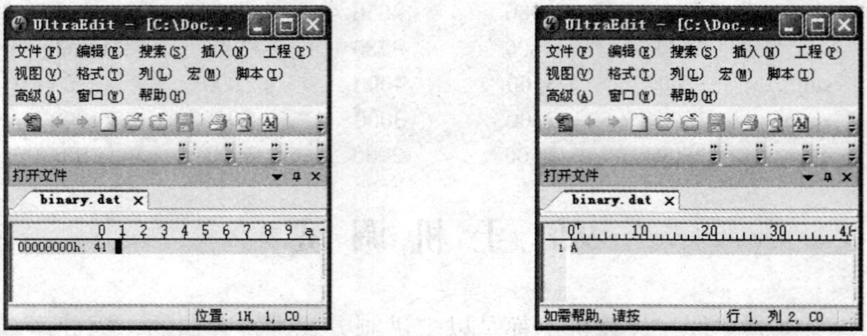

图 9-12　二进制文件中的“65”

从上面例子可以看出，如果以文本方式写入“65”，而以二进制方式读取，则会认为它的值为 0x3635，读取的值显然是错误的。例 9.10 实现了对于同一组数据采用不同读写顺序时的存取操作。

【例 9.10】 对于同一组数据，采用不同读顺序时观察值的变化。

程序如下：

```
#include <stdio.h>
int main()
{
   char s1[4] = "65";
   int n1 = 65;
   FILE *fp;
   fp=fopen("test.out", "w");              //写方式打开
   fwrite(s1, sizeof(s1), 1,fp);           //写入文本“65”
   fwrite(&n1,sizeof(n1), 1,fp);           //写入数值“65”
   fclose(fp);
   fopen("test.out", "r");                 //读方式打开
   char s2[4];
   int n2;
   //先读文本，再读数值
   fread(s2, sizeof(s2),1,fp);
   fread(&n2, sizeof(n2),1,fp);
   printf("s2=%s\r\n", s2);
   printf("n2=%d\r\n", n2);
```

```
    //先读数值，再读文本
    rewind(fp);
    fread(&n2, sizeof(n2),1,fp);
    fread(s2, sizeof(s2),1,fp);
    printf("s2=%s\r\n", s2);
    printf("n2=%d\r\n", n2);
    fclose(fp);
    return 0;
}
```

程序运行结果：

```
s2=65
n2=65
s2=A
n2=13622
```

先读文本再读数值时，n2 的地址是 0x0012ff6c，int 类型占 4 个字节，可以查看 n2 在内存中的值。s2 的地址是 0x0012ff70，char 类型占 1 个字节，数组 s2 占 4 个字节，可以查看 s2 在内存中的值，如图 9-13（a）所示。同样，先读数值再读文本时，也可以查看 n2 和 s2 的值，如图 9-13（b）所示。因此，在读文件时，其顺序应该和写文件时的顺序一致，否则会带来不可预测的错误。

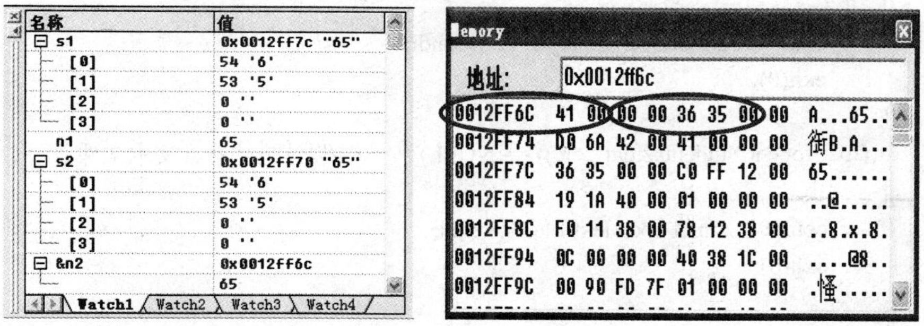

（a）先读文本，再读数值

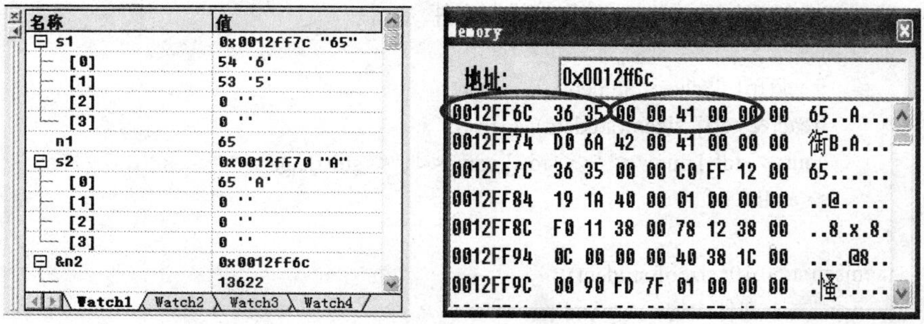

（b）先读数值，再读文本

图 9-13　内存中数据的表现

例 9.11 是在例 9.6 的基础上修改了部分程序代码，对于同一组输入数据分别采用了二进制和文本两种方式存储，并实现了对写入文件的数据的读取操作。

【例 9.11】 学生信息的二进制文件与文本文件内容的读写。

程序如下：

```
#include <iostream.h>
#include <stdio.h>
#include <stdlib.h>
#include <memory.h>      //对内存操作的头文件
struct student
{
    int num;
    char name[10];
    int age;
    char sex;
};
void save( );
int main()
{
    int i;
    FILE *fp1, *fp2;
    student std[10];
    save( );
    if((fp1=fopen("students1.dat", "rb")) == NULL)      //以读方式打开二进制文件
    {
        cout<<"Cannot open binary file. "<<endl;
        exit(0);
    }
    if((fp2=fopen("students2.dat", "r")) == NULL)      //以读方式打开文本文件
    {
        cout<<"Cannot open text file. "<<endl;
        exit(0);
    }
    memset(std,0,10*sizeof(student));    //std 数组空间全部初始化为 0
    cout<<"二进制文件内容："<<endl;
    for(i=0;i<10;i+=1)    //循环读取二进制文件
    {
        fseek(fp1, i*sizeof(student), 0);
        fread(&std[i], sizeof(student), 1, fp1);
        cout<< std[i].num<<" "<< std[i].name<<" "<<std[i].age<<" "<< std[i].sex
        <<endl;
    }
    memset(std,0,10*sizeof(student));
    cout<<"文本文件内容："<<endl;
    for(i=0;i<10;i+=1)      //循环读取文本文件
    {
        fscanf(fp2,"%d %s %d %c",&std[i].num,std[i].name,&std[i].age,&std[i].sex);
        cout<< std[i].num<<" "<< std[i].name<<" "<<std[i].age<<" "<< std[i].sex
        <<endl;
    }
```

```
    fclose(fp1);
    fclose(fp2);
    return 0;
}
void save( )                //从键盘上输入学生记录函数，创建磁盘文件
{
    student std[10];
    int i;
    FILE *fp1, *fp2;
    if((fp1=fopen("students1.dat", "wb"))==NULL)        //以写方式打开二进制文件
    {
        cout<<"Cannot open binary file. "<<endl;
        exit(0);
    }
    if((fp2=fopen("students2.dat", "w"))==NULL)         //以写方式打开文本文件
    {
        cout<<"Cannot open text file. "<<endl;
        exit(0);
    }
    cout<<"Input 10 student records: "<<endl;
    for(i=0; i<10; i++)
    {
        cin>>std[i].num>>std[i].name>>std[i].age>>std[i].sex;
        fwrite(&std[i], sizeof(student), 1, fp1);           //把记录写入二进制文件
        //把记录写入文本文件
        fprintf(fp2,"%d %s %d %c",std[i].num,std[i].name,std[i].age,std[i].sex);
    }
    fclose(fp1);
    fclose(fp2);
}
```

运行程序，输入以下学生信息：

```
Input 10 student records:
101 zhangjing 18 f↙
102 lihua     19 f↙
103 yangxin   18 m↙
104 zhaoming 18 m↙
105 sunhui    19 f↙
106 zhouhong 19 f↙
107 wangli    19 m↙
108 gaojuan   18 f↙
109 liqiang   19 m↙
110 wangwei   19 m↙
```

可用于二进制编辑的工具有很多，如 WinHEX、Hexplorer、PSPad 及 UltraEdit-32 等。下面使用 UltraEdit-32 演示以十六进制码查看例 9.8 生成的二进制文件 students1.dat 和文本文件 students2.dat，如图 9-14 和图 9-15 所示。

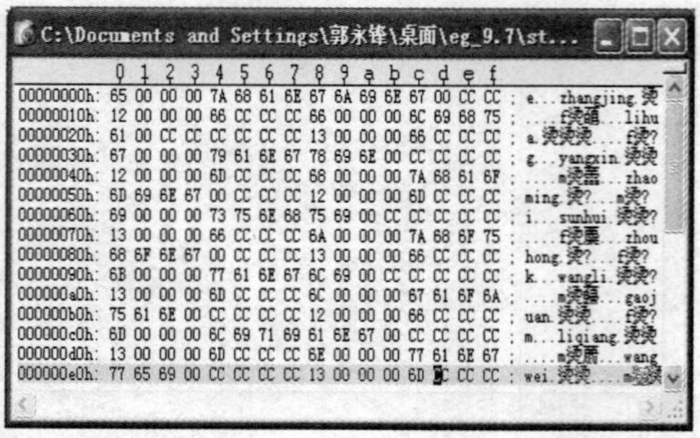

图 9-14　UltraEdit 查看二进制存储的学生信息文件

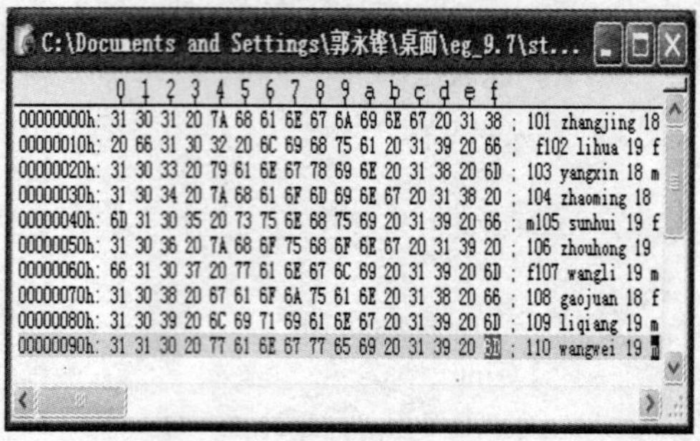

图 9-15　UltraEdit 查看文本存储的学生信息文件

在图 9-14 中，第一名学生“101 zhangjing 18 f”信息以二进制方式存储为

65 00 00 00	7A 68 61 6E	67 6A	69 6E 67	00 CC CC	12 00 00 00	66 CC CC
101	z h a n	g j	i n g	\0	18	f

第一名学生学号 101 整数存储为 65 00 00 00，左边第一个字节 65 是最低位，转换为十进制码是 $6\times16^1+5\times16^0=101$，向右依次升高。“z”字符存储为其 ASCII 码 7A，其余字符相同。年龄 18 整数存储为 12 00 00 00。性别字符“f”存储为其 ASCII 码 66。其中，二进制存储的学生信息中出现的 CC 是由于字节对齐所产生的补位字符。

在图 9-15 中，第一名学生“101 zhangjing 18 f”信息文本存储为

31 30 31	20	7A 68 61 6E	67 6A 69 6E 67	20	31 38	20	66
1 0 1	空格	z h a n	g j i n g	空格	1 8	空格	f

第一名学生学号 101 整数存储为“1”、“0”、“1”的 ASCII 码（31 30 31），数据间隔空格字符存储为其 ASCII 码 20。“z”字符存储为其 ASCII 码 7A，其余字符相同。年龄 18 整数存储为“1”、“8”的 ASCII 码（31 38）。性别字符“f”存储为其 ASCII 码 66。

习　题　九

一、选择题

1．当已存在一个 abc.txt 文件时，执行函数 fopen("abc.txt", "r+")的功能是_____。
   A．打开 abc.txt 文件，清除原有的内容
   B．打开 abc.txt 文件，只能读取原有内容
   C．打开 abc.txt 文件，只能写入新的内容
   D．打开 abc.txt 文件，可以读取和写入新的内容

2．标准函数 fgets(s, n, fp)的功能是_____。
   A．从 fp 所指文件中读取长度为 n 的字符串存入指针 s 所指的内存
   B．从 fp 所指文件中读取长度不超过 n−1 的字符串存入指针 s 所指的内存
   C．从 fp 所指文件中读取 n 个字符串存入指针 s 所指的内存
   D．从 fp 所指文件中读取长度为 n−1 的字符串存入指针 s 所指的内存

3．fread(buf, 64, 2, fp)的功能是_____。
   A．从 fp 文件流中读出整数 64，并存放在 buf 中
   B．从 fp 文件流中读出整数 64 和 2，并存放在 buf 中

C．从 fp 文件流中读出 64 字节的字符，并存放在 buf 中

D．从 fp 文件流中读出两个 64 字节的字符，并存放在 buf 中

4．使用 fseek( )函数可以实现的操作是______。

A．改变文件的位置指针的位置　　B．文件的顺序读写

C．文件的随机读写　　D．以上都不正确

5．若 fp 是指向某文件的指针，并且已读到文件尾，则函数 feof(fp)的返回值是_____。

A．EOF　　B．NULL　　C．非零值　　D．-1

6．若 fp 为文件指针，并且文件已正确打开，i 为 long 型变量，则以下程序段的输出结果是______。

```
fseek(fp, 0, SEEK_END);
i = ftell(fp);
printf("i = %ld\n", i);
```

A．-1　　B．fp 所指文件的长度，以字节为单位　　C．0　　D．2

二、填空题

1．C 语言中根据数据的组织形式，把文件分为_______和________两种。

2．使用 fopen("a.txt", "r+")打开文件时，若 a.txt 文件不存在，则________。

3．使用 fopen("b.txt", "w+")打开文件时，若 b.txt 文件已存在，则________。

4．C 语言中文件的格式化输入、输出函数对是_______；文件的数据块输入、输出函数对是______；文件的字符串输入、输出函数对是_______。

5．feof(fp)函数用来判断文件是否结束，如果遇到文件结束，函数返回值为______，否则为______。

6．在执行 fopen 函数时，ferror 函数的初值是_______。

三、简答题

1．什么是文件？文件是如何分类的？

2．什么是文件指针？

3．对文件的打开和关闭的含义是什么？为什么要打开和关闭文件？

4．在 C 程序中，文件的存取方式有哪两种？

四、编程题

1．设文件“zhengshu.dat”中存放了一组整数，请编程统计并输出文件中正整数、负整数和零的个数。

2．把文件“file1.txt”和“file2.txt”中的内容合并，并复制到文件“file3.txt”中。

3．从键盘输入一组以“#”结束的字符，若为小写字母，则转换成大写字母，然后输出到磁盘文件“upper.dat”中保存。

4．有 5 名学生，从键盘输入每名学生的数据（包括学号、姓名和两门课的成绩），计算平均成绩，将原有数据和计算出的平均成绩存入磁盘文件“score.dat”中。

5．将第 4 题“score.dat”文件中的学生数据，按平均成绩进行升序排序处理，然后将排序后的学生数据存入新文件“newscore.dat”中。

6．编写一个程序，比较两个文件。若相同，则返回 0；否则返回首次出现不同的两个字符的 ASCII 码的差值。

附录 A ASCII 码表

ASCII（American Standard Code for Information Interchange，美国信息互换标准代码）将英语中的字符表示为数字的代码，是最通用的单字节编码系统。ASCII 为每个字符分配一个介于 0 与 127 之间的数字。大多数计算机都使用 ASCII 表示文本和在计算机之间的传输数据。ASCII 表包含 128 个数字，分配给了相应的字符（字母、数字、标点或符号）。ASCII 为计算机提供了一种存储数据和与其他计算机及程序交换数据的方式。

1. ASCII 非打印控制字符

表 A-1 为 ASCII 非打印控制字符表。数字 0～31 分配给了控制字符，用于控制打印机等一些外围设备。例如，ASCII 值 12 代表换页/新页功能，此命令指示打印机跳到下一页的开头；ASCII 值 7 代表振铃。

表 A-1 ASCII 非打印控制字符表

ASCII	十六进制	字符	ASCII	十六进制	字符
0	00	空	16	10	数据链路转意
1	01	头标开始	17	11	设备控制 1
2	02	正文开始	18	12	设备控制 2
3	03	正文结束	19	13	设备控制 3
4	04	传输结束	20	14	设备控制 4
5	05	查询	21	15	反确认
6	06	确认	22	16	同步空闲
7	07	振铃	23	17	传输块结束
8	08	Backspace	24	18	取消
9	09	水平制表符	25	19	媒体结束
10	0A	换行/新行	26	1A	替换
11	0B	竖直制表符	27	1B	转意
12	0C	换页/新页	28	1C	文件分隔符
13	0D	回车	29	1D	组分隔符
14	0E	移出	30	1E	记录分隔符
15	0F	移入	31	1F	单元分隔符

2. ASCII 打印字符

表 A-2 为 ASCII 打印字符表。数字 32～126 分配给了能在键盘上找到的字符，当查看或打印文档时就会出现。注意，数字 127 代表 DELETE 命令。

表 A-2 ASCII 打印字符表

ASCII	十六进制	字符	ASCII	十六进制	字符	ASCII	十六进制	字符	ASCII	十六进制	字符
32	20	空格	56	38	8	80	50	P	104	68	h
33	21	!	57	39	9	81	51	Q	105	69	i
34	22	"	58	3a	:	82	52	R	106	6a	j
35	23	#	59	3b	;	83	53	S	107	6b	k
36	24	$	60	3c	<	84	54	T	108	6c	L
37	25	%	61	3d	=	85	55	U	109	6d	m
38	26	&	62	3e	>	86	56	V	110	6e	n
39	27	'	63	3f	?	87	57	W	111	6f	o
40	28	(	64	40	@	88	58	X	112	70	p
41	29	)	65	41	A	89	59	Y	113	71	q
42	2a	*	66	42	B	90	5a	Z	114	72	r
43	2b	+	67	43	C	91	5b	[	115	73	s
44	2c	,	68	44	D	92	5c	\	116	74	t
45	2d	-	69	45	E	93	5d	]	117	75	u
46	2e	.	70	46	F	94	5e	^	118	76	v
47	2f	/	71	47	G	95	5f	_	119	77	w
48	30	0	72	48	H	96	60	`	120	78	x
49	31	1	73	49	I	97	61	a	121	79	y
50	32	2	74	4a	J	98	62	b	122	7a	z
51	33	3	75	4b	K	99	63	c	123	7b	{
52	34	4	76	4c	L	100	64	d	124	7c	|
53	35	5	77	4d	M	101	65	e	125	7d	}
54	36	6	78	4e	N	102	66	f	126	7e	~
55	37	7	79	4f	O	103	67	g	127	7f	DEL

附录B　C++的库函数

C++的库函数（系统函数或标准函数）由编译系统预定义，如一些常用的数学计算函数、字符串处理函数、图形处理函数、标准输入/输出函数等。

C++编译系统将所提供的库函数的说明分类放在不同的头文件中，即.h 文件。在程序中可以使用系统函数，但是要在程序开始处说明函数所在的头文件名。

在使用库函数时，要注意以下几点：

（1）不同的 C++编译系统提供的库函数不完全相同，要了解所使用的 C++编译系统提供了哪些库函数。本附录是 Visual C++编译系统提供的库函数。

（2）清楚所使用的库函数的说明在哪个头文件中。

（3）调用一个库函数时，一定要熟悉该函数的功能、参数的类型、参数的意义和返回值类型。

1．常用数学函数

用到表 B-1 中的函数时，要包含 math.h 头文件。

表 B-1　常用数学函数

函 数 原 型	功　　能
int abs(int n);	求整数 x 的绝对值
double atof(const char *string);	将字符串转换成 double 型数据，string 是被转换字符串
long labs(1ong n);	求长整数 n 的绝对值
double fabs(double n);	求实数 n 的绝对值
double cos(double x);	返回 x 的余弦值，参数 x 为弧度值
double tan(double x);	返回 x 的正切值，参数 x 为弧度值
double sin(double x);	返回 x 的正弦值，参数 x 为弧度值
double sin(double x);	返回 x 的正弦值
double exp(double x);	求 e^x
double log(double x);	求 x 的自然对数 ln(x)
double log10(double x);	求 x 的常用对数 log(x)
double sqrt(double x);	求 x 的平方根值
double pow(double x, double y);	求 x 的 y 次方 x^y
double ceil(double x);	对 x 向上取整，返回一个 double 型的大于或等于 x 的最小整数。ceil(8.2)的值为 9.0

2．字符串处理函数

具体说明见第 6 章字符数组部分。用到表 B-2 中的函数时，要包含 string.h 头文件。

表 B-2　字符串处理函数

函 数 原 型	功　能
char *strcat(char*str1，const char *str2);	将 str2 字符串连接到 str1 字符串尾部，返回目的字符串 str1
int strcmp(const char *str1，const char*str2);	字符串比较，即对两个字符串自左向右逐个字符相比。返回值<0，则 strl<str2；返回值=0，则 strl=str2；返回值>0，则 strl>str2
char*strcpy(char *str2，const char*str1);	将 str1 指向的字符串复制到 str2 指向的字符区域，返回 str2 字符串
int strlen(const char*string);	返回 string 中的字符个数，不包括末尾的“/0”
int strncmp(const char*strl，const char*str2，int count);	比较 strl 和 str2 的前 count 个字符，返回值含义同 strcmp 函数
char*strncpy(char*str2，const char*str1，int count);	将 str1 的前 count 个字符复制到 str2 中并返回 str2
char*strstr(const char*string，const char*substr);	返回 substr 在 string 中第一次出现的起始地址，不在 string 中出现，则返回 NULL
char*_strupr(char *string);	将 string 中的每个小写字母就地转换成大写字母，返回转换后的字符串的指针

3. 常用的其他函数

（1）用到表 B-3 中的函数时，要包含 stdlib.h 头文件。

表 B-3　常用的其他函数

函 数 原 型	功　能
void abort();	终止程序运行
void exit(int status);	终止程序运行，参数 status 为退出状态
int system(const char*command);	像执行操作系统命令那样执行该字符串，参数 command 为要执行的命令，如 system(“cls”);清屏
int rand(void);	产生一个随机数（随机数范围为 0～32767）
void srand(unsigned int seed);	初始化随机数发生器，seed 是产生随机数的种子
double atof(const char *string);	将字符串转换成 double 型数据，string 是被转换的字符串
int _kbhit(void);	返回一个非零值，如果键盘已按键；否则返回零值。可用一个循环实现等待键盘输入，要包含 conio.h 头文件

（2）用表 B-4 中的函数时，要包含 time.h 头文件。

表 B-4　常用时间函数

4. 实现键盘和文件输入/输出的成员函数

（1）istream 类的成员函数（要包含 iostream.h 头文件），如表 B-5 所示。

表 B-5 istream 类的成员函数

函数原型	功能
int get( );	读取并返回一个字符
istream& get(char&c);	读取字符并存入 c 中
istream& get(char*ptr,int len,char delim);	读取指定的字符到缓冲区中，直到遇到指定的分界符为止，分界符不填入缓冲区
istream& getline(char*ptr,int len,char delim='\n');	与 get(char*ptr,int len,chardelim）类似，但将分界符填入缓冲区
istream& putback( );	将最近读取的字符放回流中
istream& read(char*,int);	读取规定长度的字符串到缓冲区中
int peek( );	返回流中下一个字符，但不移动文件指针
istream& seekg(streampos);	移动当前指针到一个绝对地址
istream& seekg(streampos,seek_dir);	移动当前指针到一个相对地址
streampos tellg( );	返回当前指针
istream& ignore(int n=1,delim=EOF);	跳过流中几个字符，或直到遇到指定的分界符为止

（2）ostream 类的成员函数（要包含 iostream.h 头文件），如表 B-6 所示。

表 B-6 ostream 类的成员函数

函数原型	功能
ostream& put(char ch);	向流中输出一个字符 ch，不进行任何转换
ostream& write(char*,int);	向流中输出指定长度的字符串，不进行转换
ostream& flush( );	刷新流，输出所有缓冲的但还未输出的数据
ostream& seekp(streampos);	移动流的当前指针到给定的绝对位置
ostream& seekp(sereamoff,seek_dir);	流的当前指针类似于文件的当前指针
streampos teelp( );	返回流的当前指针的绝对位置

（3）文件流类输入/输出的成员函数（要包含 fstream.h 头文件），如表 B-7 所示。

表 B-7 文件流类输入/输出的成员函数

函数原型	功能
void ifstream::open(char *,int=ios::in,int=filebuf::openprot);	打开输入文件
Void ofstream::open(char *,int=ios::out,int=filebuf:: openprot);	打开输出文件
void ifstream::close( );	关闭输入文件
void ofstream::close( );	关闭输出文件
int ifstream::eof();	如果到达文件末尾，则返回非零值

反侵权盗版声明